海と
ヒトの
関係学
6

海のジェンダー平等へ

秋道智彌・窪川かおる・阪口 秀
編著

西日本出版社

目次

凡例 文中の（著者名 年号）は節末の参考文献を参照のこと。

はじめに

海洋でのジェンダー平等を実現することはなぜ大切か

窪川かおる

海は男の世界と言われていた。性差の偏りが著しいこの言葉は過去のものであり、それに替わるのが、海洋でのジェンダー平等である。正確には、その実現を目指している。ジェンダー平等とは、性別に関わらず、平等に責任や権利や機会を分かちあい、あらゆる物事を一緒に決めてゆくことである（内閣府男女共同参画局　二〇二二）。性別には、生物学的性差だけでなく、社会的、文化的な性差が含まれ、性の多様性、たとえばＬＧＢＴＱも対象となる。本書は性についての論考から始まる。

世界では、ジェンダー平等を目指して改善の努力がなされつつある。マスメディアも関連する内容を大きく頻繁に取り上げており、特に若者層の関心の高まりを知る機会が増えている。日本ではようやく緒についたところである。海に関わる分野の全体でも様々な改善策が取られるようになってきた。

なぜ、海洋でのジェンダー平等を実現することが大切か。その理由を二つ挙げたい。ひとつは、ジェンダー平等が海洋問題の解決を促進することである。もうひとつは、ジェンダー平等が人間社会の持続可能性を担保することである。海洋産業、海洋科学、海洋技術など、頭に海洋がつくと女性が少ないという印象は払拭されるべきである。そして、ジェンダー平等の実現に取り組むには、誰もが無意識のバイアスを持っていることを認識する必要がある。

ジェンダー平等と海洋問題の解決

海洋が地球の七割を占めているにもかかわらず、その大部分は未知であり、その利用は部分的である。そのため、海洋への関心がある人にさえも、海洋問題が深刻であることがなかなか伝わり難い。海洋問題の中では特に温暖化および海洋プラスチックごみが注目され、環境保全の取り組みが世界中で行われている。象徴的な海洋問題から派生する海洋酸性化、海面上昇、貧酸素化、残留有害化学物質などによる海洋生態系への影響も見逃せない。それらの発生源は人間活動にあり、悪化させてきたのも私たちであるから、今の時代が「人新世」と名付けられたのもうなずける。

危機の切迫に気付き、自分事としてこれら喫緊の問題の解決に市民が取り組む行動に性差はない。「誰一人取り残さない」のは、持続可能で多様性と包摂性のある社会の実現のための一七の国際目標だからである。ではあるけれども海洋環境の保全に尽力するリーダー達には女性が少なくない。また、海洋の社会問題である違法漁業に関しても、その撲滅と健全な水産物の流通を目指す活動に女性リーダー達の活躍がある。ここに女性ならではの、という言葉は存在しない。問題意識の高さと深い理解と行動力のエンパワーメントの発揮は、一個の人間としての幅の広さであり、そこに賛同する人々の共感がある。

海洋の環境問題も社会問題もその原因が複雑であることは言うまでもない。市民から専門家まで、個人から政府さらに国連まで、市町村の沿岸から地球規模まで、人々の知恵と行動が多様でなければ解決には到底及ばない。ジェンダー平等を理解して取り組むことができる人こそリーダーと言えるのではないだろうか。第2章で海洋環境保全の最前線に立つ女性達の情熱と信念を紹介する。

ジェンダー平等と持続可能な世界

ジェンダー平等の進行状況は、数値により可視化される部分もある。たとえば被雇用者や管理職の女性比率、育休の取得率、アンケートの回答の解析結果などの数値であり、その大小の比較は理解の助けとなる。一例を挙げると、日本の大学進学率は、二〇二二年に男女ともに五〇%を超え、男女差は狭まってきている。しかし、大学教員の女性比率は、助教、准教授、教授となるにつれて激減する（文部科学省「学校基本調査」）。さらに、女性管理職のいる企業は企業全体の約半数に留まり、さらに管理職に占める女性の割合は約一二％である（厚生労働省「雇用均等基本調査」）。大学教授も企業の管理職も女子学生数や女性従業員数に対応する増加が望ましいだけなく、多様な経験や考え方の必要性が重視されるべきであろう。女性がいるだけではなく、意思決定の場に女性がいることが当たり前にならなければ、ジェンダー平等が現実のものにはならない。

国際比較では日本の遅れがさらに目立っている。世界経済フォーラム（ＷＥＦ）のジェンダーギャップ指数（ＪＧＩ）は、日本が一四六ヵ国中一二五位である（The Global Gender Gap Report 2023）。経済協力開発機構（ＯＥＣＤ）の男女の経済的な権利をめぐる格差の調査報告では、世界の一〇四位で先進国三八ヵ国中最下位である（Joining Forces for Gender Equality）。これらの国際比較の中心テーマは経済なので、ジェンダー平等の現状の一部分に過ぎないが、それでも日本が他国の改善スピードに追い付いていない実態が見えてくる。海洋ではどうか。初の女性〇〇である、という常套句が激減して女性の参画が目に見えてきた。それは最初の一歩である。第3章では、国内外のジェンダー平等への取り組みの現場の現状と課題を紹介する。

無意識のバイアスに気付く

ジェンダー平等の実現を拒む最強の概念は、無意識のバイアスである。海洋、特に船で働く人が男性と連想されるのは、それである。ジェンダーは、無意識のバイアスの根源のひとつである。人種差別など多くのバイアスの存在を承知した上で、本書ではジェンダー平等を扱っている。さらにＡＩが君臨する情報化社会が目前に迫っていることは、データにバイアスがかかっていること、むしろ強化されてしまう恐れもあることに注意が必要である。海洋分野でも強力にＡＩ利用が進められるであろう。だからこそ、私たちの無意識のバイアスを締め出す努力が重要になる。

ＳＤＧｓは、「誰一人取り残さない」持続可能な多様性と包摂性のある社会の実現のための一七の国際目標（外務省訳）である。人間活動の総覧として見ると無意識のバイアスに気付かされるところが多々ある。そのひとつは、ＳＤＧｓ５「ジェンダー平等の達成と女性と女子のエンパワーメント」であり、一七の目標の土台となるものである。海洋は、ＳＤＧｓ１４「海の豊かさを守ろう」（海洋資源を保全し、持続可能な形で利用する）のゴールを目指すが、本書の柱であるＳＤＧｓ５との連携は不可欠である。一方、ＳＤＧｓ５の二〇二三年の総括では、世界でリーダーシップがジェンダー平等となるには一四〇年かかると報告しており、日本だけの問題ではないが、日本が早めることもできる。

ジェンダー平等を妨げる無意識のバイアスを可視化する方法のひとつに、ジェンダーバイアスがある。この男女の割合は差があるほど説得力をもつが、多様性が社会の発展を促すという本質的な理解に至る妨げとなり、変革への足踏みをもたらす可能性がある。日本がジェンダーバイアスの低値を続けている原因のひとつではないだろうか。海洋分野の変革に、その加速に、本書が少しでも役立つことを願っている。

最後に、本書の執筆者はほぼ女性である。ジェンダー平等に基づけば性別は不問とすべきだが、ジェンダー平等の実現に至る道半ばにある海洋分野では、荒療治も必要なのである。

参考文献

エバーハート、ジェニファー　二〇二一（山岡希美訳）『無意識のバイアス―人はなぜ人種差別をするのか』明石書店

内閣府男女共同参画局　二〇二三『男女共同参画白書　令和五年版』

文部科学省　二〇二三「学校基本調査」

厚生労働省　二〇二三「雇用均等基本調査」

OECD 2023, Joining Forces for Gender Equality: What is Holding us Back?

UN Women 2023, Progress on the Sustainable Development Goals: The Gender Snapshot 2023.

World Economic Forum 2023, The Global Gender Gap Report 2023.

海から探るジェンダー論

秋道智彌

雌雄の生命論

この三年間に世界中を席巻した新型コロナウイルス（COVID-19）は、生物とは異なる増殖メカニズムをもつ物質で性特異性はない。それとは本質的に異なる生命が本書の主題である。とりわけ、生命の歴史上、雄と雌による増殖が新たに実現したジェンダー（gender）が大きなテーマである。

海洋を媒介としてジェンダーを考える発想はこれまでほとんどなかった。本書では、人間だけでなく生き物の地球生命史から説き起こし、生命にとってのジェンダーの多様な進化の足跡に光を当てた。原初的な無性生殖の生命から有性生殖のメカニズムをもつ生命体が生まれ、今日に至っている。生殖メカニズムの進化過程で、「性」の発生は一大イベントであった。ただし、ジェンダーと海との関係はなんなのか。読者もけげんに思われるだろう。この点はあとでふれよう。

雄と雌の分化と両者の接合による次世代の増殖がジェンダー論の根幹にある。生物体において、生物学的な性（男女・雌雄）は、性染色体、生殖腺、内分泌腺などのはたらきで先天的に分化し、出生時に決まっている生殖腺の配偶子接合により新しい個体が作られる。そのさい、大きい生殖腺をもつ個体が雌性《しせい》、小さい生殖腺をもつのが雄性《ゆうせい》である。動物の場合、雌性配偶子は卵巣、雄性配偶子は精巣であり、それぞれ卵と精子が作られる。しかも、雌性配偶体、雄性配偶体をもつ個体が別々の場合は雌雄異体、同一個体に雌性・雄性の配偶体をもつのが雌雄同体である。生物体の性に関する一連の流れについて、第1章で長谷川真理子さん、岩田恵理さんが詳述している。

男女の二元論

人間の場合、生物体における雌雄の存在形態にくわえて非生物学的な文化的要因がからみ、複雑怪奇な様相を呈することになる。人間のジェンダーについては、基本的に男性原理と女性原理を二項対立（binary opposition）と見なす事例があり、その詳細については思想史や哲学・人類学の調査研究から明らかにされている。男女二元論は雌雄（男女）差を社会の根本にすえるもので、生物学的な性差に基づく考えである。しかも、男女の性差を隠喩（メタファー）として、それ以外の範疇についての対立をセットとする例がある。たとえば、ミクロネシアの小さなサタワル島では、星・星座の出没を元にして、三二方位からなる星座コンパスが知られている。このうち、北半分にある方位で出没する星・星座からは貿易風の卓越する乾季に「強い嵐」が生起し、南半分の方位で出没する星・星座から雨季に季節風として吹く「弱い風」と見なされている。つまり、乾季と雨季、強い風と弱い風、北と南、左と右、男と女の二元的対立項がセットとして把握されていることになる。こうした事例は、一般に象徴的二元論と称される（図1左）。ジェンダー論からすれば、男性＝強、女性＝弱とする価値観と符合する。

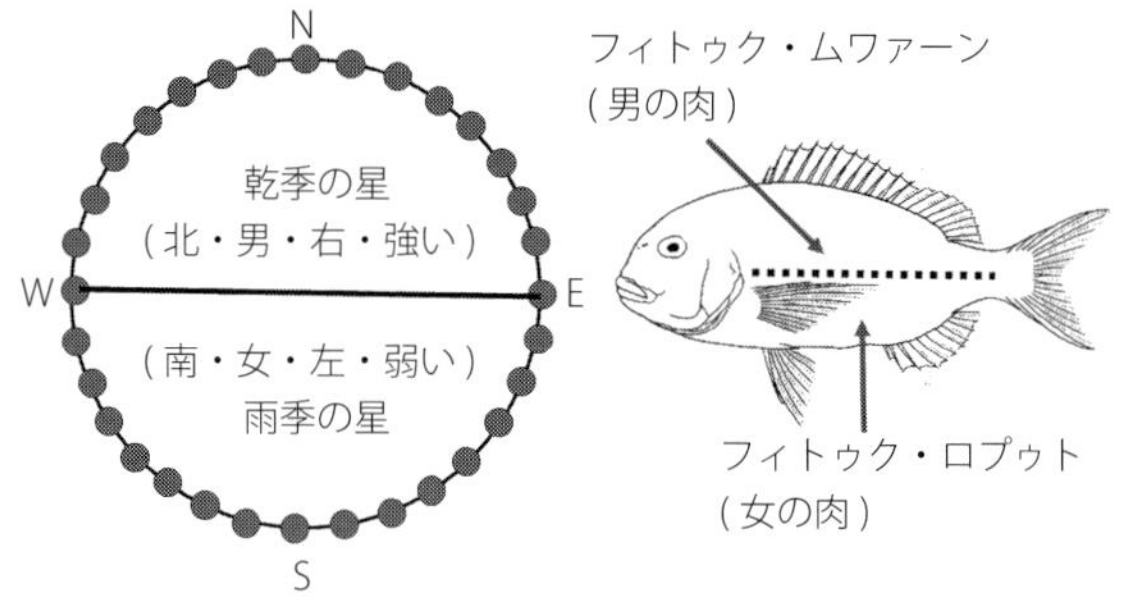

図1　季節・魚体をめぐる二項対立（秋道 1980, 1981）（●：星の出現・没入位置）

同様に、サタワル島では魚体の上半分（背側）はフィトゥク・ムワァーン（*fituku-mwaen*）、下半分（腹側）はフィトゥク・ロプゥト（*fituku-rhopwut*）と称される。上部が固い肉、下部がやわらかい肉であり、フィトゥクは「肉」、ムワァーン、ロプゥトはそれぞれ「男性」、「女性」を表す（図1右）。このほうが、われわれにも納得しやすい二元論だが、魚を食べるさいに魚肉の男女差はあまり意識されないのではないか。マグロのトロは「女の肉」である。こちらを好きな人は男女を問わず多いだろう。

以上の男女間における二項対立は、世界各地の社会における儀礼や日常的なふるまいのなかに見いだすことができる。

男女の三元論

ここで、男女二元論を超える考えを図２で示そう。図のAは男女原理の対立で、男は女とちがう（対立）ことを示している。しかし、図のXとYは、男女の原理によるジェンダーからの離脱・変容・創生過程を示す。つまり、本来の男女の原理とは異なる領域に新たなジェンダーを第三の項として位置づけるものであり、トランスジェンダー（transgender）ないしサードジェンダーと称される。図のAは大多数の人間に当てはまる例で、シスジェンダー（sisgender）と称される。シス（sis-）は「こちら側の」、トランス（trans-）は「越境した」の意味をもつ接頭辞である（図２）。ジェンダー論では、第三の性に属する、レズビアン、ゲイを含むトランスジェンダーの人びとはふつうLGBT（用語集参照）と包括される。この第三の性には、さまざまな性指向と性同一性をもつ個人が含まれる。出生時は男性であるが自らを女性と位置づけて生きる個人（トランス・ウィメン：trans women）、出生時に女性でありながら男性として自認し、生きる個人（トランス・メン：trans men）がいる。第１章では、インドネシア・スラウェシ島のブギス人に

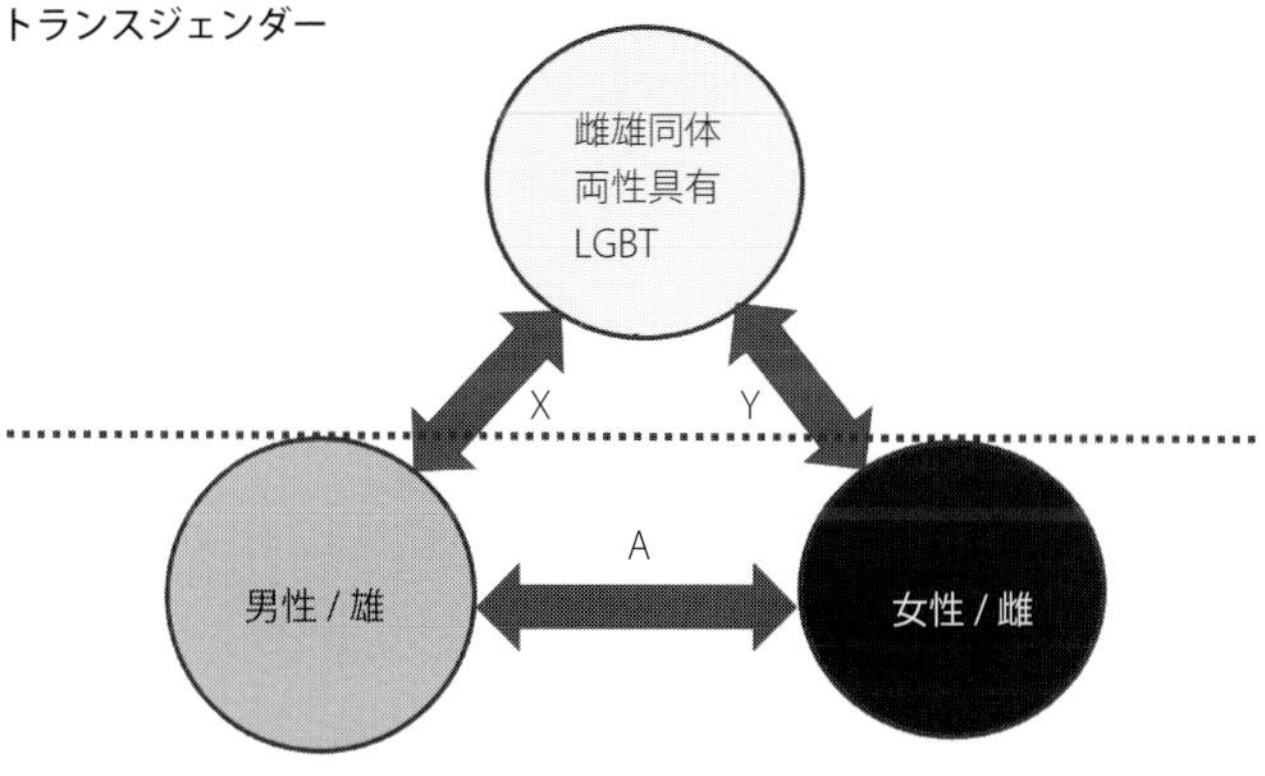

図２　男性・女性（雄雌）原理とトランスジェンダーの地平

Aは、男女（雌雄）間の対立・相補関係を示す。生物では雌雄異体、神話では生命の起源論、文化では二項対立のシスジェンダー。

XとYは、Aの男女二元論からの離脱・変換・創生の過程を示す。

第３の項は、生物では雌雄同体・性転換、神話では両性具有、文化ではトランスジェンダーないしサードジェンダー。

シス (sis-) は「こちら側」、トランス（trans-）は「越境する」の意味の接頭辞。

おけるチャラバイ（*calabai*）・チャラライ（*calalai*）、仏領ポリネシアのタヒチ島・ボラボラ島におけるマフ（*mahu*）とラエラエ（*raerae*）を明星・桑原論文で取り上げた。ただし、ブギス社会ではどこでも第三の性があまねくみられるわけではない。仏領ポリネシアでも、マフとラエラエの意義はタヒチ島とボラボラ島とでは異なっている。用語集ではニュージーランドの先住民マオリにおけるタカタープイ（*takatāpui*）について解説しているが、この用語は第三の性を包括するもので、そのなかにいくつもの性志向を表す概念が含まれている（用語集のLGBT in Oceaniaを参照）。興味あることに、女性として生きる男性が、女性集団にかかわるなかでも、閉経後の老婆とおなじ待遇を受ける場合がある。ぎゃくに、男性として生きる女性が性的不能（インポテンス）の老齢男性とおなじ範疇にいれられるかの事例は把握していない。

さらに、人間の神話的世界では男性と女性の両方の属性をもつ両性具有《りょうせいぐゆう》が知られている。両性具有は英語でアンドロジニ（androgyny）、つまりandro-は「男性」、-gynyは「女性」を表す用語からなる。ギリシャ・ローマ神話をはじめ、神話的世界の語りに登場する両性具有の神がみは、完全性・原初の統一性を象徴したもので、「完全なる人間」としての両性具有が表象されている。ブギスではビッス（*bissu*）、マオリでは両性志向のタカタープイ・カハルア（*takatāpui kaharua*）の事例がある。インド・バングラデシュでは、ヒジュラが相当する。ただし、男性として生まれ、女装して女として生活するヒジュラがすべて両性具有者とはかぎらず、性器を摘出する場合（中国の宦官《かんがん》）もあるようだ。

生物の具体例としては、同一個体に雄と雌の生殖器官をもつ雌雄同体（Hermaphrodite）があり、海ではアメフラシやウミウシが、陸域ではミミズやカタツムリの例が知られている。

すこし話がずれる例かもしれないが、船の船体中央部に「へそ」（臍）があるとする事例を明星つきこさんがインドネシア・スラウェシ島南西部に住むブギス人の造船村における調査から報告している。

へそ自体、人間の男女ともに有する「へその尾」の痕跡である。ただし、男女いずれの胎児であれ、母親の胎内で母体と「へその尾」により結ばれていた。この点で、「へそ」は子宮をもつ女性の優位性を示すものである。南太平洋のラパヌイ（イースター島）には、「地球のへそ」とされる球体の大きな石があり、特異な磁性を帯びている（図3）。「へそ」は前述した第三のジェンダーや両性具有とは異なり、隠喩として中心性、母性の意味をもつことを記憶しておきたい。

図3　ラパヌイ（イースター島）における地球のへそ石（テピトオテヘヌア）。（1985年、筆者撮影）

ジュゴン保全と女性研究者

本書の第2章で取り上げるタイ国のジュゴン保護活動では、女性の研究者が目立って多い。タイ南部・トラン県のタリボン島におけるジュゴン保全活動を漁民の行動特性から分析する論を阿部朱音さんが展開している。タリボン島周辺海域は、タイでももっともジュゴンが多く生息する海域である。ここで、阿部さん以外にも、おなじ京都大学の倭千晶さんは、ドローンを活用してジュゴンの行動をバイオロギング研究として実施している。現在、タリボン島周辺にはジュゴンの摂餌する海草藻場を中心に保護区が暫定的に設定されており、絶滅危惧種と現地社会との「折り合い」が大きな課題とされている。タイ国政府や国際機関による活動もあるが、「上からの」政策提言がどれだけ現地住民の生活や福祉を考慮・反映したものであるのか。ジュゴンの生息域周辺でおこなわれる漁撈活動やジュゴン観察を目玉とする観光業への入域規制があるなかで、現場に即した「下からの」政策提言や合意形成を重視する視点があらためて問われている。

二〇一九年四月、親からはぐれた個体と思われる二頭の若いジュゴンがタリボン島周辺海域に迷い込んだ。保護された生後八ケ月のメス「マリアム」と生後六ケ月のオス「ジャミル」は授乳により介護が続けられたが、八月一七日未明、二二日に相次いで息を引き取った。プーケット海洋生物研究センター（PMBC）の調査で、マリアムとジャミルの消化器官にたまった海洋ごみが体調変化を引き起こしたことが死因とされた。そして、加害者を特定できない海

図４　タイのジュゴン保全にかかわる現地女性メンバーと阿部朱音さん。（2019 年、筆者撮影）

洋ごみの存在が浮き彫りになった。周知のとおり、海鳥やウミガメの胃から海洋ごみが見つかる事例も世界各地で報告されている。

　筆者が二〇〇四年にタイ・トラン県の漁村を訪れ、ジュゴン保護のため、漁民の説得活動とジュゴン保護キャンペーンをおこなっているヤドフォン（Yadofon）と呼ばれる非政府組織を訪ねた。ヤドフォンの代表者は女性で、タリボン島の対岸にあるハドチャオマイ国立公園内（用語集を参照）にある漁村に定着してジュゴンの保全活動をおこなっていた。このほか、ジュゴン研究では、オーストラリアのジェイムズ・クック大学のH・マーシュさんがよく知られている（Marsh *et al.* 2002）（用語集を参照）。ジュゴンの調査をおこなう研究者やNPO活動家にはなぜか女性が多く含まれている（図4）。

　ジュゴンと女性研究者の出会いはさまざまであろうが、ジュゴンはおとなしい性格で、海草藻場で索餌すること、ゆっくりと遊泳すること、乳房が見られることなど、女性を惹きつけるいろいろな要因が考えられる。ジュゴンだけでなく、イルカの仲間にも女性研究者が参画している。第2章で木村里子さんがスナメリを音響装置で追跡する調査を広域で展開している。研究者でなくとも、ジュゴンやイルカにたいして深い愛情（アフェクション：affection）をもつ女性が多いのではないかと考えさせられる。

イルカ・ジュゴンは人間の女性か？

　イルカやジュゴンがもともと人間であると見なす社会が方々で報告されている。カロリン諸島では、イルカの性別は明確に認知されていない。しかし、島で男子の子が生まれると、島中に「キュウー、キュウー」とふれ回る慣行がある。キュウー（*kiuw*）はイルカを指す用語である（染木　一九四五、秋道　一九八一）。

ところが、ある説話では、イルカは女性（雌）と見なされていることもある。サタワル島で聞いた説話によると、以下のような内容となっている。

「島の海岸に二頭のイルカがやってきて、浅瀬でその皮を脱いで水浴をしていた。それを見た島の男はこっそりとその皮を盗もうとした。それに気づいた姉のイルカは皮を身につけて海に戻った。しかし、妹のイルカの皮を隠した男は、海に戻れなくなって嘆き悲しむ妹のところにいって、妹を慰め、家に連れ帰った。二人は結婚し、子どもをもうけた。成長したその子が家のなかで遊んでいるさい、体を家の柱にぶつけた。その衝撃で、天井裏に隠しておいたイルカの皮が床に落ちた。これを見た妻は自分が騙されたことを知り、その皮を身に着けて海に戻っていった」。

この説話は、モチーフとして日本の羽衣伝説と似た面もあるが、イルカが皮を脱ぐと人間とおなじ体つきになるとする内容が骨子である。この場合、イルカは女性と同一視されている。こうした説話の世界にも、海の生き物と人間にかかわるジェンダーの問題が人びとのくらしに息づいていることがわかる。

ジュゴンについても、元来は人間であったとする説話が広域で知られている。たとえば、ミャンマーのメルグイ諸島に居住するモーケンは、ジュゴンはもともと人間であったとする説話をもっている（ベルナツィーク　一九六八）。ミクロネシアのパラオ諸島でジュゴンはメセキウ（*mesekiu*）と称される（Johannes 1981）。パラオの説話によると、正式に結婚せずに妊娠した娘に対して、その母親がさらなる禁忌を重ねないよう、妊娠した女性／産後の女性が守るべき食の禁忌として、「産後すぐにケアム（タイヘイヨウクルミ）の実を食べてはいけない」と娘に諭した。ところが、その娘は禁を犯してケアムの実を食べようとしているところを母に目撃されて逃げ出し、海に飛び込んでジュゴンになった（Belau National Museum HP）。戦前、パラオに滞在した画家で民俗学者の土方久功によると、「ある老婆が川に飛び込んでジュゴンとなり、海に下って、七日後に子どもを産んだ。人魚はタロイモの花をもち、口にケアム（前述）をくわえている。人魚は人間の子です」としている（土方　一九八五）。

タイ・トラン県にも人間がジュゴンになるくだりの説話がある。ある妊婦が海草の一種であるウミショウブの実を欲しがり、その夫は毎日彼女のために実を集めに行った。

しかし、彼女はそれだけでは満足することができず、ある日、自分で採りに行くことにした。藻場でウミショウブの実を夢中で食べていたところ、気がつけば潮が満ちてきて浜に帰ることができず、海草にからめとられて彼女はジュゴンになった。筆者はタリボン島で同様の話を収集したが、結末部が「ジュゴンになって毎日その実を食べることができて幸せであるから心配しないでくれと夫に伝えた」となっている（Adulyyanukoso, Hines, and Boonyanat 2010）。

マレーシア・スルー諸島南西部にあるタバワン島に住む海サマの人びとは、ジュゴンになった男の子の説話をもっている。ある男の子が海で夢中になって遊んでいた。親がすぐ戻るように諭したが、その男の子は親の言うことを聞かずにいたところ、海でジュゴンになってしまった。親の言うことを聞かないとジュゴンになるとする教訓を伝える説話であり、ジュゴンは人間であると見なされている（Kauman 2012）。

ソロモン諸島マライタ島北東部に住むラウでも、重い石の入った袋を担がされるなどで、姑からいじめられた妻が悲しんで、夫と別れるさい、石の上にいろいろな動物の絵を描いた。そのなかには、ウミガメ、イルカ、サメ、ブダイ、アイゴ、ダツなどの動物があったが、いずれも人間の食の対象であったり、深い海に棲んでいる。妻は、それらの生き物になると夫に会えなくなってしまうと考えた。最終的に妻は、人間に似て乳房をもつジュゴンになることを決めた。海に入った妻はジュゴンとなった、という説話が

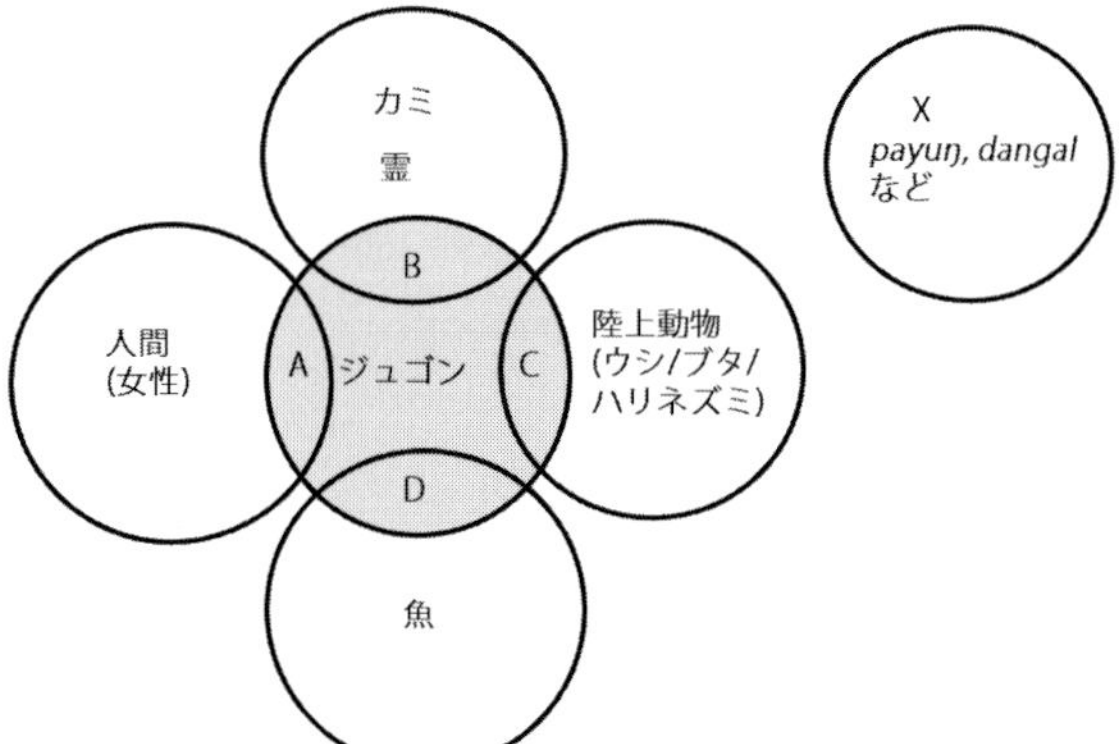

図５　ジュゴンの民俗分類上の位置（阿部・秋道　2019を改変）

A：パラオ諸島，モーケン（ミャンマー），ラウ（ソロモン諸島），タイ・トラン県
B：ヨナタマ，ユナイタマ（宮古諸島）
C：バビ・ドュヨン（マレー語），イカン・ボロ（ウォゲオ），アンダマン諸島，ハリネズミ（アボリジニ）
D：ザンヌイユ（沖縄）
X：位置づけが不明のジュゴン名称（payuŋ, dangal）の事例

ある（Bina' Au 2017）。インドネシア・スラウェシ島北部に住むバンティック（Bantik）にもジュゴンはもともと人間であったとする説話があり、人びとはジュゴンを食べない（Blust and Trussel 2013）。

ジュゴンになった人間はたいてい女性であるが、男の場合もみられる。人間以外に、ジュゴンは魚であるとか、陸上の家畜（ブタ、ウシ、ハリネズミ）が海に入ってジュゴンになったとする説話や、海の霊が人間世界でジュゴンになって現れたとする説話がある（阿部・秋道 二〇一九）（図5）。神話や民話にあるように、イルカやジュゴンと人間とのかかわりは密接であり、とりわけ女性との関係性は見逃せない。

海とジェンダーを往還する思考

ジェンダー論では、男女二元論を超える第三の項を加えることで生物から人間に至る性の問題を進化史的にも展望することができる。ただし、海そのものとの関係性を明確に位置づけることが十分にできたわけではない。

ここでは、国連のＳＤＧｓにおける海（ＳＤＧｓ１４：海の豊かさを守ろう）とジェンダー論（ＳＤＧｓ５：ジェンダー平等を実現しよう）の位置づけを踏まえて、「海とジェンダー」の問題を具体的な事例から検証することに焦点を当てた。そのため、進化生物学・系統発生論・海洋生物学・バイオロギング・人類学・民俗学・神話学・水産経済学・資源管理論・保全生態学・地球環境学・海洋政策論など多面的な観点から考察を加えてみたい（次頁図６）。

二〇一五年九月の国連サミットで採択されたＳＤＧｓ（持続可能な開発目標）においては、一七の目標が設定され、海関係は一四番目に「海の豊かさを守ろう」がスローガンに掲げられた（Life below water）。このなかで、海洋汚染の防止・削減、海洋・沿岸生態系の回復、海洋酸性化の縮小、水産資源の最大持続生産量レベルまでの回復、沿岸域一〇％の保全、ＩＵＵ漁業の撲滅、途上国の経済便益の拡大の七達成目標と、途上国への科学技術移転、小規模零細漁業者の海洋資源と市場へのアクセス権、海洋法に準拠した海洋資源保全と持続的利用の三つの方法が掲げられている。

一方、ジェンダー関係では、五番目のゴールとして「ジェンダー平等を実現しよう」（Gender Equality）が提案されている。このなかには、女性・女子への差別撤廃、売買・

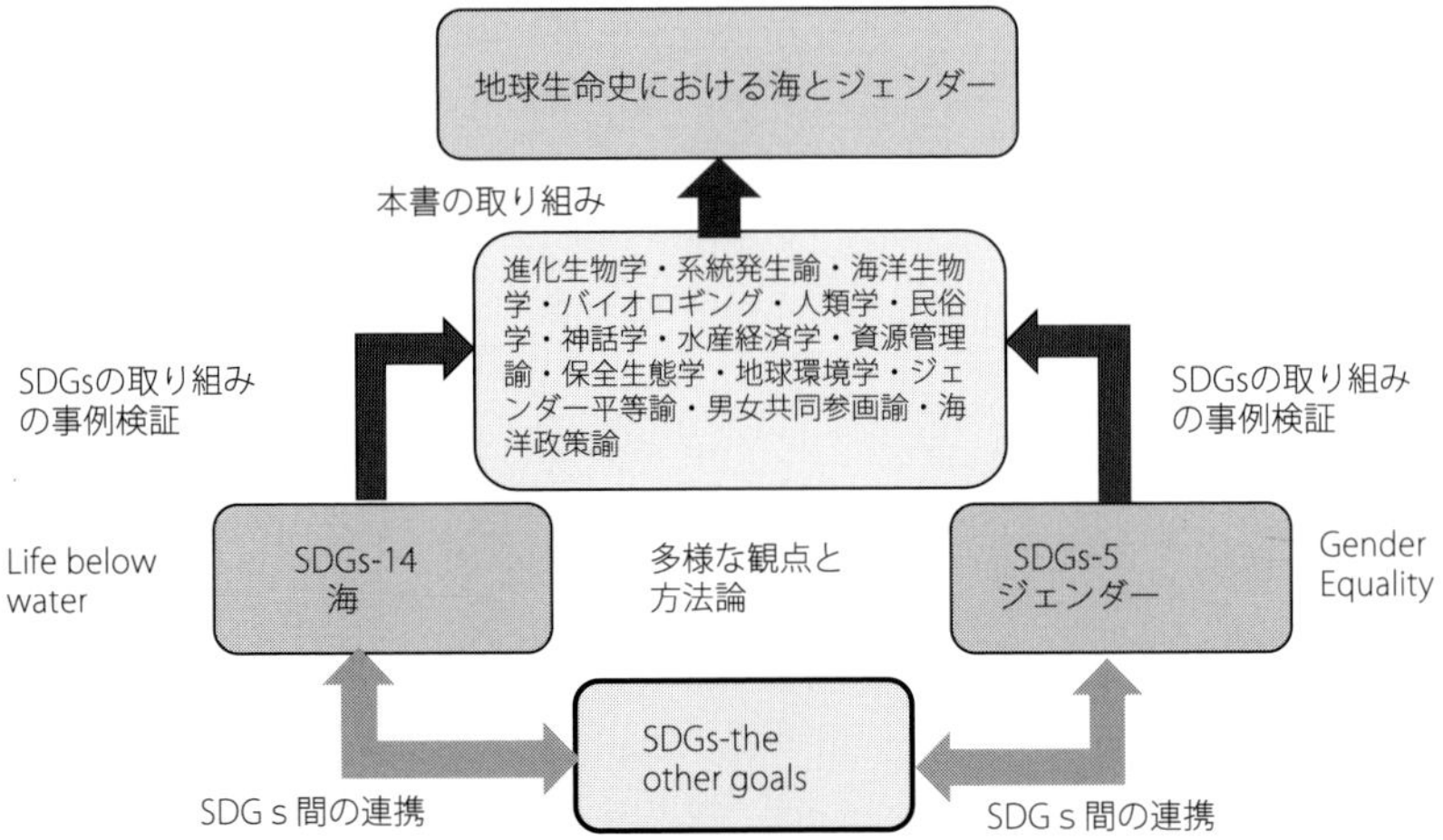

図6　本書の取り組みと、国連のSDGsにおける「海」と「ジェンダー」目標の関係

暴力の全廃、早婚や強制婚、女性器の割礼の禁止、育児・家庭内労働の社会的保障、政治・経済・社会面で女性の地位向上と容認、出産・育児の社会的許容と健康保障の六達成目標と、女性の財産権、インターネット技術の活用、女性の地位に関する法的枠組みの設定など三つの方法が提示されている。

異分野統合の視点

ＳＤＧｓの二目標を組み合わせて「海とジェンダー」を考える場合、何が浮かび上がるのか。それぞれの達成目標を比較すると、相互の関連性は正直みえてこない。もとより、国連の提唱するＳＤＧｓの達成目標は多岐の分野にわたる。問題はその実効性と現場を踏まえた施策の実現である。北田桃子さんが本書で指摘するようなＳＤＧｓのローカライゼーション（局在化）は、現場主義とでもいえるアプローチであり、政策実現には不可欠である。そのためには、地域重視の取り組みとして、地域ごとにＳＤＧｓの諸課題を包括的に進めるべきとの結論に至る。とくに、地域ごとのステークホルダーは多様化しており、課題も多岐にわたるので、きめの細かい対応は不可欠である。すこし大きめの枠組みとして、たとえば対馬の海洋保護区について取り上げた清野聡子さんも、現場主義から海洋保護区の法的な枠組みと地域住民の対応に注目した分析をおこなっている。とくに、大型船による漁業者と沿岸の小規模な漁業者間で漁場利用をめぐるコンフリクトが大きな課題であること、女性といっても若い世代はともかく、高齢のバアサマたちが海の経験をもとに生き生きと活動している実態があり、ジェンダー論のなかで、個人の経験や年齢も大きな要因となることは注目すべきであろう。地域の知の伝承に、海女たちが集まる海女小屋も大切な機能を担っている（用語集と古谷千佳子を参照）。

大局的に見れば、海とかかわるステークホルダー当事者が男性の場合、女性の場合、男女の協業と分業による場合と多様であり、分析対象も特定のステークホルダーから村落、地域、地方政府までさまざまな事例が含まれる。要は、ジェンダー論を踏まえれば、女性参画を推進する法的な整備が肝要であろう。

多くの沿岸域や島嶼部では、男性が海で活動し、女性は陸域に常駐し、持ち帰られた海産物の処理・調理、ないし販売をおこなう性的な分業が成立している。さらに、海女活動のように、女性のみか、夫婦が共同で船に乗り、女性のみが海で潜水漁に従事する場合、男性海士が潜水し、女性は浜で水産物の仕分け、販売をおこなう場合もある。事例では取り上げられていないが、ミクロネシアのカロリン諸島にあるチューク諸島では、サンゴ礁の浅瀬でたも網をもった女性が集団で魚を追い込む漁がおこなわれる。おなじカロリン諸島やアラフラ海にあるケイ諸島では、外洋から浅瀬に群れで接岸する魚群を村中総出で魚を追い込んで獲る漁法があるし、ココヤシの葉を撚って長いロープを作り、村中の成員が男女ともに追い込み漁をおこなう例もオセアニアのサンゴ礁海域で広く知られている。浅瀬で、貝類やタコを探す漁はたいてい女性が担当する。男性はヤスを使えるが、女性は木切れだけとする慣行もあり、海での活動における性差を撤廃して平等にするかどうかは、議論の余地がある。

このように、漁法や漁具によって女性と海とのかかわり方はたいへん多様といえるだろう。こうした半面、第三の性にかかわる個人が特段、海で特異的に重要な活動をおこなう事例はみられない。むしろ、漁業以外の婚姻儀礼とかで重要な活動を担うことがわかっている。男女分業面で、ジェンダーはおおむね男女二元論ないし、女性優先とする海女活動の事例が顕著であった（古谷千佳子を参照）。海では、沿岸域での女性の関与、村落基盤型の集団漁が大きな特徴である。

女性とポスト・ハーベスト戦略

海産物の処理、加工、販売など、ポスト・ハーベスト（post-harvest）段階における女性の役割はたいへん大きい。日本では、漁獲物を地域で販売する販女《ひさぎめ》や沖縄の糸満に典型的な浜ウィー（浜売り）ないしカミアカイネーやアンマーの例がある（三田　二〇〇六）。東南アジアの漁村社会でも、小規模な漁業の漁獲物を仲買人の女性が売り歩く慣行が広くみられる。フィリピンのパナイ島の漁村で、出産した翌日から、夫の持ち帰った漁獲物を売るためにリヤカーで市場を転々とした経験をもつ女性に出会ったことがある。

インドネシアのスラウェシ島北端のメナドでは、まき網で漁獲されたマルアジを、大勢の仲買人の女性が群がって一尾五〇〇ルピアで買い取り、別の仲買人に五五〇ルピアで売る。その仲買人の女性は別の仲買人に一尾六〇〇ルピアで売る。儲けはそれぞれ五〇ルピアにすぎないが、広くもうけを社会に還元する仕組みが息づいている。こうした取引慣行は現地でティボティボ（*tibotibo*）と呼ばれる（図７）。

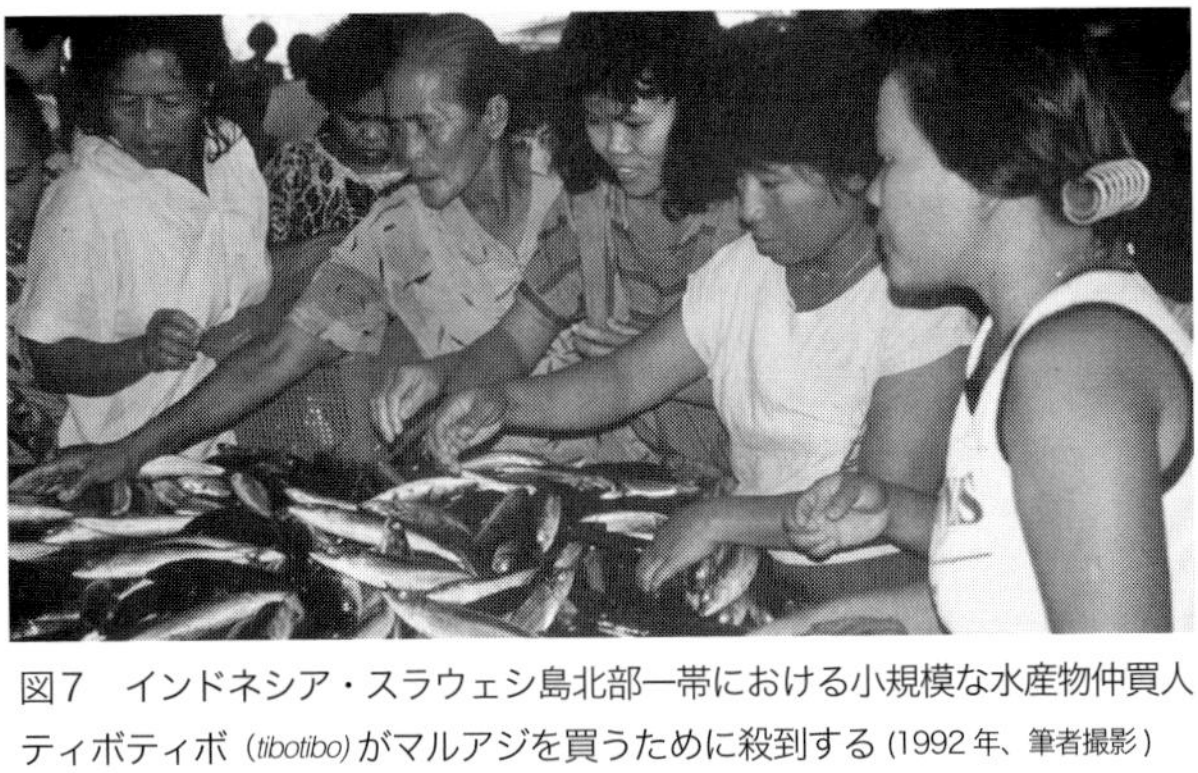

図７　インドネシア・スラウェシ島北部一帯における小規模な水産物仲買人ティボティボ（*tibotibo*）がマルアジを買うために殺到する（1992年、筆者撮影）

女性が漁獲物の販売に果たす役割は重要であり、地域社会の経済と流通にかけがえない。日本でも漁業協同組合における女性を通じた販売ネットワークがあり、関いずみさんが事例を第3章でふれている。海との関連では、男女分業を漁業としてでなく、「海業」の一環と見なす提案の意義は大きい。伊良部島・与論島の漁業協同組合で働く女性に注目して「地域の知」を取り上げた高橋そよさんの論も、ボトムアップによる女性論として注目すべきだろう。

女性の月経・出産時に、彼女らの海での活動を忌避し、海との関係を拒否・断絶する観念と民俗慣行は世界に広く分布する。日本では赤不浄として知られる。ミクロネシアの環礁で調査をおこなった宮澤京子さんは、女性のタブーと不浄について貴重な体験を報告している。インドネシアのバジャウ（バジョ）は、漂海民・船上生活者（日本の家船生活者）としてかつて一家が船上で暮らしてきたが、現在は浜辺に居住する。男性は海で活動し、女性は家事や育児に専念する（図8）（用語集「船上生活者」を参照）。

図8　インドネシア・スラウェシ島北部のトミニ湾内ティラムタにあるバジョの村の女性と子どもたち（1992年、筆者撮影）

他方、東アジア世界では、航海や漁撈を庇護《ひご》するとされてきたのは、船霊、おなり、南中国の媽祖《まそ》などである（用語集「船霊、おなり神、媽祖信仰」を参照）。いずれも、女性の神がかかわっており、海域世界における保護者としての女性の優位性は、精神世界で顕著に伝承されてきた。

本書では、地域からすると、駿河湾、対馬、琉球列島、中国の長江、タイのアンダマン海、カロリン諸島の環礁、インドネシア・スラウェシ島、オーストラリア・ノーザンテリトリーのアーネムランド、仏領ポリネシアのタヒチ島・ボラボラ島など、アジア・太平洋地域からアンダマン海まで広範な地域における事例を対象とした。

しかも、調査地の村落成員、海女集団、漁業協同組合員などや、現地で活動するNPO団体、NGO団体、現地研究者が関与する例を多数、紹介している。本書の第2、3章で取り上げた事例には、女性の役割や限界、特異点などの情報が満載されており、「海」を基本にすえることで、SDGsを超える新たなジェンダー論を提起できた意義は非常に大きいと考えている。

参考文献

秋道智彌　一九八〇「〝嵐の星〟と自然認識―サタワル島における民族気象学的研究」『季刊人類学』一一(四)：一三―五一

――――　一九八一「〝悪い魚〟と〝良い魚〟―Satawal島における民族魚類学」『国立民族学博物館研究報告』六(一)：六六―一三三

阿部朱音・秋道智彌　二〇一九「タイ南部リボン島における人間とジュゴンの関係―ジュゴンの民俗分類と利用に関する海域間比較より」『BIOSTORY』三一：九〇―一〇一

染木煦　一九三七「ヤップ離島巡航記」『民族學研究』三巻三号：五四五―六〇四

ベルナツィーク、E・／H・ベルナツィーク　一九六八(大林太良訳)『黄色の葉の精霊』平凡社

三田(川端)牧　二〇〇六「糸満における海と魚の民族誌：ウミンチューとアンマーの海を読む知識」(学位論文「人間・環境学」、京都大学)

Adulyanukosol, K., Hines, E., and Boonyanate,P. 2010 "Cultural significance of dugongs to Thai villagers: Implications for conservation". Proceedings of the 5th International Symposium on SEASTAR2000 : 43-49.

Bira' Au.Wilson Saeni 2017. "The Dugong Legend of Lau from the Solomon Islands". *The Solomon Islands Star- Malaita Magazine* 1: 7.

Blust, Robert and Stephen Trussel. 2013 "The Austronesian Comparative Dictionary: A Work in Progress". *Oceanic Linguistics* 52 (2): 493-523.

Johannes, R.E. 1981 *Words of the Lagoon: Fishing and Marine Lore in the Palau District of Micronesia*. University of California Press.

Kauman, Sama. 2012. Kata-Kata ma pasalan Duyung (A Sama Tale of the Dugong (Sea Cow)). https://sinama.org/2012/09/kata-kata-ma-pasalan-duyung/

Marsh, Helene *et al.* compiled 2002 *Dugong Status Report and Action Plans for Countries and Territories*. UNEP/DEWA/RS.02-1.

ホームページ

Belau National Museum Palauan Legends-Mesekiu. http://www.belaunationalmuseum.net/legends/legends-mesekiu.htm（2018/06/25 取得）

第1章

ジェンダー論の地平

1 性の起源──性とは何か？

長谷川真理子

無性生殖と遺伝子の多様化

生命とは、自分と同じものを複製していく能力を持った存在であり、地球上ではおよそ三八億年前に出現した。それは単細胞生物であり、それらが自らを複製していくやり方は、自分の遺伝子を倍化させてから、からだを半分に分裂させるというもので、そこに性は介在しない。これを無性生殖と呼ぶ。単細胞の微生物は現在でも大量に存在するが、それはみな、分裂したり、からだの一部から芽を出して、それが大きくなって別の個体になったりする方法で、無性的に繁殖している。自分と同じものを複製する繁殖という仕事には、雄と雌という存在は必須ではないし、性の機能は繁殖とは別のものなのだ。

しかし、自分のからだを分裂させて次世代を作ると、その個体は、自分と同じ遺伝子を持つことになる。何度繰り返して分裂しても、出芽をしても、突然変異が起こる以外に遺伝子構成は変わらない。これでは、環境が変化したときに追いついていけないので、絶滅の確率も上がるだろう。そこで、自分とは異なる遺伝子構成の子どもを持つ方が、絶滅の可能性を低くできる。では、どうしたらよいかというと、ともかくも、異なる構成にしておく方が有利になるに違いない。次の世代で環境にどんな変化が起こるかは予測できないのだから。

では、どうやって自分自身の遺伝子構成を変えるか？　現在の単細胞生物の代表である細菌類を見ると、彼らは、ときどき、次世代を作ることとはまったく別に、他個体と遺伝子を交換する「接合」という行動をしている。これは、一つの細菌が他の細菌とチューブでつながり、そこを通して互いの遺伝子を交換する作業である。ここで両者の遺伝子が混ぜ合わされるので、接合が終わると、それぞれの細菌の遺伝子構成は、以前とは異なるようになる。しかし、数は同じなので、これは繁殖ではない。まさに、遺伝子構成を多様化させるための作業である。性とは、無性生殖で増えていくだけでは遺伝子に変化を起こせない単細胞生物が、自らの遺伝子構成を多様化させるための手段として始まったのだと考えられている。

接合は、他の個体と遺伝子交換をすればよいので、雄と雌のような区別はない。雄と雌があって繁殖するやり方を有性生殖と呼ぶ。これは、接合のような遺伝子の交換の仕事が、繁殖の仕事と同時に行われるようになったやり方である。

配偶子という細胞

では、雄とは何で、雌とは何だろう？ 雄とは、小さな精子を生産する個体であり、雌とは、大きくて栄養をつけた卵子を生産する個体である。では、精子とは何で、卵子とは何だろう？ 精子と卵子は、配偶子と呼ばれる特別な細胞である。生物は細胞からできている。生物の始まりは単細胞であったが、やがて、いくつかの細胞が集まってからだを形成する多細胞生物が出現した。多細胞生物は、始めは同じ働きをする細胞がただ集まっていたのだろうが、やがて、消化器官、呼吸器官、感覚器官などと、細胞ごとに異なる役割を持つようになる。

この多細胞生物が自分と同じものを複製するとき、複製のための遺伝情報をつめたパッケージを持って、繁殖の仕事のみに特化する細胞ができた。それを配偶子と呼ぶ。多細胞生物は、配偶子を放出して、他の個体が放出した他の配偶子と合体することによって、次世代を作るようになった。

では、繁殖に特化した配偶子という細胞は、どんなものだろう？ 一つの配偶子は、別の配偶子と合体して次の個体を作るので、配偶子が持っている遺伝子の量は、体細胞の半分でなければならないのだ。もしも体細胞と同じく一個体分の遺伝子を持っていたならば、他の配偶子と合体すると、その個体は遺伝子量が二倍に増えてしまう。それを繰り返していけば、遺伝子の量は繁殖のたびに倍になっていってしまうだろう。これではいけないので、遺伝子の量を半分にしなければならない。そこで、配偶子ができるときには、減数分裂という特殊な過程を経て、持つ遺伝子の量を半分にしている。

それに加えて、減数分裂のときには、単純に染色体が半分に分かれてそれぞれが個別の配偶子に配分されていくだけではなく、一つの配偶子の中に分配された染色体どうしが交叉して組み替えを起こす。つまり、親の持っていた遺伝子構成とそっくり同じものの半分が子に受け継がれるのではなく、受け継がれた半分の染色体そのものが、親のそれとはすでに異なるものとなっているのだ。わざわざこんな過程を経ることも、性が、多様性創出という重要な機能を持っていることの表れであろう。

というわけで、多細胞生物が作る特殊な細胞である配偶子というものができた。配偶子で有性生殖する生物では、配偶子の中の遺伝子のみが次世代に伝えられるので、他の体細胞に存在する遺伝子はすべて、からだの死とともに消滅する。

卵子と精子の進化

しかし、それでもまだ、雄と雌にはならない。同じ大きさで同じ内容の配偶子どうしが合体してもよいだろう。実際、どれも同じような大きさの配偶子を放出する生物は存在する。そのような配偶子を同型配偶子と呼ぶ。

ところが、同型配偶子を持つ生物は決して多くはない。有性生殖する生物の大部分では、配偶子には大きなものと小さなものの二種類がある。これを異型配偶子と呼ぶ。藻類の仲間などでは、類縁関係にある種の中で、同型配偶子を持つ種と異型配偶子を持つ種が混在しているものがあり、それらの生態的条件を比較することができる。すると、大きく分けて、同型配偶子を持つ種は、比較的流れの静かな場所に棲んでいることが多いが、異型配偶子を持つ種は、流れが速いところに棲んでいることが多い。つまり、配偶のチャンスが多くある場合には同型配偶子でもよいが、配偶子が撹乱され、二つの配偶子が出会って合体するチャンスが少しでも下がるようになると、異型配偶子が進化するようなのだ。

では、どうして、小さな精子と大きな卵子になるのだろうか？　配偶子が進化したころには、すべての生物は水の中に棲んでいた。そのような生物は、各個体が水中に配偶子を放出し、別の配偶子と遭遇して合体することに賭けていたはずだ。そこで流れがそれほど速くないところなら、同型配偶子でもよかったのだろう。しかし、流れがある程度以上速くなり、別の配偶子と出会うチャンスが少なくなってきたときにはどうだろうか?

このような状況で、放出された配偶子がせねばならないことは二つある。一つは、他の配偶子と出会って合体できるまで、できるだけ長く生き延びること、もう一つは、合体するべき他の配偶子をなるべく早く見つけることである。ところが、この二つの仕事は両立しないのだ。ある程度の時間生き延びていられるには栄養をつけておかねばならない。しかし、そうすると重さが重くなって、速くは動けなくなってしまう。

そこで、大量の配偶子が水中に放出され、合体する相手をなるべく早く見つけねばならないという状況において、栄養をつけて大きくなる配偶子と、栄養はないがよく動く配偶子との二種に分化したのではないか。もとは同型配偶子であったところ、配偶のチャンスが少しでも確かではなくなる状況が起きると、この二つのタイプに分かれるような分断淘汰が働いたと考えられるのである。そして、栄養をつけるように進化したのが卵子であり、栄養をなくして速く動けるようにしたのが精子である。こうして、卵子のところに精子がやってきて合体するというのが、もっとも成功するチャンスが高くなったのではないか。シミュレーションの結果は、こんな進化が起こることを示している(Bulmer and Parker 2002)。

細胞内小器官の継承

しかし、配偶子どうしの合体については、栄養をつけるか、速くたくさん動くか以外にも問題がある。細胞には、ミトコンドリアのような細胞内小器官というものがある。ミトコンドリアは、もともと、他の生物種であったものが、多細胞生物の細胞内に入り込んで、細胞内共生するようになったものだ。ミトコンドリアは、細胞内の発電所のようなもので、その細胞にエネルギーを供給している。配偶子の中にもミトコンドリアは存在する。

さて、一つの配偶子が他の配偶子と合体するとき、双方のミトコンドリアが同等に受け継がれると、ミトコンドリアはどんどん増えていってしまうだろう。配偶子が減数分裂をして、持ってくる遺伝子の量を半分にせねばならなかったのと似た状況である。しかし、ミトコンドリアのような細胞内小器官に関しては、どちらも持ってくるものを半分にすることは進化しなかった。そうではなくて、どちらかの配偶子が全部を残し、もう一方の配偶子はすべてを捨てるという、0か1かの進化が生じた。そして、ミトコンドリアを始めとする細胞内小器官を継承できるのが卵子であり、精子は、授精のときにそれらのすべてを捨て去るのである。

つまり、異型配偶子が進化するにあたっては、栄養をつけるかつけないかと、細胞内小器官を継承するかしないかの二つの道筋がある。そして、栄養をつけて大きくなった方を卵子と呼ぶわけだが、それは、細胞内小器官を継承する方の配偶子であったわけだ。この二つの進化がどのように互いに関連しているのか、詳しいことはわかっていない。しかし、二つの配偶子を合体させて次世代を作る有性生殖が進化したとき、栄養をつけるかどうかには二局化するような分断淘汰が働き、細胞内小器官の継承に関しては、0か1かの進化が生じた。その意味で、異型配偶子の性は二つであり、二つしか存在しない。その中間のようなものは存在しないのである。

個体に発現する性

雌雄同体か雌雄異体か

配偶子のレベルで見ると、精子か卵子かの二種類しかない。そして、精子を生産する内部生殖器が精巣であり、卵子を生産する内部生殖器が卵巣である。私たちを含む哺乳類や鳥類は、精巣を持つ個体と卵巣を持つ個体に分かれているので、個体として、雄と雌の二種類がある。しかし、生物界を広くみわたすと、一つの個体の中にこの両性の生殖器官を備えた雌雄同体の生物も見られる。たとえば、花を咲かせる植物の多くは、一つの花の中に雌しべと雄しべの両方を備えているので、花は雌雄同体の生殖器官である。

雌雄同体生物は、一個体のからだの中に精巣と卵巣の両方を持たねばならない。からだを作るためのエネルギーを、精子の生産と卵子の生産の双方に配分している。どちらか一方だけに配分することもできて、それが雌雄異体生物である。有性生殖する生物では、雌雄異体であることの方が優勢なので、あえて一個体のからだの中に両方の生殖器を発達させるには、その方が有利になる条件が必要だと思われる。その条件とは、配偶相手を見つけることの困難さであるようだ。

動物では、雌雄同体は無脊椎動物に多く見られる。水生では、イソギンチャク、フジツボなど甲殻類や貝の仲間、サンゴ、ホヤ、ゴカイ、ウミウシなど、陸生では、カタツムリ、ミミズ、ヒルなど多岐にわたる。これらの動物たちの生態を見ると、雌雄同体の種は、固着性であったり、移動速度が非常に緩慢であったりする。そのような動物は、繁殖相手に出会うのが容易ではないだろう。

たとえばイソギンチャクは、潮間帯の岩礁に固着し、近隣の個体に対して触手を伸ばして、届く範囲で交尾する。その場合、個体が雄か雌かのどちらかに分かれていたら、出会った相手が同性であると繁殖は行えなくなってしまう。そうなっても、固着性なので、再度場所を移動することはできない。そのような場合には、一つの個体の中に両方の生殖器を備え、同種の他個体と出会ったときには、誰であっても、精子と卵子の双方を互いに交換することができる方が有利になるだろう。植物も固着性なので、花粉をどのように飛ばすのか、周囲にどのくらい同種の個体が存在するのかなどの条件にもよるだろうが、積極的に相手を見つけにいくことはできないので、雌雄同体であることの利益は大きいに違いない。

雌雄同体であっても、自分自身の卵巣で作った卵を自分自身の精子で授精することはしない。基本的に自家受精は避けられている。性という現象の本質が、他個体との遺伝子の交換であり、子どもの遺伝子構成の多様化であるのだから、それは当然である。

さて、移動能力が低い場合、繁殖のチャンスの確保という意味では、雌雄同体は有利でありそうだ。しかし、定義上、精子は栄養をつけていないので小さく、卵子は栄養をつけているので大きい。言い換えれば、卵子一つを作るのに必要なエネルギーは、精子一つを作るのに必要なエネルギーよりもずっと大きい。そうなると、作られる精子の数は卵子の数よりもずっと多くなってしまう。それでも、受精に必要な配偶子は、精子も卵子も一つずつなので、必然的に精子は余ることになり、卵子は限定資源となる。

そこで、雌雄同体生物が繁殖にあたって互いに精子と卵子を交換するとき、相手に精子を渡した方が、卵子を出すよりも、少ないエネルギーで多くの受精を果たせる可能性が高くなる。すると、たとえ雌雄同体であっても、精子を出すか卵子を出すかに関して、ある種の競争状況が生じる。

イソギンチャクのように、完全に固着性であるならば、隣接個体と繁殖するしかチャンスがないので、このような競争にはあまり意味がない。しかし、少しでも移動性があり、他個体との繁殖のチャンスを探しにいける場合には、この競争が生じてくる。その例が、ヒラムシの仲間だろう。ヒラムシはウミウシの仲間で雌雄同体であるが、かなり移動性が高い。ヒラムシの二個体が出会ったときには、平和的に精子と卵子の交換が行われるのではなく、互いに相手に対して自分が先にペニスを突き立て、精子を送り込もうとする闘いが繰り広げられる。このような例からも、雌雄同体になるか異体になるかにおいては、繁殖のチャンスを探すための移動性の高低が、非常に重要な条件となることが示唆される。

さらに、ある一時を見ると雄か雌かのどちらかであるのだが、時間とともに条件が変化すると、雄から雌へ、または雌から雄へと変化する生物もある。いわゆる性転換である。これについては、次の節で詳しく紹介されるので、ここでは割愛する。

雌雄異体生物の性決定機構

雌雄異体の生物では、内部生殖器官として、精子を生産する精巣を持つ雄か、卵子を生産する卵巣を持つ雌か、どちらかに分かれる。雌雄異体の生物において、ある個体が雄であるか雌であるかは、非常に重要なことであろう。だとすると、性決定と性分化の機構は、単純に決まった道筋であってもよさそうなものだが、事実はそうではない。

爬虫類の中のカメやワニの仲間では、受精卵が生まれて発生する場所の温度によって性が決定される。カメの仲間では、胚発生のときの周囲の温度が高ければ雌に、低ければ雄になる。多くの種で、分かれ目は三二℃前後である。ワニでは逆で、温度が高ければ雄に、低ければ雌になることが多い。こんな不安定なことで大丈夫かと心配になってしまうが、これらの爬虫類は今に至るも存続しているから大丈夫なのだ。

哺乳類では、個体の性は性染色体によって決められる。性染色体にはXとYの二型があり、両親からXを受け継いでXXになれば雌に、母親からXを、父親からYを受け継いでXYになれば雄である。つまり、同型染色体の持ち主が雌で、異型染色体の持ち主が雄になる。鳥類では、ZとWの二型があるのだが、ZZという同型の場合が雄で、Zwが雌であるので、哺乳類とは逆のパターンである。脊椎動物の中で、同じ分類群に属する全部の種が性染色体によって性決定するのは、鳥類と哺乳類だけである。このことと、この二つの分類群が恒温動物であり、体内で受精卵を育てる動物であることは、関連があるに違いない。性染色体によって性が決まる生物では、性染色体上に性決定の遺伝子がのっている。だからこそ、それを性染色体と呼ぶのだが、性染色体ではなくても、どこかに性決定の遺伝子があれば、遺伝子による性決定が行われることになる。

哺乳類のY染色体上には、SRYという遺伝子があり、受精卵の初期発生の段階でこの遺伝子が働くと、精巣が作られるようになり、その個体は雄になる。つまり、SRYが哺乳類の性決定遺伝子である。魚類のメダカも、同じようにXとYの性染色体によって性決定が行われる。メダカの性決定遺伝子はDMYと呼ばれるもので、これもY染色体上にあることがわかった。

これらの遺伝子の配列を詳しく調べたところ、SRYの祖先遺伝子は、DMYの祖先遺伝子とは異なる遺伝子から派生したことがわかった。魚類と哺乳類は、系統進化上、同じ脊椎動物ではあるものの、進化的に遠い存在ではあるので、SRYとDMYが異なる遺伝子から進化したのであっても、それほど不思議には思われないかもしれない。しかし、さらにいくつかのメダカの近縁種を調べたところ、すべてのメダカの仲間がDMYを性決定遺伝子としているわけではないことがわかった（Volff *et al.* 2003）。

これらの事実が示しているのは、雌雄異体の生物であっても、ある一個体が雄になるのか雌になるのかを決める機構は、進化の過程でそう単純に決まってはこなかったということだろう。

哺乳類の個体発生と性

先に述べたように、哺乳類はXとYの性染色体を持ち、XXの組み合わせならば雌になり、XYの組み合わせならば雄になる。それはそうなのだが、哺乳類という生物は、性染色体の組み合わせがどうであろうと、受精卵はすべて雌として出発し、何もなければ雌になるように発生過程が組まれているのである。

その上で、性染色体としてYを持っている場合、そのY染色体上にあるSRY遺伝子が働けば、雌になるはずだった個体を、雄へと作り替えていく作業が始まる。先に述べた通り、哺乳類の性決定遺伝子はSRYである。しかし、

Y染色体があっても、その上にSRY遺伝子があり、それがうまく働かなければ雄にはならない。

哺乳類の初期胚では、内部生殖器官のもとになる組織（生殖腺原基）は未分化で、ミュラー管とウォルフ管の双方が備わっている。ミュラー管の先には、将来、卵巣になる生殖巣が、ウォルフ管の先には、将来、精巣になる生殖巣がある。しかし、哺乳類ではすべての胚が基本的には雌になるように用意されているので、何もなければ、未分化の生殖巣はやがて卵巣になる。卵巣は男性ホルモンを作らないので、ウォルフ管が消失する。そして、ミュラー管が発達して、卵管と子宮が作られていく。

一方、SRY遺伝子があってそれが正常に働くと、初期の生殖巣の周囲の細胞にSRYが応答し、ウォルフ管の先に精巣ができる。この精巣が男性ホルモンであるテストステロンを分泌し、それによってウォルフ管が発達して精管となる。また、精巣は同時にミュラー管抑制ホルモンを分泌するので、これによってミュラー管が消失する。こうして内部生殖器官の性分化が完成する。

次が外部生殖器である。外部生殖器になるはずの組織には、すべての個体で、5-αリダクターゼという酵素が存在する。雄であって精巣が機能していれば、精巣はテストステロンを分泌している。5-αリダクターゼは、このテストステロンをジヒドロテストステロンへと変換する。ジヒドロテストステロンの存在下では、外部生殖器としてペニスと陰嚢が作られていく。

雌の場合は、精巣がなく、テストステロンが大量に作られてはいないので、5-αリダクターゼが変換するべき材料がない。つまり、ジヒドロテストステロンが作られない。これがなければ、膣ができる。哺乳類の個体は、そもそも何もなければ雌になるようにできているので、雌の外部生殖器の形成に、特別なホルモンは必要ないようだ。

これで、内部生殖器と外部生殖器が作られた。しかし、これだけで典型的な雄か雌になるわけではない。というか、哺乳類の原型は雌なので、雌を作るのは比較的単純なのだが、雄に変えていく作業は、このあとも続く。それは脳の性分化である。

初期胚では脳も徐々に作られていくが、雄であってテストステロンが高レベルで存在すると、それがジヒドロテストステロンに変換され、ジヒドロテストステロンが、脳内に男性ホルモンのレセプターを形成していく。それによって、脳がテストステロンによく反応するようになる。こうして、成熟したときにテストステロンが分泌されると雄型の行動をとるようになり、また、雌に対して性的好みを形成するようになる。同時に、テストステロンは、アロマターゼの働きによって、脳内でエストロゲンに変換される。このエストロゲンが脳内のエストロゲン受容器に結合することにより、脱雌化が起こり、雌型の行動を抑制するようになる。つまり、エストロゲン受容器をふさぐことによって、成熟後に雌性ホルモンであるエストロゲンが分泌されてきても、脳はそれに反応しないようになるのである。

雌のからだにもテストステロンはあるので、それは、アロマターゼの働きによって、脳内でエストロゲンができるはずだ。それが脳内のエストロゲン受容器に結合すれば、雌でも脱雌化が起こるだろう。しかし、雌では、α-フェトプロテインという物質が、血中のエストロゲンに結合し、その脳内への侵入を阻んでいる。これが機能すれば、脱雌化は起こらない。

さらにヒトの場合は、脳内にテストステロン受容器がたくさんあって、性ホルモンに対応すれば、それだけですぐさま雄型の性行動をとるようになるのかというと、それほど単純ではない。ヒトには自意識があるので、まずは、自分を男性だと思うか女性だと思うかという、性自認の問題がある。そして、どちらの性の個体に性的魅力を感じるかという、性指向の問題がある。これらは、大筋では、哺乳類における脳の性分化と同じプロセスを経て決まるのだが、ヒトには、自分が暮らしている文化環境に対する適応もある。その文化における「ジェンダー観」をどのように受け入れるかといったことも、性自認と性指向に影響を与えるだろう。

社会関係の中での性

単独で生活する動物もあれば、他の個体といっしょになって群れで暮らす動物もいる。単独生活する動物でも、繁殖期には交尾相手を探し、配偶する。しかし、それ以外のときには単独生活する。繁殖期ではなくてもいつも集団を作って暮らす動物もいる。そして、単に「烏合の衆」のようにいっしょにいるだけではなく、互いに個体識別し、さまざまな社会関係を持って暮らす、社会性の動物もいる。

社会性の動物たちの行動において、雄と雌の間の配偶行動は、繁殖上は非常に重要だ。性行動は、繁殖のための行動であり、それが進化してきたのは、それによって次世代が生まれ、その動物が存続してきたからである。

しかし、社会性の動物が個体として暮らしていくためには、性的な配偶関係だけでなく、さまざまな社会関係の調整をしなければならない。そのとき、繁殖とは無関係な文脈で、外形的には性行動と同じ行動が使われることがある。たとえば、チンパンジー（*Pan troglodytes*）と近縁なボノボ（*Pan paniscus*）という類人猿では、雄どうし、雌どうし、そして雄と雌との間で、普通のあいさつ行動として、外部生殖器を互いにこすり合わせる行動が頻繁に使われている（古市二〇一三）。近縁種のチンパンジーでは、こんな行動はまったく見られない。

また、ニホンザルなどの真猿類では、順位の高い方の雄が下の順位の雄の腰にまたがるマウンティングという行動が広く見られる。この行動の外形は、雄から雌への性行動であるが、雄どうしのマウンティングの機能は、性行動ではなく、社会的順位の確認である。

このほかに、本来ならば雄と雌がペアになって繁殖をするところ、異性の相手が得られない場合、当面、同性どうしでペアを作るのが見られることがある。たとえば、ゴリラは、一頭の雄のもとに複数の雌がやってきて「ハーレム」と呼ばれる集団を作り、その中で繁殖が行われる。そこで生まれた雄たちは、成熟とともに群れを離れ、新たに自分のハーレムを持つことになる。しかし、雌を集めることができなかった雄たちは、雄どうしで集団を作り、その中で互いに性行動も行うのが観察されている。この場合、のちに雌がやってくると、雄どうしの関係は崩壊し、雌とのハーレムが作られることになる（山極二〇一三）。

鳥類では、一般に、雄と雌がペアになって繁殖し、両親がそろって抱卵、育雛を行う。しかし、カモメなど鳥類のいくつかの種では、雄の死亡率が高く、雌余り状態にあるので、すべての雌が繁殖相手の雄を見つけてペアになれるわけではない。その場合、雌どうしがペアを作り、そのどちらかが、どこかで雄から精子をもらって自分の卵に受精し、その卵を産む。それを、雌どうしのペアで抱卵し、ヒナに餌をやって子育てをすることが見られる。繁殖のためには二頭の協力が必須である種において、雄と雌によるペアを作るチャンスがなかった場合、同性でペアを作ることは、しばしば観察されている。

性淘汰

雌雄異体の生物で、雄個体と雌個体ができたあとには、繁殖のチャンスをめぐる競争が起こり、それは性淘汰を引き起こす。つまり、生殖のためには精子も卵子も一つずつしか必要ないのだが、雄は、大量の精子を生産することができるので、当然ながら精子は余ることになる。そこで卵子は、個体の繁殖成功度を決める限定資源となり、精子は、授精すべき卵子をめぐって競争することになる。

図1　クジャクのディスプレイ

それが、雌個体の確保をめぐる雄の個体どうしの競争になった場合には、その競争で有利になるような武器として、角や牙が雄だけに進化する。雄は、繁殖期になると、これらの武器を使って雄どうしで激しい闘争を繰り広げる。

一方、雄間競争が、雌個体の確保ではなく、卵子への授精のための競争になった場合は、精子間競争が進化する。この場合の配偶形態は乱婚で、雄個体は角や牙などの武器は持たないが、精巣が大きくなるように進化する。なるべく多くの精子を生産して送り込むことが有利となるからだ。雌個体の確保をめぐる雄どうしの競争が激しい場合には、その闘争に勝って雌を確保できれば、その後に他の雄からの精子が授精することはない。そこで、このような種では、雄の精巣は比較的小さい。

雌は卵子の生産者であり、卵子は限定資源なので、雄の確保をめぐる雌どうしの競争は弱い。しかし、一般的な雄の確保ではなく、並み居る雄の中でもどの雄を選ぶかという配偶者選択が働くことになる。雌による配偶者選択がどのように働いているのかは、まだはっきりと理解されてはいないが、クジャクの雄の派手な羽とディスプレイのような形質は、雌の配偶者選択の結果として進化したらしい（図1）。

また、一般に、性淘汰が働く場合には、雄間の競争と雌による配偶者選択が重要となるが、配偶様式によっては、雄による配偶者選択が働く場合もある。ヒトではおそらく、配偶者選択は双方向的に働いているだろう。

ヒトにおける性と性の概念

ヒトは哺乳類であるので、個体としての雄と雌がどのように作られるのかは、先に述べた通りだ。すべての胚は雌になるように設計されている。しかし、Y染色体を持ち、その上にのっているSRY遺伝子がうまく働けば、胚を雄になるように作り替える作業が始まる。そこには、雄化と脱雌化の二つのプロセスがある。雌の胚にしても、途中で雄性ホルモンであるテストステロンの影響を多く受けることがあれば、部分的に雄化が起こる。これほど複雑なプロセスなのだから、その途中ではさまざまなことが起こり得る。だから、個体としての性は、「完全な雄」と「完全な雌」という二つにきれいに収まるものではないのだ。そのような二方向に分断する力はつねにあるものの、それがつねに実現するものではない。配偶子の性は二つしかないのだが、個体の性はスペクトラムになるのである。

さらに、ヒトは脳が大きく、自意識があり、文化の中で生きているので、文化が性をどのように概念化しているのかが、個体の性認識に非常に大きな影響を与えている。多くの文化では、男性性と女性性に関して、ある概念を形成し、その文化の中での男性と女性の振る舞い方や価値観が決められている。それをジェンダーと呼ぶのだろう。ジェンダー概念の根本には、生物学的な雄と雌の存在があり、雌個体の確保をめぐる雄どうしの競争という性淘汰が働いていると私は考える。

しかし、それだけではない。ヒトでは、男性どうしの関係、女性どうしの関係、男性と女性との関係には、必ずや権力を伴う上下関係が生じ、その中で、各個体の振る舞いが決められていく。そこでは、典型的な「雄＝男性」と典型的な「雌＝女性」のジェンダー概念が決められ、そこに当てはまらない事象を、異常とみなして捨て去る力が働いてきた。

その一方で、武士の社会、軍隊、運動部など、男性だけで構成されるような集団においては、しばしば、上位の男性による下位の男性の性的利用が行われてきた。そして、その事実はほとんど公には論じられず、隠されて存続してきた。このことを見ても、個体の性とジェンダー概念は、そのこと自体として隔離して論じることはできず、つねにジェンダーに伴う権力関係が、ヒトの性の発現に影響してきたことがわかる。

　ヒトの性の現れについて、哺乳類の一員として生物学的に分析、理解することは必要であり、基本的知識として大事なことである。しかし、ヒトの場合はそれだけでは終わらない。ヒトが文化を持つ動物であり、文化環境こそが、個人にとっての一番身近な環境であることから、文化が性に関してどのような概念を形成し、それを、その文化に属する個人に対して強いているのか分析、理解することも、同様に必須なのである。

まとめ

　性という生物現象は、多細胞生物の個体というものが始まる前に出現し、繁殖とは別の機能として進化した。その段階で、性は、前述のように二つしかない。しかし、多細胞生物の個体が出現したあと、一つの個体が雄になるのか雌になるのかは、非常に複雑な問題であり、進化的にも、単純には決まっていない。さらにヒトでは、文化的な概念と、それによる文化環境が大きな比重を持って個体の行動概念に影響するので、ことさらに複雑な問題となっている。それを丁寧に解きほぐしていくのが、今後のジェンダー学の出発点であろう。

参考文献

古市剛史　二〇一三『あなたはボノボ、それともチンパンジー?』朝日選書
山極壽一　二〇一三［私信］
Bulmer, M. G. and G. A. Parker 2002, "The evolution of anisogamy: A game-theoretic approach". *Proceedings of the Royal Society* B 269 (1507): 2381-2388.
Volff, J. N., M. Kondo and M. Schartl 2003, "Medaka dmY/dmrt1Y is not the universal primary sex-determining gene in fish". *TRENDS in Genetics*, 19(4): 196-199.

2 性転換する海洋生物──性という戦略

岩田恵理

はじめに

遺伝情報を担うＤＮＡは、真核動物の細胞分裂の一時期に染色体という形をとる。ヒトの場合、同じ形をした染色体が二本ずつ、合計二二組の常染色体と、性別を決める性染色体が一組存在する。人の性染色体には、Ｘ型をした大きい染色体とＹ型をした小さい染色体の二種類があり、受精卵ができた時点でどの組み合わせの性染色体を持ったかによって、将来の性別が決定する。ＸＹ（ヘテロ）の組み合わせの性染色体を持てば雄、ＸＸ（ホモ）の組み合わせであれば雌になる方向に発生が進む。これを遺伝的性決定（Genetic Sex determination）という。次に、性染色体上の遺伝子の働きで、まず精巣や卵巣などの生殖器が作られる。その次に脳の性別が決定する。胎生期の一時期、精巣から男性ホルモンが放出され、男性ホルモンの作用で脳が雄型になる。男性ホルモンが作用しなければ脳は雌型になる。性決定後に身体や心がその性にあったように形成されてゆく過程を性分化（Sex Differentiation）という。このように、性分化の過程においては、身体の性（見た目の性別）が決まるタイミングと脳の性（心の性別）が決まるタイミングが異なるため、それが人の性同一性障害の原因の一つなのではないかといわれている。人以外の哺乳類に、人の性同一性障害のような状態があるのかどうかはよくわからない。

実は、ＸＹ染色体によって性決定がなされる動物はそう多くない。ＸＹ染色体を持つ代表的な動物は哺乳類であるが、アマミトゲネズミ *Tokudaia osimensis* をはじめとした一部のネズミの仲間の性染色体は、ＸＯ／ＸＯ型といってＹ染色体を持たず雌雄の染色体の組み合わせが同じである。

鳥類の性染色体の組み合わせはZW／ZZ型といい、哺乳類とは性染色体の形が違う。さらに鳥類の場合、ZZのホモの組み合わせが雄、ZWのヘテロの組み合わせが雌で、哺乳類とは逆である。

海の中に目を転じてみると、性決定の仕組みにはさらにバリエーションが見られる。すべての動物が性染色体による遺伝的性決定を行っているわけではないのである。本章では、筆者が長年研究対象としていた魚類であるクマノミの仲間を中心に、魚類の様々な性決定の仕組みについて紹介をしたい。

図1　日本で見ることのできるクマノミ6種。右上から時計回りに、セジロクマノミ *Amphiprion sandaracinos*、ハマクマノミ *A. frenatus*、トウアカクマノミ *A. polymnus*、カクレクマノミ *A. ocellaris*、クマノミ *A. clarkii*、ハナビラクマノミ *A. perideraion*。いずれの種も、社会順位のある群れをつくり、イソギンチャクと共生をする。種ごとに好みのイソギンチャクの種類が異なる。

クマノミの社会順位と性転換

クマノミ類はスズキ目スズメダイ科に属する海水魚であり、主にインド太平洋熱帯域のサンゴ礁に生息する。オレンジからピンクの綺麗な体色に、白い縞を持つのが特徴である。現在、全世界で二八種類のクマノミ類が報告されているが、そのうちの六種が日本列島沿岸に生息する（図1）。熱帯魚のイメージが強いクマノミ類であるが、クマノミ（*Amphiprion clarkii*）は比較的低水温耐性があり、北は本州の房総半島あたりまでの温帯までが生息域である。クマノミ類はイソギンチャクと共生する魚類として有名で、イソギンチャクの中には通常一から五匹程度のクマノミ類が同居している。一つのイソギンチャクの中に棲んでいるクマノミ類の間には血縁関係はなく、社会的な群れを構成している。社会的な群れとは、群れを構成する個体がある程度固定されており、個体同士の関係性が明らかであることをいう。群れのクマノミ類は、身体の大きい順に社会順位

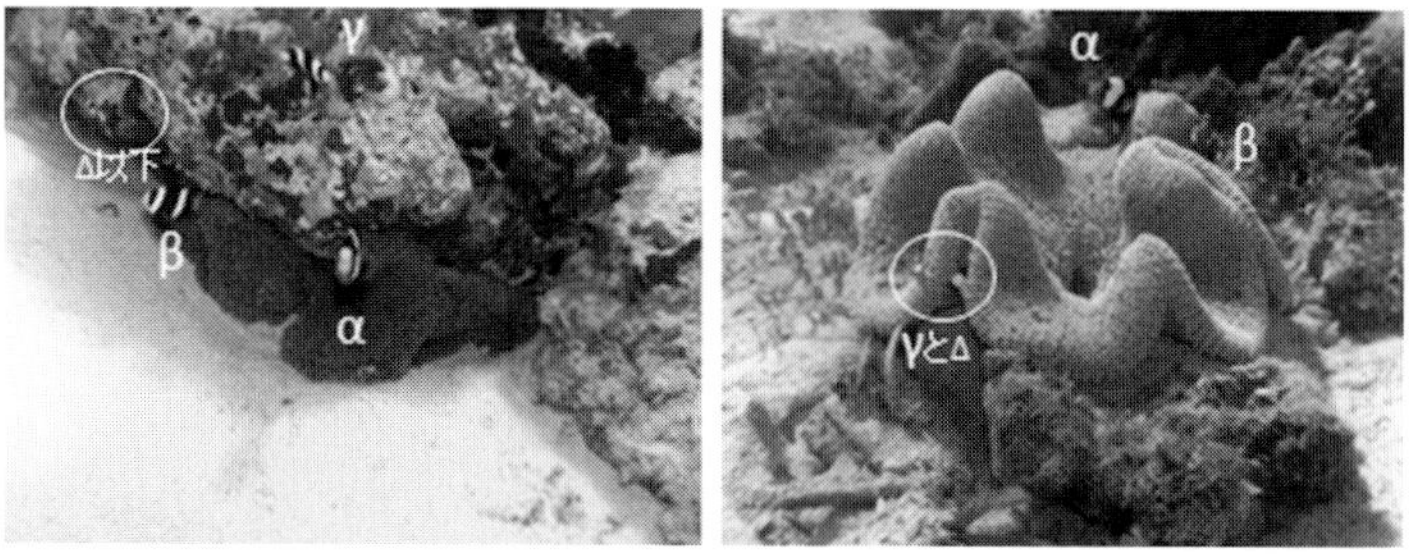

図2　イソギンチャクと共生するクマノミ（左）とトウアカクマノミ（右）の群れ（いずれも沖縄慶良間諸島）。αとβの上位２匹は警戒してこちらをうかがっている。育卵時にはαがダイバーに噛みついてくることもある。

（優劣）を形成している。つまりイソギンチャクの中で一番大きい個体が一番強く優位（α：アルファ）であり、二番目に大きい個体が第二位（β：ベータ）、三番目に大きい個体が第三位（γ：ガンマ）といったように、主に体長によって群れの中の順位が決まっている（図2）。体の大きさ、位置関係、行動の違いにより、各個体の社会順位を特定することは容易である。

日本の亜熱帯海域に生息するカクレクマノミ *A. ocellaris* は、観賞用としても人気があり、国内でも繁殖個体が数多く流通しているため、未成魚の入手が容易である。未成魚のカ

図3　カクレクマノミの飼育個体３匹の群れ。野生個体の群れと同様に、αのそばにはβが、少し離れた所にγがいる。

クレクマノミ三匹をランダムに選び、水槽に入れて行動を観察すると、どうやって見分けるのかごくわずかな体長の違いを見分け、半日もするとα、β、γの社会順位が形成される。研究用の水槽には、隠れ家として塩化ビニールでできた水道管のジョイントを入れてイソギンチャクの代わりにしている（図3）。イソギンチャクのような無脊椎動物は水質に非常に敏感で、魚を飼うよりはるかに難しいからである。社会順位が決まると、α個体は隠れ家であるジョイントを占有し、他の個体はほぼ侵入できなくなる。β個体はジョイントの周りの陰になるようなところをうろうろと泳ぎ、γ個体は水槽の隅のろ過機のあたりに隠れるようになる。たまにβ個体がジョイントに入ろうとするとα個体に威嚇されたりするが、γ個体は少しでも目立つ動きをする

と、上位の二個体がすっ飛んできて威嚇をするので、ジョイントに近づくこともできない（図4）。上位の個体から威嚇を受けた下位の個体は、身体を横に倒し気味にして痙攣のように全身を震わせる。上位の個体はそれを見ると衝動が弱まるのか、それ以上は威嚇を続けない。弱い犬が強い犬にお腹を見せる服従行動と同じである（Iwata *et al.* 2008）。

一般にクマノミ類の群れの構成メンバー間では、このような威嚇・服従行動が日常的に繰り返されている。常に自分のランクを確認しながら暮らしているのである。これらの行動は、群れの中での秩序を保つために大事なのはもちろん、彼らの繁殖にとっても非常に重要な役割を果たしている。クマノミ類には性染色体が見つかっていない。そもそも持っていないのではないかといわれている。なんと彼らの性別は遺伝情報ではなく、群れの中の社会順位により決定するのである。稚魚や若魚の時のクマノミの生殖腺は両性生殖腺といって、一つの臓器の中に、卵巣の部分と精巣の部分の両方が存在する（図5γ）。クマノミ類の場合、外側が未熟な卵巣組織、内側が精子を認める精巣組織である。群れの中の社会順位が二位、つまりβ個体に確定すると、卵巣の

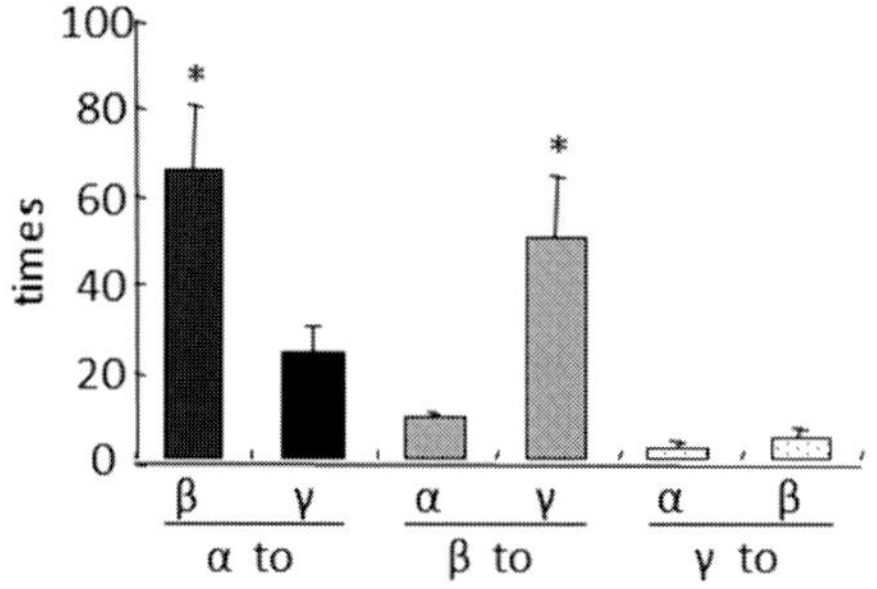

図4　カクレクマノミの飼育個体3匹の群で観察された威嚇行動の比較（$P^* < 0.05$）。αはβに、βはγに最も多く威嚇行動を行う。γはほとんど攻撃性を示さない（Iwata, *et al.*, 2008）。

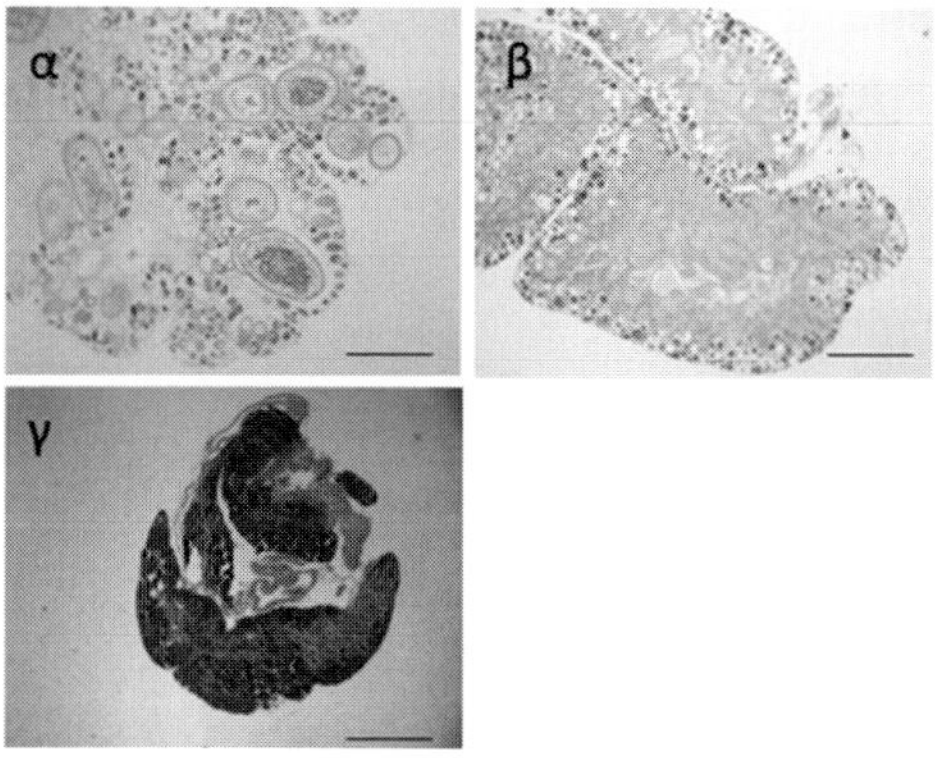

図5　カクレクマノミの生殖腺組織所見。性成熟したα（雌）には成熟した卵巣組織のみ存在し、性成熟したβ（雄）は未熟な卵巣組織が成熟した精巣組織を薄く取り囲み、γ（両性）では小さな生殖腺の中に未熟な卵巣組織と精巣組織が確認できる。— = 500 μ m

部分が少なくなり精巣の部分が増え、雄としての機能を持つようになる（図5β）。一位、つまりα個体となるとその生殖腺の精巣の部分は徐々に退縮して、卵巣の部分だけとなり卵胞が成熟し、雌として機能するようになる（図5α）。そして群れの中ではこのα、βの二匹だけが繁殖ペアとなり、定期的に産卵放精を繰り返すことになる。三位、つまりγ個体以下の個体は未成熟な両性生殖腺を持ったまま過ごす。しかし、上位の個体が捕食者に食べられてしまったり、台風で飛ばされていなくなってしまったりなどの不慮の事態が起こると、下位の個体の社会順位が繰り上がることになる。例えば、αである雌がいなくなれば雄だったβがαに昇格するので、βは雄から雌へと性別を変えることになる。その結果γはβに昇格するので、雄でも雌でもない状態から雄になれるのである。つまりクマノミ類はイソギンチャクに住む群れを一つの繁殖ユニットと捉え、そのユニットが繁殖を継続できるような社会システムを持つというわけである。さらに面白いことに、雄だったβが雌のαに性転換するには、精巣を卵巣へと完全に作り替えなくてはならないため、概ね四五日、一月半程時間がかかるのだが、社会順位に応じた行動、つまり極端に威嚇行動の多い雌型の行動は、上位の雌がいなくなってすぐに発現する。

魚類にはこのようにいったん決まった性別から別の性別へと変化する「性転換（Sex Change）」という現象が知られている。クマノミ類のように雄が雌へと性転換する魚類のことを、雄性先熟型性転換魚（Protandrous Sex Changing Fish）という。クマノミ類がこのような生態を持つことは非常に理にかなっている。クマノミ類は遊泳力が弱い。彼らの主な生息域である亜熱帯から熱帯海域においては、イソギンチャクの生息密度が低く、サメなどの捕食者も多い。γ以下の個体が繁殖に参加しようと思っても、新天地のイソギンチャクを探して移動することは相当に難しい（ただし温帯域ではイソギンチャク密度が高く、捕食者も少ないため、小さいクマノミは相性のいいパートナーを求めてイソギンチャクを移動することが知られている）。いずれにしろ、一つのイソギンチャクの中で繁殖ができるのはいつも同じ個体となるので、γ以下の個体は上位に繰り上がる機会を目立たずじっと待っているしかないのである。

一方上位の繁殖ペアは、同じ個体同士で定期的に産卵放精を繰り返すことになる。この場合、魚類にとっては雌の身体が大きい方が都合が良い。なぜかというと、精子を一つ作るよりも、卵を一つ作る方がコストがかかるからである。多くの動物で共通しているのは、生殖細胞のもとになる細胞一個から、精子は四個できるのに、卵は一個しかできないということである。特に魚類の生まれたての仔魚は、孵化して数日の間までお腹について残った卵黄から栄養を貰って育つため、卵の中には栄養たっぷりの黄身をたくさん準備しておかなくてはならない。そのため一夫一妻のクマノミ類では、雌の方が身体が大きく体力がありたくさんの卵を作れるようにした方が有利なのである。

また、クマノミ類はイソギンチャクの脇の岩場に産卵し、卵がかえるまで新鮮な海水をかけたり掃除をしたりなどの「育卵」を行うが、この役目は雄である。雄が一生懸命に卵の面倒を見ている間、雌は次回の産卵に備えてひたすら食べて体力を回復する。

揺らぐ性別の意味

クマノミ類とは逆に、雌から雄に性転換をする魚もいる。つまり雌性先熟型性転換魚（Protogynous Sex Changing Fish）である。余談であるが、筆者は最近東北から瀬戸内へ転居したのだが、瀬戸内ではキュウセン *Halichoeres poecilopterus*（地元の呼び方はギザミ）などのベラの仲間を夏が旬でよく食べるのに驚いた（図6）。東北ではベラを食べることがあまりなかったのである。このように普通に食用として出回っているベラであるが、実はベラの仲間の多くが雌性先熟型の性転換をすることが知られている。

彼らの性転換についてはカリブ海に生息するブルーヘッドラス *Thalassoma bifasciatum* という種類のベラについて詳細に研究されている（Warner *et al.* 1991）。ベラ類はクマノミ類と異なり、雄が縄張りを構え、雌を複数囲い込んで、ハーレム型の群れを形成する、いわゆる一夫多妻制で

図6　アカササノハベラ *Pseudolabrus eoethinus*（上、伊豆半島）と居酒屋で出てきた恐らくキュウセンとみられる焼き物（下、瀬戸内）。いずれも雌性先熟性転換魚である。

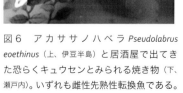

ある。ベラ類の雄は概ね派手でカラフルな色をしているが、雌は雄に比較して地味である。これは陸上の鳥類に似ている。ベラ類の産卵期は初夏から夏である。ベラ類の繁殖のしかたは産卵上昇といって、産卵適期となった雌が雄と一緒に垂直に上昇し、水面近くで一瞬のうちに放卵放精を行う。生まれた卵はそのまま潮の流れに乗ってゆくので、ベラ類が育卵をすることはない。卵があっという間に離散することで卵を狙う捕食者を回避するという戦略である。

ハーレム型の繁殖を行うということは、ハーレムの主になり損ねた「あぶれ雄」がたくさんできることを意味している。あぶれ雄はハーレムの周りをうろついていて、ハーレム雄と雌が産卵上昇を始めると、さっとペアの間に割り込み、生みたての卵に精子をかけて逃げ去るという離れ業をやってのけ、自分の遺伝子を残すことに成功することがある。このような雄の存在は、ハーレム型の繁殖をする魚では珍しいことではなく、一般にスニーカー（こそこそ雄と呼ばれている。さらにベラ類では、一部のあぶれ雄がなんと身体の色を雌そっくりに擬態することがよくある。ハーレム雄からの攻撃を回避して放精のチャンスをうかがっているのである。

万が一、ハーレム雄が死んでしまったりいなくなってしまったりした場合、これらのあぶれ雄が新しくハーレム雄となることもあるが、クマノミ類と同様に、ハーレムの中にいた身体の一番大きい雌が性転換して雄になることもある。

性転換を始めた雌はまだ身体は雌なのに、行動がすっかり雄型になり、卵ではちきれんばかりの大きなお腹のまま雄役として雌と産卵上昇をすることもある。性転換中の雌は自分を雄と思っているのだが、身体は雌なので産卵上昇をして相手の雌が産卵をしたとしても、放精はできずに卵を受精させることはできない。つまり、性転換魚に共通しているのは、身体の性、つまり生殖腺の組織を作り変えるのはある意味物理的な作業なので一定の時間がかかるが、心の性、つまり脳を雌型から雄型に切り替えるのは配線の切り替えのようなものであっという間に完了するということだ。要は身体の性と心の性の解離が見て取れるわけだが、魚自身はどういう心持ちでいるのかはわからない。ともかく魚では、身体の性より心の性が優先されるのである。

魚類の性転換の仕組みについては実験的にかなり詳しいところが解明されてきている。ざっと説明すると、まず外界の情報（他の個体との社会的な関係性）が脳に入り、それが刺激となって脳内で遺伝子の働きが変わり、その結果脳が性別を決める。いわゆる性自認の決定である。性別の決まった脳からは、ホルモンなどの情報を生殖腺に送り出すことにより、脳に遅れて生殖腺が作り変えられる。カザリキュウセン *Halichoeres melanurus* というベラで観察されたのだが、ハーレム雄を人工的に除去し、大きな雌が雄型の行動つまり雌を誘って産卵上昇を行ったのを確認した後、除去していた雄を戻すと、なんと大きな雌は雄型の行動を止め雌型の行動に戻り、その後ハーレム雄と産卵したという（狩野 二〇〇四）。周りの社会環境に応じて性自認がコロコロと変わったわけである。

さらに、一生のうちに雄雌を何度も行ったり来たりする魚種も知られている。日本では伊豆から沖縄にかけての岩場に広く生息するオキナワベニハゼ *Trimma okinawae* である。この体長が三センチ程度の小さな魚は、二匹が出会うと大きな個体が雄、小さな個体が雌になって繁殖を行う。前の繁殖で雄であった個体でも、より大きな個体に出会うと雌に性転換する（Sunobe *et al.* 1993）。この魚の身体の性転換に要する期間はとても短く、なんと四日程度である。遠くまで移動のできない小さなハゼが、効率よく繁殖するためにそのつど雄雌を切り替えて貴重な出会いを無駄にしないようにすることは、至極理にかなった方法である。

おわりに

現在、性成熟後に性転換をする魚は、全世界で五〇〇種ほど報告されている。このような性決定の方法を、環境依存型性決定（Environmental Dependent Sex Determination）という。しかし、すべての魚の行動をつぶさに観察することは、我々には難しいので、恐らくもっと多くの魚が性転換をする能力を持っているのだろう。また、社会順位だけではなく、他の環境要因によって性転換する例も知られている。例えば、これまた瀬戸内では身近な魚であるクロダイ（関西ではチヌ *Acanthopagrus schlegelii*）や一般に高級食用魚であるハ

図7　カンモンハタ *Epinephelus merra*（沖縄本島）。沖縄ではイシミーバイなどと呼ばれ食用となる小型のハタ。ハタの仲間は若魚の時は雌、成長すると雄に性転換する。

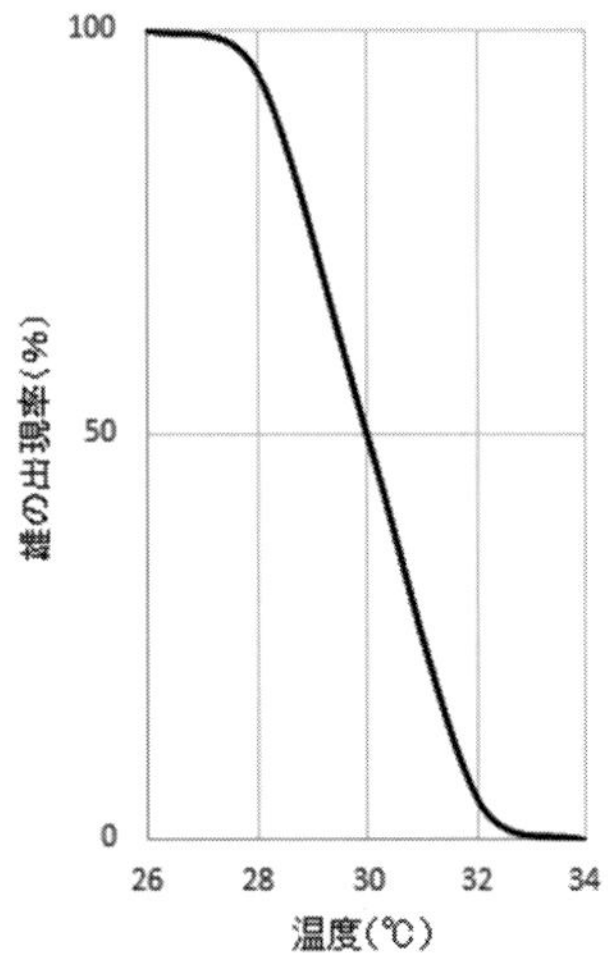

図８　ウミガメ類の温度依存性性決定。砂浜の深いところに産み落とされると雄、浅いところに産み落とされると雌が多くなる。地球温暖化で性比が崩れることが懸念されている。

タの仲間（図7）は、幼魚の頃は両性生殖腺を持ち、その後いったん雌として性成熟する。その後、体長が一定の大きさに達すると雌から雄へと性転換することが知られている。つまり、年齢によって性別が変わってゆくのである。

本章では主に硬骨魚類の性転換について説明を行ったが、海洋生物の中には環境ホルモン（多くは女性ホルモンと同じ作用を持つ）によって雌性化する生物はよく知られているし、軟体動物で貝の仲間に入るウミウシ類では、一個体の中に雌性生殖器と雄性生殖器の両方を持つことが知られている。雌雄同体、つまり両性具有である。ウミウシ類は、解剖学的には一匹の身体の中に雌性生殖器（卵巣と卵管）と雄性生殖器（精巣と精管）の両方を持つ、同時的雌雄同体という仕組みを持つ。この仕組みのメリットは、二匹が出会えば必ず交尾して子孫が残せることである。雌雄異体の動物であれは、探し回ってやっと出会えた相手が自分と同性だった場合、交尾の機会を失うことになるし、両方向性性転換魚であるオキナワベニハゼよりもさらに効率的に繁殖が可能である。

ウミウシに性染色体が存在しているのかどうかは不明だが、カメやワニなどの一部の爬虫類には性染色体があり、哺乳類と同じＸＹ／ＸＸ染色体で遺伝的に性が決定されるのにも関わらず、温度依存性性決定（Temperature Dependent Sex Determination）といって、孵卵期間中の環境温度、例えばウミガメの仲間では海岸の砂地の浅い暖かいところに産み付けられたか深い冷たいところに産み付けられたかによって、表現型の性が決定される種も複数存在する（図8）。昨今の地球温暖化により性比のバランスが崩れ、生態への影響が懸念されている。実際、オーストラリアのグレートバリアリーフの一部の地域では、アオウミガメの性比が極端に雌に偏っていたことが報告されている（Jensen *et al.* 2018）。

私たち脊椎動物の祖先は海で生まれた魚類である。魚類は様々な性決定の仕組みを持つに至ったが、その後陸上に進出を果たし、さらに進化してゆく過程で徐々に仕組みは洗練され、現生の哺乳類に見られるようなＸＹ染色体を基盤とした強固な性決定システムが出来上がったのだろう。しかし、哺乳類以外の動物種を見渡してみれば、そのような性決定・性分化をする動物種は殊の外少ない。特に海洋生物は、哺乳類から見ればいわばめちゃくちゃである。海の中の性は、身体の性と心の性が乖離するのも当たりまえ、一匹の個体の中で性自認がコロコロ変わるのも当たりまえ、性は揺らいで当たりまえなのである。

参考文献

狩野賢司 二〇〇四「カザリキュウセンの性淘汰と性転換」幸田正典ら編『魚類の社会行動』海游舎：一―四八

Iwata, Eri *et al.* 2008, "Social Environment and Sex Differentiation in the False Clown Anemonefish, *Amphiprion ocellaris*," *Zoological Science* 25(2): 123-128. https://doi.org/10.2108/zsj.25.123

Jensen, Michael P. *et al.* 2018, "Environmental warming and feminization of one of the largest sea turtle populations in the world", *Current Biology* 28(1): 154-159. https://doi.org/10.1016/j.cub.2017.11.057.

Sunobe, Tomoki *et al.* 1993, "Sex change in both directions by alteration of social dominance in *Trimma okinawae* (Pisces: Gobiidae)". *Ethology* 94(4): 339-345. https://doi.org/10.1111/j.1095-8649.2007.01338.x

Warner, Robert R. *et al.* 1991, "Social control of sex change in the bluehead wrasse, *Thalassoma bifasciatum* (Pisces: Labridae)". *The Biological Bulletin* 181(2): 199-204. https://doi.org/10.2307/1542090

コラム◉アボリジニにおける両性具有―ドリーミングの虹蛇

窪田幸子

はじめに―アボリジニの人々

オーストラリアの先住民、アボリジニの人々の祖先は、今から約五万年前にユーラシア大陸から筏などの簡単な船で海峡を渡り、オーストラリア大陸北海岸に到達したと考えられている。その後大陸全体に広がり、狩猟採集、漁労をなりわいとして暮らしてきた。彼らは、湿潤な温帯から熱帯雨林、極度に乾燥した砂漠、そして冷涼な南部地域まで、大陸の様々な環境にたくみに適応し生活を展開していった。一五〇〇〇年前頃までには居住域は大陸全土に拡大し、人口も増加していき、一八世紀末頃には三〇万人から一〇〇万になっていたと推測されており、二〇〇以上の言語、約六〇〇の部族集団にわかれていた。地域ごとに異なる技術や文化が生み出され、言語だけでなく物質文化にも地域差があったが、ドリーミングと呼ばれる信仰、神話体系、儀礼などには共通性もみられた。

一七八八年にイギリスからの最初の移民船がシドニーの南に到着し、これ以降、流刑地としてのオーストラリアの歴史がはじまった。入植者たちが出会ったのは、裸で、鉄器も持たずに狩りをして暮らすアボリジニであった。アボリジニは人類として進化の遅れた「野蛮人」と位置づけられた。入植がまず進められた南部では、暴力的な衝突が頻発し、入植者が持ち込んだ病気もあって、アボリジニは人口を大きく減らした。混血が進み、アボリジニは伝統的な生活基盤を奪われ、言語や儀礼などの文化や慣習の多くを失った。入植当初には少なくとも三〇万人程度いたアボリジニは、二〇世紀初頭には六万人にまで減少した。当時アボリジニは、野蛮すぎて文明に適応できず、遅かれ早かれ、死に絶える人々と考えられていたのである。

精霊とドリーミング

オーストラリアのアボリジニ社会には、人間集団と特定の生物種の間に特別なつながり、系譜関係を認め、その生物種やその神話を自分たちのトーテム、祖先としてあがめる信仰がある。このような信仰形態はオーストラリア以外にも広く知られており、「トーテミズム」と呼ばれる。自己の集団の祖先とされる動植物がトーテムであり、その活動を語る神話を所有するが、オーストラリアではそれら全てを「ドリーミング」と呼ぶ。ドリーミングの神話は、創世の時代に動植物の姿をした精霊と、旅の道筋で精霊たちが行った様々な活動を語る。精霊は、海を渡り、大地を自由に移動し、雨を降らせ、泉や川を作り、地形を形作り、動植物と人間を生み出して大地を満たし、言葉を生み、社会生活のための法を授けた存在である。精霊は動植物や地形、精霊の活動のあった場所、活動や出来事を、それぞれの集団の祖先に与えたとされる。こうして与えられたものは全てが「聖なるドリーミング」である。神話で語られる出来事が、自分たちの由来であり、アイデンティティである。精霊たちはいずれも超自然的な力を持ち、万能とされる。彼らは旅の終わりに、永遠の存在に姿を変え、地下や水の底に潜り、現在も精霊の空間に存在し続けていると信じられているのであり、その意味でアボリジニの人々にとって、神話は決して単なる過去のお話ではない。

虹蛇、レインボー・サーペント

アボリジニは多くの部族にわかれていたと述べたが、部族ごとに大きな文化差があり、神話内容も多様である。そのような中にあって、オーストラリアの広い範囲でかなりの程度、普遍的にみられる精霊の一つがレインボー・サーペント、虹蛇である。虹蛇は絶大な力を持つ特別な精霊であり、恐れられている。彼らは大地の生命を豊かにする神秘のエネルギー源であり、全てを生み出す力を持つ。虹蛇は神話のほかの精霊と異なり、人間の姿を取ることはなく、男女の性別が曖昧で、雌雄同体として語られるのが虹蛇の大きな特徴である。アボリジニの神話では、ふつう登場する精霊の性別は明確で、雌雄同体のものもほとんど見られない。神話では女性の豊饒性、男性の自然に働きかける儀礼の力が強調され、両性の力によって世界は維持されると語られる神話にあっても、男女の役割の区分は明確に示されている。その意味で虹蛇は例外的である。

また、虹蛇が水と関係性が深いとされることも、広く共通している。ただし、その役割には神話によって差異がある。ある神話では、虹蛇は水をつかさどり、大地を移動して深い川を作りだす。また、雷と稲妻は、虹蛇の怒りによって生じると語られ、嵐と台風を生じさせ、洪水を起こし、虹蛇を怒らせたものたちをおぼれさせてしまう。別の神話では、虹蛇は初めてこの世で雨と雨季をもたらした存在とされ、虹蛇がいなければ雨は降らず、世界は乾燥してしまうと語られる。また別の神話では、虹蛇は雨をしずめることのできる存在だとされる。虹蛇は空にのぼって虹となり、雨を止めるのである。

北東アーネムランドのアボリジニ、ヨルング

筆者が調査を行っているのは、オーストラリア大陸北部、北東アーネムランドを領域とするヨルング（*Yolngu*）の人々である。この地域への入植は他地域に比べて遅れ、二〇世紀に入る頃にキリスト教メソジスト派ミッションが中心となってはじめられた。ミッションの介入によってヨルングの生活や文化は、大きく変化したが、それでも南部地域に比べると暴力的な迫害はほとんど経験されず、強制的な同化の圧力も相対的に少なかった。そのため、自然の動植物を利用して行う狩猟採集、伝統言語、儀礼や神話の世界観など、文化的独自性は現在も強く維持されている。特に、彼らの精神世界の中心である創世神話は、日常に生きており、重視されている。調査地では、各種の儀礼が日常的に開催されるが、儀礼では神話の内容が歌われ、踊られ、神話を表す絵画や文様が身体や儀礼具に描かれる。混血もあまり進んでいないヨルングは、現代のオーストラリアで、相対的に「伝統的」な人々とみられているのである。

ヨルング社会では山や泉、岩場などの景観特徴は、精霊が大地に残したものであり、ドリーミングの精霊が世界を創り出す力があることの明白な証拠と考えられている。ドリーミングの時代に活躍した精霊たちはヨルングの人々の祖先であり、力の強い存在で、現在も自然の豊穣性をコントロールしている。自分たちの祖先である精霊のために人々は儀礼を恒常的に執り行い、精霊の歌をうたい、踊りをおどる。それが精霊に力を与え、人々は豊穣性を継持する力を精霊から受け取ることができる。儀礼は祖先の精霊の力を強めると同時に、人間と精霊と自然、そして無生物からなる世界を、ひとつの宇宙的秩序にまとめあげるのである。成人男性は自己の所属する父系クラン（氏族集団）の神話と聖地、儀礼具等の後見人であり、適切に儀礼を執り行い、土地に働きかけることによって自然界の豊かさを維持するという重大な責任を負っているのである。ヨルングはこのように儀礼を正しく行うことを、「神話を世話する」と呼ぶ。現在のヨルングの日常世界には、豊かな神話的世界観がリアリティを伴って生きているのである。

ワギラック姉妹の神話

ヨルングの神話は数も種類も多く、氏族ごとに異なる神話を所有している。どの神話も動物の姿の精霊が主人公で、その精霊が旅をする物語が語られる。なかでも、特にみんなが重要とする、人々に広く知られている神話がいくつかある。そのような神話は複数の氏族によって共有される。主人公は、いくつもの氏族の所有する土地を横切って旅をし、出会ったモノたちに名前を与え、歌い、儀礼を行ったとされる。つまり、旅の神話によってその道筋に土地を持つ複数の氏族が統合されるのである。そのような旅の神話の一つが「ワギラック姉妹の神話」である。ワギラック姉妹はドゥワ半族（1）の氏族の土地だけを通って旅をした。この神話をベースとして行われる儀礼には、ドゥワ半族に属する氏族は全て参加する。ワギラック神話には虹蛇が登場し、重要な役割を果たす。そしてこの神話には虹蛇の独特な象徴性がよくあらわれている。以下に、ワギラック神話を紹介しよう。

姉妹二人が東アーネムランドの内陸にあった故郷をはなれ、北の海岸に向かって旅をはじめた。姉は子供を連れており、妹は妊娠していた。姉妹は二人とも故郷で、婚姻規則によって禁じられた相手との関係によって妊娠した。旅の途中、二人は出会う動物や鳥、植物に名前をつけていった。

二人は旅の途中、イグアナ（中型トカゲ）、オポッサム（ネズミのような有袋類）、バンディクート（ウサギのような有袋類）、野ネズミ、カンガルーをとらえ、ヤム芋を集め、大きなディリー・バックと呼ばれるカゴに次々と入れていった。二人は獲物に向かって、「お前たちは、マダインになる」と語りかけた。それは、捕まえた動物もヤム芋も全て、儀礼の聖なる物になるという意味だった。

リヤガウミル氏族の土地までやってきた姉妹は、海岸近くのマルウルという泉のある場所に来て、泉のそばでキャンプをすることにした。樹皮を集めて小屋を建て、そこで休もうとした。姉妹は知らなかったのだが、その泉は大虹蛇ユルングルの棲み処だった。姉は焚き火を起こし、集めてきた動物と芋をディリー・バックからひとつずつ取りだし、火にのせて料理をはじめた。しかし、どれもが生き返って次々と逃げて泉に飛び込んでしまった。そののち、妹が小屋で出産し、経血が泉に落ちた。

姉妹が捕まえてきて、料理しようとした動物たちは、この泉はユルングルが棲んでいる聖なる場所であることを知っており、姉妹が泉のそばで火を起こし調理をし、泉に血を落とすという間違いをしたことを知っていた。女性はここでキャンプしてはいけなかったのである。動物たちは生き返って泉に飛び込み、この泉はタブーであることを姉妹に示そうとしたのだが、姉妹は自分たちの間違いに気づかなかった。

泉の底にいたユルングルは、姉妹たちが現れたことを迷惑に感じていた。そこに動物やヤム芋が泉に飛び込んでき、加えて血の匂いに邪魔されて非常に腹をたてた。虹蛇は、泉の水を飲み込み、空に向かって頭をもたげ、飲み込んだ水を一気に吐き出した。水は、雲となり、この世で最初の雨季がはじまり、たいへんな大雨が降り出した。姉妹は恐れて、地面に座り込んだ。夕刻になると、ユルングルは泉からまた頭を持ち上げて、今度は激しい稲妻を次から次へと吐き出した。姉妹は稲妻を恐れて、抱き合ってしゃがみこんだ。

稲妻を吐き出した後、ユルングルはしなやかな体を引きずりながらわざとゆっくりと泉を出た。稲妻がやんだことに喜んでいた二人は、その姿に気づかなかった。ユルングルはゆっくりと姉妹に近づき、樹皮小屋の周りを回り、姉妹を探して目は飛び出していた。姉妹は突然ユルングルに気づき、恐怖の叫び声をあげた。「どうしたらいいの?」「踊りを踊って、追い払いましょう」

こう言って、二人の姉妹は踊りはじめ、虹蛇の動きを止めようとした。姉妹の優雅な踊りと動きを、ユルングルは見つめ、しばらく進みが止まった。しかし、踊りにつかれた姉妹が、踊りをやめると、ユルングルはさらに近づいていった。怖くなった姉妹は小屋に近づき、逃げ込んだ。ユルングルは小屋に近づき、体を小屋の周りをぐるりとめぐらせた。そしてついに、小屋に頭を入れ、姉妹を見つけると唾を吐きかけた。唾は姉妹の体を包み込み、柔らかく飲み込みやすくした。そしてユルングルはまず子供を、そして姉を、次に妹を飲み込んだ。

ユルングルはゆっくりと泉に戻った。そして、泉に入り、そこから空に向かってまっすぐに立ち上がった。とても高く、虹のように立ち上がった。周りのアーネムランド東部の土地の全てが、東の湾から西の島まで、全てを見ることができた。そして、周りの土地の蛇たちも立ち上がっているのが見えた。

ほかの蛇が「お前の氏族はなんだ?」とユルングルに訪ねた。

「リヤラウルミルだ。お前は?」

「私たちは、バラングだ。」

そのほかの蛇たちも立ち上がった。彼らの氏族は、リラチング、ガルプ、マラコロ、ジジャルワク、ガイミル、ゴルマラ、ジャプ、グルタワツミリ、ジャンバルピュイング、ダティウィだった。全てのドゥワ半族の氏族集団の蛇が立ち上がったのである。

ある蛇が、ユルングルに尋ねた。「お前は何を食べたのか?」ユルングルは、答えるのを嫌がり、「言いたくない」と言った。しかし、その蛇は繰り返し質問し、「自分は鳥と魚を食べた。お前は?」と尋ねた。ついにユルングルは、「二人の姉妹とその子供を食べた」と答えたが、他の蛇たちは信じなかった。それで、ユルングルは「本当だ。ワギラックの姉妹を食べたんだ」と語った。そのとたん、ユルングルは気分が悪くなり、大きな音をたてて、大地に倒れた。倒れたユルングルは姉妹を吐き出した。姉妹はユルングルと同じ氏族で、彼女らを食べることは正しいことではなかった。吐き出された姉妹を、シロアリがかじった。姉妹はかじられて、息を吹き返した。それを見たユルングルは、もう一度姉妹を飲み込んだ。そして、ユルングルはマルウルの泉に戻った。ユルングルは今日もそこにいるのであり、ワギラック姉妹もドリーミングとなってそこにいるのである。

東アーネムランドで、秘儀性の高い複数の儀礼は、いずれもワギラック神話のストーリーをベースとしており、豊饒性、妊娠、出産（ドリーミングを生み出す）などの重要なテーマが象徴的にあらわれる。ユルングルは、一方で太母であり、子宮を象徴する。ワギラック姉妹と子供を飲み込み、その胎内に入れ、吐き出し、再び飲み込む。そうすることで、ワギラックを永遠の精霊、つまりドリーミングの存在として生み出したといえる。その側面では、ユルングルの役割は女性である。立ち上がったユルングルは胎内に姉妹と子供をかかえ大きなお腹をしていたともいわれ、妊娠も象徴している。

しかし、その一方で、まっすぐ泉から立ち上がるユルングルは男根を象徴する。ユルングルは姉妹を探し、小屋に頭を潜り込ませるが、この行為自体が男女の性交を象徴するとされ、さらに小屋の中で姉妹に向かって吐き出された唾は、「精液」という単語で呼ばれる。そして、飲み込むという行為も性交を意味するといわれる。しかし、先にも述べたように、飲み込むことは同時にワギラックを子宮に戻すことでもある。つまり、ユルングルは、両性の役割を同時に果たしているのであり、象徴的な両性具有の存在であることが分かる。

先に述べたように、大虹蛇は広い地域のアボリジニの神話に現れる。他地域では、ウィテチ、ゴイングル、グンダルなどと呼ばれ、地域によっては女性とされる場合もあり、両性の蛇二匹がいるとされることもあるものの、神話で語られる豊饒性にかかわる役割はどちらかの性別に限定されず曖昧で、両性による性交、妊娠、出産、再生などが象徴される。ヨルングのワギラック神話には明確にみられるように虹蛇の性質は両性具有であり、アボリジニの神話の中でも特異な存在であることは間違いないといえるだろう。

アボリジニ社会は、日常生活においても明確に男女の役割を規定しており、特に儀礼においては空間も役割も男女で分けられ、厳格に守られる。性別の曖昧さは排除されているのである。そんな中、たいへん力が強いドリーミングの精霊である虹蛇が、象徴的な両性具有という資質を与えられているのは、人間とは異なる存在であるという、その聖性の高さを際立たせる意味合いがあるといえるのではないだろうか。

（1）ヨルング社会は人間も含め全ての存在をテュワ半族とイリチャ半族という二つの半族（モエティ）に分ける。氏族もいずれかの半族に属する。

参考文献

Berndt, Ronald 1951. *Kunapipi- A study of an Australian Aboriginal Religious Cult*, International University Press.

Caruana, Wally & Nigel Lendon eds. 1997. *The Painters of the Wagilag Sisters Story 1937-1997*, National Gallery of Australia.

Groger-Wurm, Helen 1973. *Australian Aboriginal Bark Paintings and their mythological interpretation*, Australian Institute of Aboriginal Studies.

3 男と女をつなぐ船
―南スラウェシにおける船づくりに見るジェンダー観

明星つきこ

はじめに

近年、グローバルな社会問題の一つとしてジェンダー平等が取り上げられている。本書のテーマもそうした世界的潮流を鑑み設定されている。いっぽうで、ジェンダー区分や、ひいてはジェンダー平等のあり方は、社会や文化、また時代によっても異なる。本稿では、インドネシアにおけるブギス人社会の事例を通し、単に近代的な政治制度や経済的役割、あるいは法的権利の平等だけを意味しない多様なジェンダー観やジェンダー平等のあり方を検討したい。言い換えれば、LGBTQなどのグローバルな（欧米的な）性観念というより、地域社会において形成されてきたエスノローカルな性観念の一事例を提示することが本稿の目的である。

なお今回取り上げるブギスと呼ばれる人びとは、インドネシア・スラウェシ島南部に多く居住する。厳密には同地域に居住するマカッサル人と区別されるが、言語的・文化的な近さから、一般的にも学問的にもブギス・マカッサル人とまとめて表記される場合も多い。また、マカッサル人であっても、ジャワやスマトラ、あるいは海外などの他地域においては自らを「ブギス人」と称することも少なくない（Pelras 1996: 13-14）。そのため本稿では原則マカッサル人を含め広義のブギス人として表記する。

海とブギス人

ブギス人は、内陸部での農業や都市部での商業など、実際には直接海に関わらない生業に従事する人が多いものの、その卓越した造船・操船技術や海域ネットワークを駆

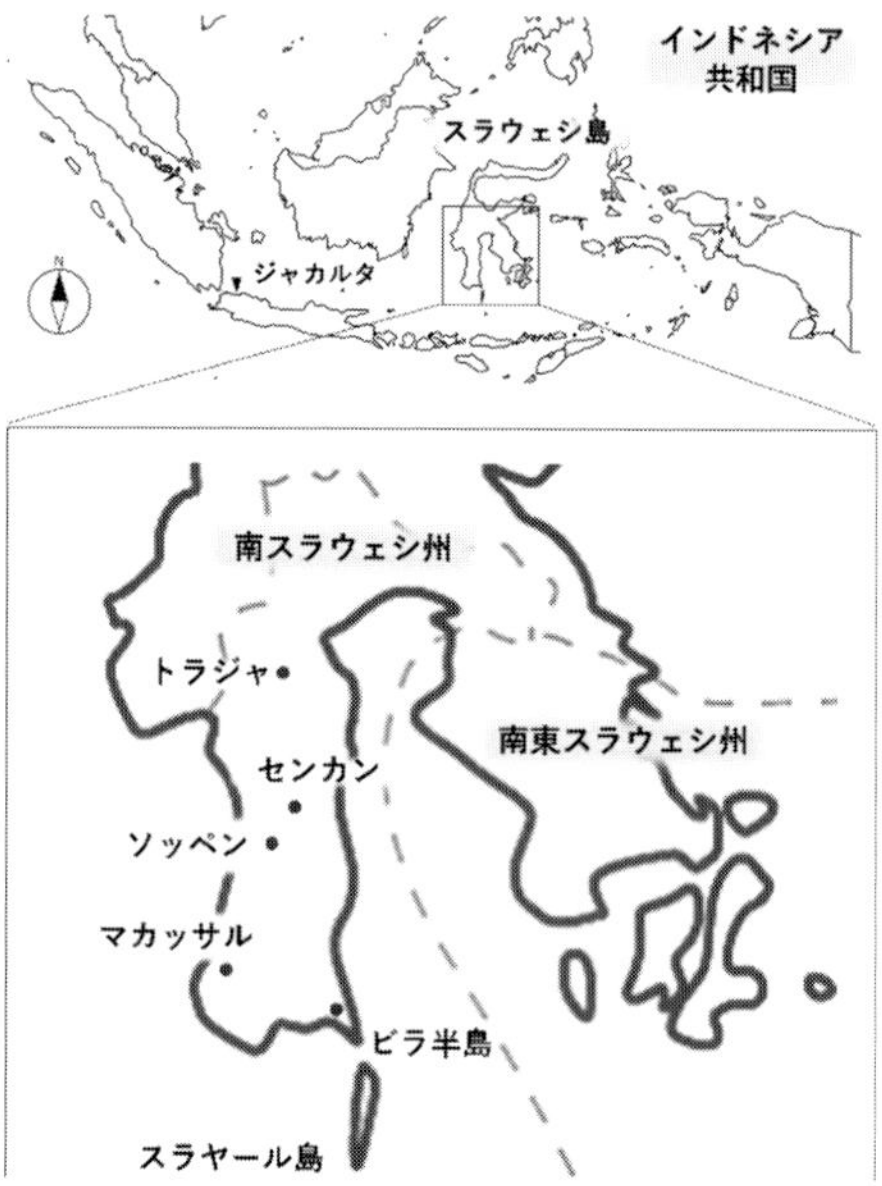

図1　南スラウェシ周辺略地図

使して、歴史的に東南アジア海域世界で広く活躍してきた（立本　一九八九、小野　二〇一八）。とりわけ島嶼部東南アジアにおける経済活動において、海は主要な舞台であり、船はそこで活動するための重要な手段である。かれらは船大工や船乗りとして自らの手で船を造り、使い続け、東ジャワのマドゥーラ人や、サマ／バジャウ人らとともに、現代インドネシアにおける主要な海民集団として知られている。

南スラウェシの人びとが伝統的に製造・利用してきた木造船には漁船や貨物船を含めいくつか種類があるが、なかでもピニシ（*pinisi*）と呼ばれるスクーナー型の帆船は、ブギス人の造船・操船技術の高さやその歴史・文化を示す代表的な船の一つである。また南スラウェシの造船技術が二〇一七年にユネスコの無形文化遺産リストへ掲載されたことを契機に、現在ではインドネシアの海洋文化を象徴する船として認識されつつある。

このように歴史的にも今日の文脈においても、ブギス人と海を切り離して考えることはできない。また船は単なる経済活動の手段以上の存在であり、ブギス人にとっての船の重要性は、かれらの伝統的なコスモロジーにおいても見ることができる。船はブギス社会のコスモロジーを表す一つの物的要素として考えられている。そのコスモロジーにおいて、この世界は上界・中界・下界の三つの領域に分けられており、各領域は男性性や女性性に象徴されるように、特徴的な要素を備えている。たとえば上界は男性性とともに聖性を示すが、いっぽう下界は女性性とともに俗性を示す。また中界はこれらの要素が混じり合い、再生産の場と考えられている。

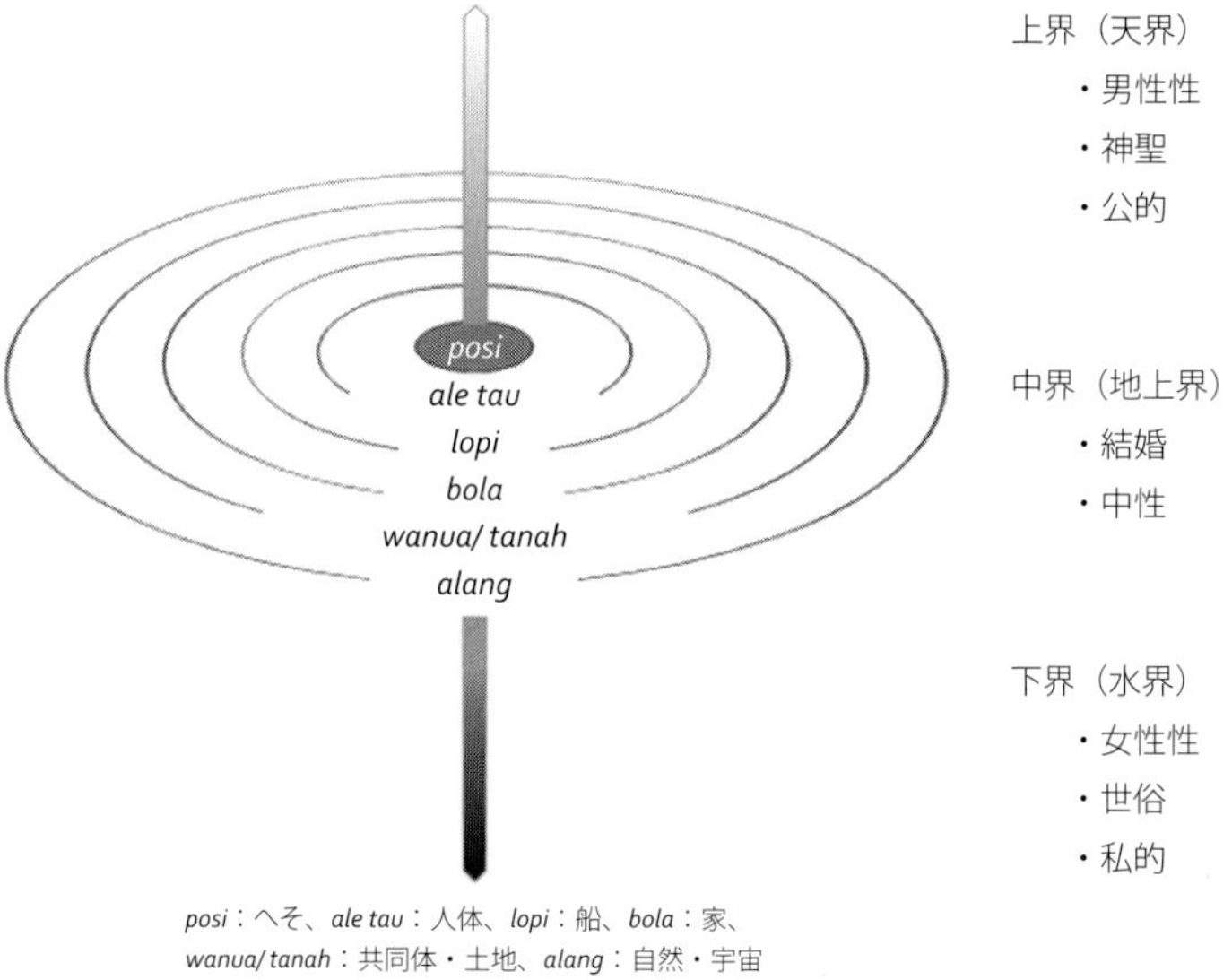

図２　ブギス社会における伝統的コスモロジーのイメージ（筆者作成）

ブギスの伝統的ジェンダー観

なお伝統的なブギス社会では、人間を身体的に二分した女性と男性という単純なジェンダー区分だけでなく、いわゆる第三の性と呼ばれるジェンダーの存在も指摘されている。ブギス社会におけるエスノローカルなジェンダーは、*oroane*（男性）、*calabai*（トランスジェンダー女性）、*bissu*（ビッス）、*calalai*（トランスジェンダー男性）、*makkunrani*（女性）、の五つに区分される（Davies 2010: 54-55）。calabai＝チャラバイは字義的には「偽りの女」を意味し、いっぽうの*calalai*＝チャラライは「偽りの男」を意味する。ブギス社会におけるトランスジェンダーを民族誌的に研究する伊藤眞氏によると、これらの区分において重要な点は「心のあり方」である。つまり身体が持つ性とは別に「心」が二元的に性別化されていることを前提とし、心のあり方がまずあり、性的指向や社会的役割が決められる（伊藤　二〇〇〇：一〇一―一〇二）。また、このうち*bissu*＝ビッスは身体的には男性であり、性自認はチャラバイと重複しつつも男性性と女性性を等しく兼ね備えた特別な存在とされる。そのためビッスは歴史的には、特に結婚式などの儀礼における祭司あるいはシャーマンとしての社会的役割を果たしてきた。

ただし、これらの伝統的なジェンダー観やビッスの存在および役割は、ブギス社会の文化的特徴の一つとして語られることが多いものの、実際の南スラウェシ社会では地域差がある。南スラウェシにおけるビッスを含むトランスジェンダーに関する人類学的研究は主に内陸部農村部において行われ、その事例が報告されてきた（Pelras 1996、伊藤 二〇〇〇、Davies 2010など）。しかし筆者が人類学的調査を行っている南スラウェシ南部ビラ半島周辺の沿岸部ではビッスの存在はこれまでの調査では確認できていない。群長や村長を含めた現地の調査協力者にビッスについて伺うと、「ソッペンやセンカン（南スラウェシ北側内陸部に位置する地域）にはいるかもしれないが、この辺にはいない」との返事が返ってくる。もちろん現時点では筆者の調査地におけるビッスやトランスジェンダーの存在を否定しうる実証的調査結果を得られていないため、その実態については不明であるが、現状ブギスのジェンダー観や役割には地域差があることは明らかである。また南スラウェシにおけるジェンダー研究の中心となってきた地域においても、時代の変遷とともに状況は変化している（伊藤　二〇一九）。

このように特にトランスジェンダーに関わる伝統的なジェンダー区分に関しては地域や時代ごとに相違があるものの、根底にあるコスモロジーおよび各領域における男性性や女性性を含む性観念は概ね共通してみられる。また重要なことは、図2が示すように、垂直的に見た場合にそれらの領域は一つの中心的な存在を通してつながっている点である。上界・中（地上）界・下界の三つの領域を貫く中心は、ブギス語でポシ（*posi*）、インドネシア語ではプサット（*pusat*）と呼ばれ、字義的にはいずれも「中心」を意味する。この中心を意味する言葉は人体にも与えられており、すなわち「へそ」を意味する。加えて「へそ」は、家や船、また土地にも与えられており、ポシ・ボラ（*posi bola*）、ポシ・ロピ（*posi lopi*）、ポシ・タナ（*posi tanah*）と呼ばれ、それぞれ「家のへそ」「船のへそ」「土地のへそ」を意味する。つまり、これらのタンジブルな要素が持つへそは、世界を貫く中心として考えられている。

このことから、人体や、人びとの生活基盤＝シェルターとなる家とともに、船はブギスの人びとにとって伝統的なブギスのコスモロジーを象徴する身近な物的要素の一つとして考えられていることがわかる。上述のようにブギスの伝統的世界観において上界と下界の各領域は、それぞれ男性性と女性性の要素を備えている。「へそ」を持つ地上界の人体や家、そして船は上界と下界の要素を統合する媒体でもある。本稿では、特に船を事例にそこで見られる男性性や女性性を示し、ジェンダー観の一つのあり方を検討したい。

写真1　南スラウェシで製造・利用されている木造船：手前が巻き網漁船、奥がピニシ船をモデルにした観光船（2019年2月、筆者撮影）。

南スラウェシの木造船づくり

すでに述べた通り、ブギスの人びとにとって船はかれらの生活世界を構成する要素の一つである。スラウェシ島南部のビラ半島周辺地域は、伝統的に木造船の一大生産地として知られており、筆者は二〇一八年から断続的に当該地域における船大工集団のもとで文化人類学的調査を行っている。以下では先行研究およびこれまでの現地調査に基づきピニシ船に代表されるかれらの船づくりの特徴を整理する。そのうえで、造船過程において見られるコスモロジーについて紹介する。

今日製造されている木造船は、主に地元で利用される小型〜中型（積載量五トン〜三〇トン程度）の漁船かコモド島周辺などの観光地において利用される中型〜大型（積載量三〇トン〜五〇〇トン程度）のクルーズ船に大別できる（写真1）。漁船は個人用の小型アウトリガーカヌーから巻き網漁船まで、用途に応じて大きさやデザインに違いがあるいっぽうで、観光船に用いられるデザインの多くは従来貨物船として使われていたピニシ型の帆船を基にしている。デッキから上の設備やデザインは漁船と観光船では異なるものの、今日製造される木造船はエンジンを搭載した動力船であり、いずれも船体部分の構造や製造手順はおおむね同じである。

　南スラウェシの木造船づくりは、船体外側の殻を先に造り、その後内部から構造を補強する肋材を取り付けるという技術的特徴がある。さらに、船の建造工程を人の誕生過程と同様に捉える哲学的特徴も挙げられる。船づくりにおける実質的な最初の工程であるキールの設置と、船体を海に出す進水の二つの工程は、特に南スラウェシの船づくりにおける文化的特徴を端的に示している。

キールの設置

　造船過程における起点として、船底中心部のキール（竜骨）が持つ象徴性は今日でも重要とされる（明星　二〇二二）。これはアチャラ・アナトラ・カレビセアン（*acara annatra kalebiseang*）と呼ばれる着工式が今日でも一般的に行われていることからもわかる。この儀礼は、キールの両端を一〇センチほど切り落とし、船首側の切断部材を海に捨て船尾側の部材を船主の家に持ち帰り、船の順調な建設と進水を願うものである。具体的な手順としては、まず船を造るための材料や船大工を確保すると、着工式の前日までにキール材となる木材を作業場に運び込んでおく。なお一般的に船首側を海に向けて船を建造するためキール材も海岸線に対して交差するように置かれる。

　着工式は潮が満ちていく時間帯に行われるが、これは利益が増えることを願掛けている（引き潮に着工すると利益が減ると考えられる）。船大工らは着工式が始まる一時間から三〇分ほど前に作業場に集まり、船尾材の切り出しや木釘の製作など儀礼後に取り掛かる作業の準備を行う。いっぽう棟梁の妻や親族の女たちは家で着工の儀礼において使われるお香やバナナ、菓子などの供物を準備し、作業場に運び、それらをあらかじめ用意していたキール材の上に並べていく。準備が整うと、お香を焚き、初めに切る海側のキール材の端にお香を持ってその煙をあてる。鋸もしくはチェーンソーで端から一〇センチほどのキール材が切り落とされるのだが、この際切り落とされる木片が地面に着かないように手で受け取り、地面に落とさないようにそのまま目の前の海に投げ入れなければならない。これは船が無事に進水することを願うものである。続いて陸側の端が同様に切り落とされる。こちらも地面に着かないように受け取り、船主の家で保管され、順調な工事を願う。また、この儀礼では鶏のトサカを切ってその血をキールにつける行為があるが、これ以上の血が流れないように、すなわち船大工たちと造船所の安全を祈願するものと説明される。

ただし一九七〇年代に観察された着工式儀礼の報告と比較すると今日では儀礼の一部が簡略化されたり、その意味づけが変化していることがわかる。もともと伝統的な船体モデルではキールは三つのパーツからなるが、これらパーツをつなぐ工程は男女の結婚を象徴すると言われていた。この工程には鶏の血をキールに垂らす行為が含まれるが、従来の結婚という文脈において鶏の血は結婚初夜を意味しており、その純潔さによってタブーや穢れを浄化するものとされていた（Horridge 1979: 13）。

しかし今日では動力化や製材技術の向上による比較的長い直材が普及したことで、とりわけキールを中心とした船底の船体構造が変化し、そもそもキールを継ぎ足す技術的な工程がなくなっている。そのため今日ではキール継ぎ足しの儀礼は簡略化されている。鶏の血をつける行為自体は現在にも引き継がれているが、その意味付けには変化が見られ、今日では上述のような船づくりにおける安全祈願という説明がよく聞かれる。

なお伝統的なキール継ぎ足しの儀礼については、一九七〇年代に調査を行った研究報告には記載されているが（Horridge 1979; Pelly 2013）、一九九〇年代の調査ではすでに見られなかったと報告されている（西 一九九八）。この時期は船の動力化にともない船体構造が著しく変化していた過渡期でもあり、したがって七〇年代以降から現在に至る半世紀あまりの間で、船の構造や船材、また利用者等の変化に伴い、着工時における当初の男女の結婚を意味する文脈も次第に薄れ、従来とは異なる新しい解釈や説明がみられるようになったと推察される。

進水前の「へそ」づくり

南スラウェシの船づくりにおいて進水とは、キールの設置と同様、象徴的に重要な意味をもつ。アチャラ・アンニョロン・ロピ（*acara annyorong lopi*）と呼ばれる進水式の目的は、船の安全を願うだけでなく、「船に命を与えること」と説明される。船体が完成し海に出ることが可能となっ

写真２　「ポシ・ロピ＝船のへそ」をつくるようす（2022 年 10 月、筆者撮影）。

た船は、キールの真ん中に「へそ」がつくられる（写真2）。この儀礼では、まずパンリタ・ロピ（*panrita lopi*）と呼ばれる経験豊富な熟練の年配船大工と船の持ち主が船体に入り、儀礼を先導する年配船大工がアッラーの名において進水の安全を祈願したのち、（今日では電動の）ドリルを用いて直径二センチ、深さ五センチほどの穴をキールにあける（貫通はしない）。この穴が「ポシ・ロピ＝船のへそ」となり、このとき出た削りカスはへその緒（*tali posi*）と表現される。こうして無事に命が与えられた船は、人力なり滑車なりを用いて海に引っ張り出される。

　筆者が観察した五件の進水式のうち三件は一〇トン程度の小型船であり、へそがつくられるとすぐに進水された。その他の二件は三〇～五〇トン程度の中型の船であり、へその儀礼に加えて船の手脚をつける儀礼実践も見られた。この実践では新たに進水させる船の甲板上でヤギを屠り、そのヤギの前脚を船首に、後ろ足を船尾に、船の手脚として吊す。へそと同様にヤギを屠る前は祈りが唱えられ、ヤギの肉体はその日の晩に大工たちや持ち主の家族らにふるまわれる。これら進水前に行われる儀礼的な実践は、造船工程が人の誕生過程と結びつけられていることを示している。

ブギス社会における「へそ」

　このように南スラウェシでは船づくりを単なる作業ではなく、人の誕生過程のアナロジーを用いながら象徴的に説明されることがあり、特に進水式において顕著に見られる。完成した船は人の出産のように時間をかけて徐々に頭から海という新しい世界に出ていく。さらにこうした船づくりの哲学は前述の儀礼実践を通してより具体的に表象される。特に船の「へそ」を作ることはもっとも重要な実践とされ、これは人間の赤ん坊が誕生した際にへその緒を切ってへそができるように、船もまたへそを作ることで船に魂を吹き込み、この世に誕生するという説明がなされる。しかしながら船の「へそ」は単なる擬人的なメタファーではなく、この儀礼実践の背景には前述のとおり南スラウェシ社会において共有されているコスモロジーの存在がある。以下では伝統的コスモロジーの中心でもあるへそ（*posi*）について、船と同様にその世界観を構成する物的要素である家に関する先行研究も参照しながら、船のへそや関連儀礼の意義を考察する。

「へそ」あるいは字義的には「中心」を作る／持つという考え方は、船造りだけでなく、南スラウェシから南東スラウェシ周辺地域に見られるコスモロジーと密接に関わっており、特に船と家は相互に象徴的なものである。ブギス社会を中心に人類学的調査を行ったペルラス氏によると、「今日でも見られるイスラーム以前からのブギス社会における世界観では、宇宙（*alang*）、地域共同体（*wanua*）、家（*bola*）、船（*lopi*）、人体（*ale tau*）という五つの社会的空間は象徴的に同等であり、それぞれ垂直的、水平的に対応している」という（Pelras 2003: 270-271）。ここでは「へそ」という概念自体がブギス・マカッサル社会全体を通じた鍵概念であることが指摘されている。「へそ」は船特有のものではなく、コミュニティや家、船、そして人体といった異なるレベルにおいて、それぞれの空間における「中心」を示すものである。つまりブギス・マカッサルの伝統的コスモロジーにおいて家や船や人体は、類似する構造や要素をもつものとして捉えられており、単純に船を人として模倣しているという一方向的な比喩表現ではないことがわかる。

こうした象徴的な空間認識は、特に家と船、そして人体というフィジカルな実態としての「もの」においてより顕著にみられ、それらの相互的なつながりも指摘されている。たとえば南東スラウェシのブトン人船乗りたちの船と家の関係を民族誌的に考察したM・ソートン氏が「船は浮かぶ家である」と表現するように、スラウェシ島南部の海域社会において家と船は相互補完的に重要であった（Southon 1995）。このような先行研究を踏まえ、ブギスの伝統的コスモロジーにおいて、まず家屋の基本的な空間認識を整理し、続いてこの宇宙観が船においてどのように表象されているか検討する。

天界、中界、下界のコスモロジー

先述のようにブギス・マカッサルの伝統的なコスモロジーにおいて、世界（宇宙）、コミュニティ、家、船、人体はすべて「へそ」を中心として構成されていると考えられている。そこではブギス・マカッサルの世界は三つに区分されており、すなわち天上界・地上界・地下（水）界からなる。先述の伊藤氏の説明によると「天上界とは男性的創造神を頂点とする神々が住まう空間であり、『ラ・ガリゴ叙事詩』に描かれたように、地上の最初の統治者を送り出す空間でもある。いっぽう地下界と水界とは結び付いた空間として考えられており、ワニや大蛇に象徴される女性的神々が住まう空間である。（中略）天上界から地上に遣わされた王子は地下界の王女と結ばれ、地上界で暮らす」という（伊藤 二〇〇五：六六）。ブギスのコスモロジーにおいて、世界は垂直的に三分割されており、天上界は、男性性と神聖性、地下界は女性性と俗性が象徴され、それらが混じり合い人間が生活する場として地上界が表象されている。

家における空間認識

南スラウェシにおいてもインドネシア他地域や世界各地と同様に近年は住居が木造からコンクリート造りになるなどの近代化が進んでおり、ミクロコスモスとしての家という認識は薄れつつあるが、ここでは基本的な家の構造およびその比喩的な表象を理解するためにブギス・マカッサルの伝統的な家屋構造を取り上げる。なお、ここでいう「伝統的な家屋」とは、コンクリートを用いず、「動産」として造られた高床式木造家屋（伊藤 二〇〇五：六三）を指す。ブギスの伝統的家屋は、かれらのコスモロジーを象徴する場の一つとして扱われており、特に天上界と地下界を結ぶ重要な役割を果たしている。したがって家は垂直方向と水平方向の両面にそれぞれ異なる空間認識がなされており、垂直方向においては天界・中界・下界に区分される。すなわち、屋根裏が天界、床下の空間が地下界、そして居住部（床上）が天界と地下界を結ぶ場として認識されている。

いっぽう水平方向に（上から）家を見た場合、入り口側、中央部、後方部の区分がある。中央部は前方と後方を結びつける場として認識されるが、前方は男性／夫の空間、後方は女性／妻の空間として認識され、中央は男女が結びつく「再生産」の場として認識される（Southon 1995: 94-97）。そのため、前方は表の（公の）場として客間（男性の活動域）が設けられ、後方はより私的な空間としてキッチンなど（女性の活動域）が配置され中央には夫婦の部屋が配置されている。このような間取りは、近年多くみられる元々の木造家屋の床下部（一階）をレンガとコンクリートで壁を作り補強したハイブリットの家でもよく見られる。全体がコンクリート造りの場合は平屋も多いが、水平方向の象徴的間取りは維持され、入り口側に客間、中央に寝室、後方に台所および浴室が配置される。

人としての家

このような垂直的・水平的な空間認識に加え、「人としての家」として、家の各部が人体の各部のように認識されることがある。垂直的に見た場合、屋根は頭を、居住部は体を、床下と柱は足と表される（Naing/ Hadi 2020）。さらに水平に見た場合もこうした擬人的な比喩は用いられる。マカッサルの伝統的な家屋を人類学的に調査した佐久間徹氏によると、マカッサル人の古老への聞き取りのなかで「家の戸は人の口、窓は目と同じである」との語りや、あるいは「正面区画は男が食物を持ち込む口であり、中央区画はこれを消化し、吸収する腹、後部区画はそれを排泄する器官と表現」が聞かれたという（佐久間　一九八〇）。

これらの比喩的表現は今日ではほんど聞かれず、伝統的な認識は薄れつつあるものの、こうした象徴的な伝統的空間認識を踏まえると、垂直方向、水平方向どちらから見た場合においても、それらの「中心」としての役割を果たすのが「へそ」であり、またそれを人体の「へそ」としてみなすアナロジーに繋がることがわかる。「家のへそ」はブギス語でポシ・ボラ（*posi bola*）と呼ばれ、一家の繁栄と幸福に不可欠な生命力（*sumange'*）を持つ精霊の守護者の住まいでもある。そのため、しばしば「家の誕生」とも言われるが、家の骨組みを建てる際にはポシ・ボラは重要な儀式の場となる（Gibson 1995; Pelras 2003）。メンレ・ボラ・バル（*menre bola baru*）は「家のへそ」に象徴される「家の主」

に対して家内の安全を祈る儀礼である。この儀礼ではまずパンリタ・ボラ（panrita bola）と呼ばれる大工の棟梁の立ち会いのもと、その家の女が供物をもって上がり、夫、子どもたちが続く。供物がポシ・ボラとされる家屋の中心的な柱の元に置かれ、村の男たちによってムハンマドの出生譚であるバラサンジを朗誦し、その後親族たちも加わり会食するというものである（伊藤　二〇〇五：六七―六八）。

なお本儀礼についても、二〇二二年にマカッサル市、ビラ半島周辺、スラウェシ島南部沖のスラヤール島で聞き取りを行った際には現在も実施しているという情報は聞かれなかった。しかし基本的な価値観としてブギス・マカッサルの伝統的な家屋は、単なるシェルターとしての機能だけでなく、性観念を含めたかれらのコスモロジーを体現し、生活（人生）の基盤、そして人間の再生産の場として認識されていたことがわかる。

船における象徴的空間認識

いっぽう家屋で見られたような象徴的な空間認識は、船においてどのように考えられていたのだろうか。先述のペルラス氏は、家と船に用いられる言葉の共通性から、両者には相互的に象徴的な関係があると指摘している。たとえば屋根の棟の先端部（日本家屋の鬼瓦に相当）と船首はいずれもアンジョン（*anjong*）と呼ばれ、ムンリ（*munri*）は家屋の後背部や船尾を意味し、またカタバン（*katabang*）は床や甲板を意味する。これは単にブギスの家が船に喩えられるということだけではなく、相互に対応し、象徴的に同様の役割を担っていることを示している（Pelras 2003）。

言い換えると、船も家や土地など他の要素と同様に、「へそ」を中心に垂直的に見た場合に上界と下界を結びつけるものとして認識されている。先述のソートン氏の民族誌はこの点を主題化し、船の「へそ」について家のコスモロジーと比較しながら考察している。彼の調査対象はブギスのピニシ船ではなく南東スラウェシのブトン人のランボと呼ばれる船であり、ブギスの船とはその形状において若干の相違は見られるが、地理的な近さを踏まえると本事例も参考になる。ソートン氏によると、ブトンの船の構造においても、特に船底のキールには象徴的な区分が見られたという。ランボ船もかつてのピニシ船と同様にキールは三つのパートから構成されるが、それらは家の間取りおよびその象徴的空間と対応している。前方のキールパーツは家の入り口側に対応し、男性／夫を、後方のパーツは家の裏口側に対応し、女性／妻をそれぞれ象徴している。さらに中央のキール部材は男性と女性の結びつきを示している。またブトン人船乗りたちの間では「妻は船でいうところの操舵手であり、夫は船長である」という比喩で語られることもあるように、船は男性性と女性性を結びつけ、それらがかれらの人生において互いに不可欠なものであることを象徴している（Southon 1995）。

こうした船を男女の結びつき、あるいはその相互補完性の象徴であるとする表現は、ブギス・マカッサルの伝統船にも同様に見られる。伝統的な船体構造を言語人類学的に分析したH・リベナー氏は、両端のキールを継ぎ足す工程とそれに伴う儀礼は結婚を象徴するもので、各パーツの結合部においてホゾ穴（telang）は女性器を、ホゾ（*laso*）は男性器を意味しており、またそれらを継ぐ際には精子を表す白い布が結合部に被せられたと報告している（Liebner 1993: 4）。

人としての船

近年では各儀礼やその意味づけに変化が見られるものの、従来の象徴的な意味を踏まえると、船においてもブギス・マカッサルのコスモロジーに基づいた構造的特徴や儀礼実践が見られ、家と同様に男性性と女性性の結びつきとして表象されていることがわかる。この文脈において、船の建造過程は人の誕生過程として比喩的に解釈され、家と同様に船が完成した際には魂を吹き込む儀礼＝へそを作る儀礼が行われる。また船のなかには、子ヤギの手足を人の手足のように見立てて、船首と船尾にぶら下げるなど、船の前方を頭、後方を足として人体のアナロジーを用いた説明がなされている。以上のことから、船も家と同様に空間的・身体的象徴として、「へそ」が重要であることが明らかとなった。

男と女をつなぐ「へそ」

ブギス・マカッサル人の伝統的なコスモロジーにおいては、世界は上界・中界・下界の三つの空間からなり、それぞれ男性性や女性性、神聖性や俗性、あるいはそれらの統合といった要素が含まれている。南スラウェシや周辺社会に関する一連の人類学的・民俗学的研究は、これら三つの空間を貫く中心軸が「へそ」であり、各物的要素は「へそ」を持つことを指摘してきた。特にブギス社会において伝統的に生活の基盤であった人体、家、船、土地は上界と下界をつなぐ中界としての象徴的空間であり、ポシ・ボラは家のへそ、ポシ・ロピは船のへそ、ポシ・タナは土地／地域のへそのようにそれぞれに「へそ」が与えられている。これら「へそ」は単なる擬人的な比喩ではなく、ブギスの伝統的コスモロジーにおいては、男と女という二つのジェンダーを結び付け、それらが補完し合うことで世界が構成されていることを示している。

もちろん本稿で提示した船づくりに見られる儀礼や実践、またその背景にある伝統的な価値観は、船体構造や船用材の変化、また船主や利用現場の多様化といった船を取り巻く社会環境の変化とともに移りゆくものである。また冒頭でも述べた通り、直接海に関わらない暮らしをしているブギス人も多く、さらに近年のグローバルなジェンダー観の広まりを踏まえると、今日のブギス社会における性観念や船の哲学的側面を画一的に捉えることはできない。したがって、本稿では異なる地域や時代の事例を比較検討することはできなかったものの、一口に海のジェンダー平等といっても、それぞれの社会や文化における海との関わり方や、そこでのジェンダー区分、役割、平等のあり方は多様である。南スラウェシの船づくりを通して、性観念を含めた人びとの生活世界や価値観、また技術的・儀礼的実践が、海との暮らしのなかで、どのように形づくられてきたかを考える一つの手立てとなれば幸いである。

参考文献

伊藤眞　二〇〇〇「チャラバイ、ビッス、ベンチョン―南スラウェシのトランスジェンダー」『人文学報』三〇九：八三―一〇九

――　二〇〇五「へそのある家―南スラウェシ、ブギス・マカッサルの家屋から（特集 アジアの家社会）」『アジア遊学』七四：六一―七〇

――　二〇一七「ブギス族におけるトランスジェンダー―ビッスとチャラバイ」『アジア遊学』二一〇：一七二―一八六

――　二〇一九「LGBTとワリアのはざま―南スラウェシにおけるワリアスポーツ芸能大会中止事件から」『社会人類学年報』四五：一五七―一七三

小野林太郎　二〇一八「海域アジアにおける海民の過去と現在」『海洋考古学入門：方法と実践』木村淳／小野林太郎／丸山真史（編）東海大学出版部：九二―一〇二
佐久間徹　一九八〇「マカッサル族における家屋のシンボリズム」『南方文化』七：三一―四五
立本（前田）成文　一九八九『東南アジアの組織原理』勁草書房
西大輔　一九九八『インドネシア南スラウェシ州タナベルにおける造船とその利用樹種に関する実証的研究』（愛媛大学農学研究科修士論文・未発表）
明星つきこ　二〇二一「インドネシア南スラウェシの木造船づくり―生産状況と生産工程の考察を中心に―」『物質文化：考古学民俗学研究』一〇一：一二三―一三八

Gibson, Thomas 1995, "Having your house and eating it: houses and siblings in Ara, South Sulawesi", In Carsten, Janet, Stephen Hugh-Jones (eds.), *About the House: Lévi-Strauss and Beyond*, Cambridge University Press.
——— 2021, "Sociality, Value, and Symbolic Complexes among the Makassar of Indonesia", *Anthropological Forum*, 31(1), 78-93.
Horridge, Adrian 1979, *The Konjo boatbuilders and the Bugis prahus of South Sulawesi*, Trustees of the National Maritime Museum.
Liebner, Horst 1993, Remarks about the Terminology of Boatbuilding and Seamanship in Some Languages of South Sulawesi, *Indonesia Circle School of Oriental & African Studies Newsletter in Indonesia and the Malay World*, 21(59-60):18-44.
Naing, Naidah/ Karim Hadi 2020, Vernacular Architecture of Buginese: The Concept of Local-Wisdom in Constructing Buildings Based on Human Anatomy. *International review for spatial planning and sustainable development*, 8(3): 1-15.
Pelly, Usman 2013 [1975], *Ara dengan perahu Bugisnya: Pinisi nusantara (Studi pewarisan kehlian membuat perahu)*, Casa Mesra Publisher.
Pelras, Christian 1996, *The Bugis*, Blackwell.
——— 2003, Bugis and Makassar houses. In Schefold, Reimar, Gaudenz Domenig, Peter Nas (eds.), *Indonesian Houses: Tradition and transformation in vernacular architecture*, KITLV Press.
Southon, Michael 1995, *The navel of the perahu: Meaning and values in the maritime trading economy of a Butonese village*, Dept. of Anthropology, Research School of Pacific and Asian Studies, The Australian National University.
UNESCO Intangible Cultural Heritage, "Pinisi, art of boatbuilding in South Sulawesi". 〈https://ich.unesco.org/en/RL/pinisi-art-of-boatbuilding-in-south-sulawesi-01197〉（Accessed on September 16, 2023）

4 ポリネシアにおける多様な性の共生—マフとラエラエ

桑原牧子

ラエラエのエル(1)

「タティ(おばさん)、トマトとキャベツと大根を頂戴」エルはマルシェで野菜を買っていた。「あと長ネギも」マルシェの野菜売りの女性は「シェリ、このトマトでいい?」と野菜を確認しながらビニール袋に詰めていき、「これ、おまけね」ときゅうりも加えた。

「ありがとう」とエルは微笑んだ。

「本当のおばさんなの?」

年配の女性をこのように呼ぶ慣習があるのはわかっていたが本当の叔母である場合もあるので、筆者がエルに尋ねると、「ううん、違う。いつも彼女から野菜を買っているから、おまけしてくれるの」とエルはまた微笑んだ。エルは気分の起伏がほとんどなくいつも穏やかであるので、性別やエスニシティに関係なく多くの友達がいた。二〇二三年に筆者がタヒチ島を訪れた時は、エルは島の反対側に住んでいる女友達宅で休暇を楽しんで帰ってきたばかりであった。その女友達の娘が大学に進学するので、彼女のためにアメリカのネット通販で洋服を何着も購入していた。

エルと筆者は二〇〇六年以来の付き合いになる。ツアモツ諸島の環礁の出身であり、父親は彼女が幼少期に亡くなり、まだ一六歳だった母親はエルの養育を祖母に託した。成長したエルは兵役でパペーテに出てきて、任期終了後もツアモツ諸島には戻らなかった。女性用のドレスや化粧品が入手しやすく、親族ばかりであったツアモツの環礁と比べて周りの目も気にせずに女装も化粧もできる環境であったからだ。プールバーやレストランなどと店を時々変えながらサーバーをしてきた。職だけでなく、定期的にアパートも変えていた。パペーテでの家賃は高い。エルは同じラエラエ仲間だけでなく、女性とも同居して家賃を抑えていた。

筆者が出会った当初、エルは二〇代後半であった。在宅時にはパレオやTシャツ、短パンなどを着て、ほとんど飾らない自然体であるのに、外出時はドレスやミニスカートを着用して大げさにヒップを振って歩いていた。エルは定期的に女性ホルモンを摂取していた。豊胸手術については、勤め先のバーで喧嘩があったら止めに入らなくてはならず、その際に胸を強打されるかもしれないといった理由で諦めていた。しかし、年を重ねるにつれて、定期的に女性ホルモンの摂取は続けてはいるものの、外出時もシンプルなユニセックス的な洋服を着ることが多くなっていた。若い時は夜の路上でハラスメントを受けることもあったが、今はそのようなことはなくなった。

エルには過去にフランス軍関係者のボーイフレンドがいたが、任期を終えると皆フランスに帰っていった。別れが辛いからと、六人目のボーイフレンドを最後に男性と付き合うことはなくなった。母親はエルと決して仲が良かったわけではないが、一時期精神病を患っていた時にツアモツ諸島からパペーテに出てきてエルと同居していた時があった。エルが仕事中に勝手に外出して飲み歩いたりしていたので、エルを心配させていた。他の離島に暮らしていた叔母も夫と別れた後にパペーテに出てきて、一時期エルのアパートに身を寄せていたことがあった。エルのアパートにはいつも誰かがいたし、出会った時から現在に至るまで筆者にも「いつでもおいで」と言ってくれてきた。

仏領ポリネシアの「トランスジェンダー（transgender）」には伝統社会から存在していたマフ（*māhū*）と身体を女性化させるラエラエ（*raerae*）がいる。タヒチ島には「昼の仕事＝マフ」「夜の仕事＝ラエラエ」とのステレオタイプ的見解が広まっているなかで、仕事や身体性だけをみると、エルは「夜の仕事」に就くパペーテのラエラエであるのだろう。

「トランスジェンダー」を問う

西洋において「トランスジェンダー」の名称が使用されるようになり、他の性の多様性も含むＬＧＢＴＱの人権が本格的に論じられるようになったのは二〇世紀後半になってからである。日本社会においては尚のこと、「トランスジェンダー」が当事者の社会的権利を含む政治的な問題として議論され始めてまだ年を経ない。しかし、いつの時代にも世界各地の社会には「生まれながらの性から別の性へ移行して生きる」という意味で「トランスジェンダー」に該当する人々がいた。時代や地域によって役割や社会内での位置づけが異なり、インドのヒジュラ（*hijra*）や北米のベルダシュ（*berdache*）のように信仰や儀礼において特別な役割を担ってきた場合も多い（Nada 1990; Rasco 1987,1991）。

ヒジュラやベルダシュや本稿で取り上げるマフとラエラエを西洋起源のジェンダーとセクシャリティのカテゴリーに合致させせながら捉えることには限界があるが、非西洋社会の性の在り様と名称は隣接する社会との交流を通じて変化してきた（2）。例えば、「トランスジェンダー」に該当する人々は、サモアではファアファフィネ（*fa'afafine*）、トンガではファカフェフィネ（*fakafefine*）とレイティ（*leiti*）、クック諸島ではアカヴァイネ（*'akava'ine*）とラエラエ（*laelae*）と呼ばれる。クック諸島の laelae は本稿が論じるタヒチの raerae から借用され、トンガの leiti は英語の lady に由来する（Tcherkézoff 2022: 16）。最近では、サモアではファアファタマ（*fa'afatama*）、ハワイではマフカネ（*mahukane*）などの新しい名称も生まれている（Tcherkézoff 2022: 17）。このような名称からは、ポリネシアの島間の移動のみならず、グローバルな人々や情報の移動に影響を受けて、さらには西洋のジェンダー・セクシャリティの概念からも影響を受けてポリネシアの「生まれながらの性から別の性へ移行する人々」の在り様が変容していることがわかる。

世界の多様な性の在り様を紹介すると共に、グローバル化のなかで複数地域の性の在り様が交錯する状況を示すことで、現代の日本社会におけるＬＧＢＴＱの置かれている状況を改めて相対化できるのではないか。本稿では、西洋文化接触初期から現代に至るまでのタヒチ社会で生まれながらの性から別の性へ移行して生きるマフとラエラエの社会的役割と位置づけの変遷を辿る。タヒチ島ではマフは西洋文化接触初期からその存在が記録に残されていたが、仏領ポリネシアが外部世界に大きく開かれ始めた一九六〇年代から身体をより女性化するラエラエと呼ばれる人が現れた。タヒチ島では、マフは「昼の仕事」に就く人、ラエラエは「夜の仕事」に就く人と説明されたりするが、そのような区別は仏領ポリネシア全域に当てはまるわけではなく、とりわけ離島においては明確ではない。本稿では、まずは一八世紀にタヒチ島を訪れた西洋人の記述から伝統社会のマフの役割と一九六〇年代以降にラエラエが登場した歴史的背景を紹介する。さらに、仏領ポリネシア内でもマフとラエラエの人口が多く、西洋文化の影響を大きく受けるタヒチ島とボラボラ島を比較しながらマフとラエラエの生き方を考察する。

一八世紀のマフ

タヒチ社会では、西欧文化接触以前からマフと呼ばれる生物学的には男性として生まれながら女性の役割を担う人たちが、親族や社会の成員からその存在と役割を認められて生きてきた（3）。マフは一八世紀にタヒチを訪れた西洋人探検家や宣教師によって目撃され、記録されている。例えば、一七八八年にタヒチ島を訪れたイギリス海軍のバウンティ号の船員であったジェームス・モリソンは次のように記述する。

既に説明した異なる階層や社会の他にマフと呼ばれる男たちが存在する。この男たちは幾つかの点においてインドの宦官に似ているが、去勢はしていない。彼らは決して女性と暮らすことはないが、女性のように生きている。髭を抜いて、女性の衣服を着て、女性と一緒に踊り歌い、女性的な声で話す。彼らは一般的に、衣服を作ったり、それに文様を描いたり、マットを編んだり、女性が行う仕事を非常に得意とする。（Morrison 1935: 238）

マフは幼少期より女児のようなしぐさをみせて女児と遊ぶのを好むことから、家族や親戚から女児と同様に扱われた。性別分業が明確になる思春期にはマフは女性の役割を習得し、女性が築いていたのと同様な人間関係を構築していた（Cerf 2007; Elliston 1997; Kirkpatrick 1987; Kuwahara 2005）。去勢は行わなかったが、女性的な容姿であり言動をとった。

タヒチ社会の性別分業は社会制度や信仰を反映していた。伝統社会では男性は漁労、農業、建築などを行い、女性は料理、洗濯、掃除、育児、植物繊維編み、タパ（樹皮布）制作などを行っていた。一八世紀のタヒチ社会にはタプ（*tapu*）と呼ばれる、人やモノとの接触や場所の侵入への禁忌があり、階層や年齢などと共に性差にも課せられた（Babadzan 1993: Kuwahara 2005; Shore 1989）。例えば、女性は男性と同席しての食事やマラエ（祭祀場）での儀礼への参加が禁じられ、男性は女性の調理器具の使用が禁じられた。一七九七年にロンドン伝道協会の宣教師たちを乗せたダフ号をタヒチ島まで率いたジェームス・ウィルソンは、以下の通り、マフはタプの規制において女性と同様に扱われていたことを示す。

島の様々な地域に女性のように装う男性がいて、布作りの仕事を女性と共に行い、女性と同じ食事や装飾の規則が課せられる。多くは男性と食事をせず、男性の食べ物も口にせず、特別な用途に使うための作物を別途確保する。（Wilson 1799: 156）

このようなタヒチ社会における女性の分業と重なる役割に加え、この時代にはマフの性行為についての記述が残されている。ウィルソンは、彼自身の偏見が含まれてはいるものの、マフが首長の生活の世話をしながら性的欲望の対象としても仕えていたことを記す。

私がその人（マフ）に目を留めると、彼は顔を隠した。これを、はじめ私は恥ずかしがっているからだと思ったが、後からそれは女性的なしぐさであるとわかった。マフは、若い時に女性の衣服に身を包み、女性と同じ仕事をし、食事などは女性と同じ禁止下に置かれ、女性と同じように男性からの愛を求め、同棲する男性に嫉妬し、常に女性と寝るのを拒否するといった、卑劣な生き方を選ぶ。言葉にするには耐えられない行為をここで明らかにしなければならない。マフは人数としてはほんの六人か八人であるが、主要な首長たちに囲われている。あまりにこれら哀れな異教徒たちが堕落しているために、女性でさえも軽蔑せずに彼らと友達関係を築く。（Wilson 1799: 198）

バウンティ号の船長ウイリアム・ブライはマフの性器を目にし、以下のように記す。

ここで若い男性が上着を取り、関連物をみせてくれた。彼は女性の容姿を持ち、彼のさやと睾丸は特定の場所に収まるように下に押し込められていた。彼と関係する人々は彼の腿の間で淫らな欲求を満たすが、さらなる男色的行為については彼ら皆がきっぱりと否定した。彼の私的な部分を観察するとどちらも非常に小さいが、特に睾丸は小さく、五歳か六歳の少年のものよりも小さいくらいであり、まるで腐っているか、大きくなるのが全く不可能であるかのように軟らかかった。いずれにせよ、彼は、事実上、睾丸が取り除かれた宦官と同じであった。彼は女性から同性として扱われ、女性が守るべき規則を守り、同様に敬意を払われた。(Bligh 1789: II, 16-17)

ブライはマフが性器を挿入する性行為があったことを否定するが、男性とのそれ以外の性行為があったと、おそらく彼自身が見たのではなく聞いたであろう内容を記す。これらの記述は、マフは女性と同様な性別分業を担い、男性と性行為をしていたことを示唆する。現代になると後述するように、マフの性的指向は表立って語られなくなり、家族やコミュニティでの役割が前景化する。

ラエラエの出現

マフに加えて新たな名称で呼ばれる性が登場するのは、タヒチ社会が政治経済的に大きな変化を迎えた一九六〇年代であった。一九六〇年にタヒチ島の首都パペーテ郊外にファアア国際空港が開港し、フランスがツアモツ諸島に核実験施設を設置するとフランス本土からタヒチ島及びツアモツ諸島の基地に多くの軍関係者が駐屯した。また、空の航路が開かれたことで旅行者が仏領ポリネシアを訪れるようになった。それにより、女装や化粧をして軍関係者と観光客相手に売春をする人々が主にパペーテに出現して、ラエラエと呼ばれるようになった。

ラエラエはマフとは異なる性として誕生したのではなく、マフのなかから性自認と身体の一致をより重視する人々が身体に変工を加えることで出現した。したがって、ラエラエの身体にはマフとの連続性がみられる。マフの身体的特徴は女性のしぐさ、声、話し方、服装、髭や脛毛などの脱毛であるが、ラエラエはそれに加えて、女装、化粧、アクセサリを着用した。さらに、女性ホルモンの摂取、豊胸手術、性別適合手術を行う人も出てきた(4)。

一九六〇年代以前にも、マフのなかには身体の女性化を希望した人はいたであろう。ラエラエが誕生した背景には、女性のドレスや化粧やハイヒールやファッション雑誌などの身体を女性化するための情報やモノがタヒチ社会に持ち込まれた点が大きい。加えて、フランス軍関係者向けのナイトクラブやバーでの接客業の需要が高まり、路上で顧客を取る売春が行われるようになり、ラエラエがそれらの担い手になった点も大きい。

ラエラエは家族、とりわけ父親から女装や化粧を認められずに家を追い出されるか、自らの意志で家出をして友人やイトコらと暮らす場合が多く、物価の高いパペーテでは緊急に現金収入を得て生計を立てなくてはならない。そこで、ラエラエの多くはパペーテで直ちに始められるナイトクラブのホステスやダンサー、セックスワーカーなどの「夜の仕事」に就いてきたのである。生活が落ち着いてくると、家賃を浮かすために同居者を見つけてアパートを借りて住み始める。しかしながら、その身体的特徴から職種を選ぶ際に制約があるとはいえ、役場職員、販売員、テーラー、美容師、ホテルの清掃員やレストランのサーバーなどの「昼の職業」に就く人も少なくない。タヒチ島では「昼の仕事＝マフ」「夜の仕事＝ラエラエ」とのステレオタイプ的見解が広まっているが、実際は、マフとラエラエは共に様々な仕事に就き、両者の職種は重なる。

マフとラエラエの社会における位置づけ
―タヒチ島とボラボラ島の比較

仏領ポリネシア内であってもタヒチ島パペーテと離島ではマフの役割は異なり、社会におけるラエラエの認識や受容も異なる。一九六〇年代にファヒネ島で調査をした人類学者ロバート・レヴィは、マフは「村に最低一人いる」とし、それも一人だけであって、二人であることはないと記す（Levy 1973: 472）。さらにレヴィは、マフに、タヒチ人男性が自らを女性的であるマフに照らすことで「自分はマフではない」と確認して男性性を獲得するための役割を見出す（Levy 1973: 473）。

タヒチ社会には男女を分かつ境界線が曖昧な部分があり、マフではないが物腰がやわらかい男性が少なくない。とはいえ、いわゆるマッチョな男性性は男性間のつながりにおいては重視され、マフには男性に男性性を確立させるための「伝統的な」役割があるというのである。このような「村に一人」は必要とされる存在としてのマフのイメージは現在に至るまで存続する。しかし、離島であっても、西洋文化との接触から多くの影響を受けている島とそうではない島ではマフとラエラエの社会的な位置づけが異なる。さらには、外部に開かれた島の間でも、影響を受ける西洋文化の内容によって、社会におけるマフとラエラエの認識と受容が異なる。以下では、タヒチ島と、マフとラエラエの人口が多く、西洋文化との接触の度合いが高いボラボラ島のマフとラエラエの社会的位置づけを比較したい。

タヒチ島パペーテの人口は二万六九九二人であるが、ベッドタウンであるファアア（三万一四五人）、ピレエ（一万四四七〇人）、プナウイア（二万九一七三人）も含むと、日中はパペーテを中心に島北西部に人口が集中する（Institut de la statistique de la Polynésie Française 2022: 175-177）。パペーテは仏領ポリネシアの政治・経済の中心地であり、領土内の離島から教育、就職目的で人々が集まる街だからである。また、パペーテは仏領ポリネシアの空の玄関であるファアア国際空港と隣接し、漁船、貿易船、客船が寄港する港も有する。夜の繁華街ではラエラエの働くナイトクラブやバーが複数ある（5）。

観光は仏領ポリネシアの主要産業の一つであることから、各島では観光の振興が進められてきたが、なかでもボラボラ島はタヒチ島に次いで多くの観光客が訪れる島である。人口は一万八五六人であるが、来島する観光客の人数は多く、例えば、二〇二二年には二一万八七五〇人もの観光客がフランスをはじめとするヨーロッパやアメリカから訪れた（Institut de la statistique de la Polynésie Française 2023）。ホテルだけでなく、マリンスポーツ、サファリツアーや小島へのピクニックツアー、レストラン、ダンスショー、黒真珠や工芸品を販売するショップにおいて多くの雇用を生んでいる。マフとラエラエは語学力に長け、機転がきき、容姿にも気を使い、接客が得意と評価されるために、観光産業では積極的に雇用されている。

マフとラエラエの役割

伝統社会でのマフの役割は女性と同様であったが、現代のタヒチ島とボラボラ島のマフとラエラエはいかなる役割を担っているのであろうか。上述した伝統社会の分業に加えて、離島では男性はコプラ、ノニ採集、狩猟などを行い、女性は裁縫や工芸品づくりなどを行ってきた。しかしタヒチ島ではフランスの教育制度が導入されると、高等教育を修めるポリネシア人のなかに学校、病院、役所などの公務員職、金融関係、観光産業に職を得る人々が出てきた。男子と比べて修業率の高い女子はこれらの分野に就職もしやすかったことから、女性の社会進出が進んだ。

女性が外で働き始めると、彼女たちの夫、兄弟、息子といった世帯の男性も家事を担うようになった。とりわけパペーテとその周辺地域では女性の就業率が高く、家事は夫婦あるいは世帯の他の成員の間で分担して行われる。マフのなかには伝統社会のように家事を担う人がいる一方で、女性と同様に高等教育を修めて外で働き始める人が出てきた。女性の家庭内での役割の変化に伴い、マフの役割も変化したのである。ボラボラ島のマフとラエラエは家族と同居する人が多く、同様の傾向がみられる。

タヒチ社会では、西欧接触以前から現在に至るまでファアアム（*fa'aamu*）と呼ばれる、実親以外の養育者による子供の養育が頻繁に行われてきた。子供は実親とファアアム親の間を行き来し、その子供を通して、ファアアム親は家族・親族のなかで重要な存在として位置づけられる。マフは気配りがきき、子育てが上手と定評があるために、ファアアム親として子育てを担ってきた。また、伝統文化の担い手として、ダンスグループの振付師や衣装担当として活躍するマフも多い。これはラエラエにおいても同様で、例えば、ボラボラ島のダンスグループの団長兼振付師は豊胸手術をしており、一緒に暮らす、厳格な父親は「はじめは戸惑ったが、才能がありしっかり仕事をしているので受け入れている」と言う。また、年配のマフは親族やコミュニティの良き「ご意見番」的存在であることが多い。

このように、タヒチ島とボラボラ島いずれにおいても、家族と同居するマフは家事を担うだけでなく外で働いて現金収入を得ることで、世帯の重要な働き手として家族から受容される。ラエラエも同様であり、とりわけボラボラ島に暮らすラエラエは観光業にて積極的に雇用されることから、世帯の家計に貢献し、社会的地位も確立する。その点、家を出てパペーテの「夜の仕事」に就くラエラエは、家族とのつながりだけでなく、家庭内の役割も持たない。タヒチ島とボラボラ島のいずれにおいても、家庭や社会のなかで役割を持つマフとラエラエは「伝統的」「ポリネシア的」な性として自らを社会において可視化し、役割が前面に出ないラエラエ、とりわけタヒチ島のラエラエから自らを相対化する。では、マフとラエラエの違いは身体性においていかに認識されているのか。

マフとラエラエの身体性

ラエラエはドレスやハイヒールなどで着飾り、髪を長く伸ばし、化粧をし、豊胸手術を受けることもある。性別適合手術は仏領ポリネシアでは受けることができないことから、タイで手術を受けた人々を例外として僅かしかいない。髭のない肌理の細かい肌にし、胸の膨らみを増すために女性ホルモンを摂取するラエラエは多いが、太りやすくなるとの理由からしばらく試した後に止めてしまうこともある。ラエラエは女装や化粧についての情報や知識を西洋の女性週刊誌やTVドラマから得る。インターネットの普及で、タイや日本のトランスジェンダー事情にも通じている。他方で、マフは仕事着としてズボンと男性用のアロハシャツを、普段着としてTシャツと短パンを、時にはパレオを着用するのが一般的である。夜の外出時などでさらに着飾りたい時には、花の冠や首飾りを着用する。マフは通常、豊胸手術もしなければ、女性ホルモンの摂取もせず、女装や化粧もしない。

以上が、タヒチ島で頻繁に説明される「マフ」と「ラエラエ」の身体的相違である。実際は、タヒチ島において仕事着と夜遊び用の衣服では女装を完璧に行う人でも、エルのように、家でくつろぐ時や、近所の商店に買い物に行く時はTシャツと短パン、パレオといったユニセックスな服装であったりする。ボラボラ島においても、女性ホルモン剤の投与、豊胸手術、性別適合手術によって身体を女性的に変える人もいれば、変えない人もいる。したがって、タヒチ島ではマフとラエラエの身体性に相違がみられ、ボラボラ島ではそれが認められないというよりは、ボラボラ島の人々にとっては、マフやラエラエが家族や隣人として身近な存在であり普段着でいる姿を目にすることが多いので、その身体性について細かく言及されなくなっているともいえる。しかし、夜のパペーテで働いたり遊んでいるラエラエやミスコンに出場するラエラエが艶やかに着飾っていることから、タヒチ島のラエラエにはその印象が纏わりつく。

マフとラエラエの性的指向

一八世紀にはマフの男性との性行為が記録されていたが、現代のマフとラエラエの性的指向はいかに捉えられているのであろうか。現代でも、思春期の男性は女性とのはじめての性交渉前にマフと性行為を持つと説明される。いきなり女性と性交渉を持つのは不安であるからマフやラエラエを相手に練習し、実際に女性と行う時には自分は経験済みであると相手に説得できるからであるという。マフやラエラエは親戚や近所の幼馴染みのなかに必ず見出せるほどに身近な存在である。しかし、異性愛者の性的指向が私的領域の事柄とみなされてあえて問われないと同様に、マフの性別役割が前景化する時にはその性的指向は不問にされがちである。

ラエラエは、性的指向に関しては男性対象に売春をしたり男性パートナーを持ったりすることから、同性愛者であると周囲から認識されてはいるものの、女装や豊胸手術などの身体の性自認に関わる特徴の方が全面に出やすい。ラエラエのパートナーは、ラエラエからもパートナー自身からも異性愛者の男性として認識される。パートナーになる男性のなかには女性としてラエラエと付き合う人もいれば、過去に女性との間での辛い経験から女性との関係には懲りて「女性とは異なる人」として付き合う人もいる。永続的な関係もあれば、一時的な関係を繰り返す場合もある。性別適合手術を受けて、男性の妻として生きる人もいる。エルのように、パペーテの「夜の仕事」に就くラエラエの多くはフランス軍関係者と関係を持つが、ボラボラ島のラエラエはポリネシア人男性を好む傾向がある。

身体の性と社会的役割を変えずに性的欲望が同性に向けられる人たちは、西洋のカテゴリーを使って「ゲイ（gay）」「レズビエンヌ（lesbienne）」として認識される。西洋文化接触以前は、性別分業において女性の役割を担い、同性愛者として性的指向を認められていた性的少数派は「マフ」で括られていたが、現代では、「ジェンダー」に焦点を当てることで女性的役割と伝統社会・文化的役割が強調されるマフと、身体の性自認の問題に焦点を当てることで女性の身体性の獲得が強調されるラエラエと、性的指向に焦点を当てられるレズビエンヌとゲイとにカテゴリーの多様化が進んだのである。

最後に

本稿では、一八世紀のタヒチ社会において性的少数派が「マフ」の名称で括られていた状況から、一九六〇年代以降、西洋の性概念のカテゴリーに影響を受けて「ラエラエ」が出現する歴史を辿った。「マフ」と「ラエラエ」の役割や身体性は、常に明らかな違いがあるとはいえない。現に、ボラボラ島でもマフとラエラエの名称は使用されているが、両者の違いが曖昧であったり、「マフもラエラエも同じ」との見解が示されたりする。それにもかかわらず、タヒチ島ではマフとラエラエの間に相違が強調されて、マフは「伝統的」「ポリネシア的」、ラエラエは「近代的」「西洋的／フランス的」と二項対立的に説明される。仏領ポリネシア内でありながらこのように性の認識に違いが生じているのはなぜだろうか。

タヒチ島では、夜の仕事に就くラエラエが関わる西洋人は主にフランス軍関係者である。ポリネシア人の多くは軍関係者個人に対しては否定的な感情を抱いていなくても、フランス軍が駐屯するネオコロニアルな政治状況には反感を抱いていたりする。フランス軍関係者と親密な関係にあるラエラエも共に否定的な括りをされてしまうのではないか。対して、ボラボラ島の住民が関わる西洋人は主として観光客である。上述した通り、観光はボラボラ島民の雇用を生む重要な産業であり、マフとラエラエはホテルやレストランで主力として働くことで世帯にも収入をもたらしている。つまり、タヒチ島とボラボラ島では、近代化とグローバル化の影響が前者はフランス軍の駐屯により、後者は観光によりもたらされ、タヒチ島の人々はラエラエと近代化・グローバル化の結びつきを否定的に、ボラボラ島の人々は肯定的に捉えている（Kuwahara 2014; 桑原 二〇一七）。二つの島を比較すると、グローバル化とローカル化の相互作用が仏領ポリネシアにおける「トランスジェンダー」のカテゴリーに違った意味を付与していることがわかる。

家族やコミュニティによるマフとラエラエの認識や受容だけではなく、マフとラエラエがいかに社会において自らを可視化するのかも考察する必要がある。現代の仏領ポリネシアでは、性的少数派は男性・女性、異性愛者といった性的多数派を対極に置きながらも、マフ、ラエラエ、さらにはゲイ、レズビエンヌの間で互いを相対化している。タヒチ島ではマフとラエラエの対比において、家族・社会において役割が明白でないラエラエがマイノリティ化し、マフや世帯内の役割が明白なラエラエはマイノリティ化しない。マフ／ラエラエとゲイ／レズビエンヌの対比のなかでは、マフ／ラエラエがタヒチ社会のなかで可視化する。

マフとラエラエは、社会の受容や差別に自ら応答したり、対抗したりしてきた。マフは自らを「伝統的」「ポリネシア的」であるとし、「家族とのつながり」や「家庭や社会における役割」を強調することや「身体を変えない選択」をすることで、自らが「自然な性」であり、ラエラエとは異なることを主張する。ラエラエは女性の身体性の獲得に力を注ぐことでマフとの違いを示し、自らの性でもって西洋化、グローバル化を体現し、さらには、家族・親族との関係に縛られずに自由に生きる、現代人であることを示す。

　このような性的少数派間での相対化は、仏領ポリネシアにおける西洋のＬＧＢＴＱのような性的多数派に対抗するための結束を妨げる。しかしだからこそ、伝統的に社会に位置づけられてきたマフを性的多数派との中間に置くことによって、単独では排除されがちなラエラエを主流社会に位置づけることが可能になる。このことは、タヒチ島パペーテのラエラエであるエルが、親しい仲間に囲まれながら、街の人々や家族とのつながりを緩く保ちながら生きていることからもわかる。

（1）「エル」は匿名である。
（2）そのような状況下、非西洋社会の多様な性を生きる人々を「第三の性」（third gender）とみなす提案もあったが（Herdt 1996）、それは新たなカテゴリーを生んでいるだけかもしれない。
（3）「マフ」は、生物学的には女性として生まれながら、男性として生きる人たちも含む。
（4）パペーテでは豊胸手術は可能であるが、性別適合手術は不可能であるのでタイに受けに行く。
（5）以下、「タヒチ島」は島全域ではなく、パペーテとその周辺地区を指すことにする。

参考文献

桑原牧子 二〇一七「マフとラエラエの可視化と不可視化―フランス領ポリネシアにおける多様な性の共生―」風間計博編『交錯と共生の人類学―オセアニアにおけるマイノリティと主流社会』ナカニシヤ出版：一三三―一六四

Babadzan, Alain 1993, *Les dépouilles des dieux, essai sur la religion tahitienne à l'époque de la découverte*, Éditions de la Maison des sciences de l'homme.

Besnier, Niko and Kalissa Alexeyeff 2014, *Gender on the Edge: Transgender, Gay, and Other Pacific Islanders*, University of Hawaiʻi Press.

Bligh, William 1789[1792], *A Voyage to the South Sea, Undertaken by Command of His Majesty, for the Purpose of Conveying the Breadfruit Tree to the West Indies, in His Majesty's Ship the*

Bounty. Including an Account of the Mutiny on Board the Said Ship, 2vols. G. Nicol.

Cerf, Patrick 2007, *La domination des femmes à Tahiti: Des violences envers les femmes au discourse de matriarcat.* Au vent des îles.

Elliston, Deborah 1997, *En/Gendering Nationalism: Colonialism, Sex, and Independence in French Polynesia*, PhD Thesis, New York University, Graduate School of Arts and Science.

Herdt, Gilbert. Ed. 1993, *Third Sex Third Gender: Beyond Dimorphism in Culture and History*. Zone Books.

Institut de la statistique de la Polynésie Française 2022, « DECRET n° 2022-1592 du 20 décembre 2022 authentifiant les résultats du recensement de la population 2022 de Polynésie française », *Journal officiel de la Polynésie française* n°0295.

——— 2023, *Tableau de bord Tourisme 2022*, Papeete : Institut de la statistique de la Polynésie Française.

Kirkpatrick, John 1987, "Taure' are' a: A Liminal Category and Passage to Marquesan Adulthood", *Ethos* 15(4): 382-405.

Kuwahara, Makiko 2005, *Tattoo: An Anthropology*, Berg: Oxford.

——— 2014, "Living as and Living with Māhū and Raerae: Geopolitics, Sex, and Gender in the Society Islands", In Niko Besnier and Kalissa Alexeyeff (eds). *Gender on the Edge: Transgender, Gay and Other Pacific Islanders*, University of Hawai' i Press: 93-114.

Levy, Robert 1973, *Tahitians: Mind and Experience in the Society Islands*, University of Chicago Press.

Morrison, James 1935, *The Journal of James Morrison, Boatswain' s Mate of the Bounty, Describing the Mutiny and Subsequent Misfortunes of the Mutineers, together with an Account of the Island of Tahiti. Edited by Owen Rutter*, The Golden Cockerel Press.

Nanda, Serena 1990, *Neither Man Nor Woman: The Hijras of India*, Wadsworth Publishing Company.

Roscoe, Will 1987, "Bibliography of Berdache and Alternative Gender Roles among North American Indians", *Journal of Homosexuality*, 14: 81-171.

——— 1991, *The Zuni Man-Woman*, University of New Mexico Press.

Shore, Bernard 1989, "Mana and Tapu", In Alan Howard and Robert Borofsky (eds.) *Developments in Polynesian Ethnology*, University of Hawaii Press: 137-174.

Tcherkézoff, Serge 2022, *Vous avez dit troisième sexe?* Pirae : Au Vent des Iles.

Wilson, James 1799, *A Missionary Voyage to the South Pacific Ocean, Performed in the Years 1796, 1797, 1798, in the Ship Duff, Commanded by Captain James Wilson,* T. Champman.

第2章

海洋保護の最前線で

5 タイのジュゴン保護区と漁民——アンダマン海の事例

阿部朱音

ジュゴンとの共存に向けて

ジュゴン（*Dugong dugon*：図1）は海草を餌とする草食性の海生哺乳類の一種で、太平洋とインド洋の熱帯・亜熱帯域の約四〇の国と地域に断続的に分布している。国際自然保護連合（IUCN）のレッドリストにおいてジュゴンは危急種に指定されており、絶滅が危惧されている。

ジュゴンは人間の生活圏に近い沿岸域に生息しており、人間活動の影響を受けやすい（Marsh *et al.* 2011）。特に、ジュゴンの餌場は沿岸に住む漁民にとっても重要な漁場であるため、漁民と、ジュゴンの保全を目指す者との間でコンフリクトが生じることがある。わかりやすい例を挙げると、ジュゴンの生存を脅かす要因の一つとして、偶発的に漁網にジュゴンが絡まってしまう「混獲」がある。特に、刺網漁でこのリスクが高まる。その混獲を回避するため、禁漁や網漁禁止など、漁民にとって厳しい規制が検討されることがある（Rouphael *et al.* 2013）。つまり、ジュゴンの保全は漁業の持続的運営と密接に関連しており、漁民とジュゴンの調和的な共存の方法を見つける必要がある（Marsh *et al.* 2011; 市川他二〇一四、中村他二〇一五・二〇一九）。

図1．鳥羽水族館のジュゴン・セレナ

近年、地域社会の経済的困難に起因する違法なジュゴンの漁獲や混獲の問題に対処するため、漁業の代替生業も模索されており、特に観光業への転換が検討されている。ただし、地域ごとに状況は様々で、例えばオーストラリアでは先住民族の伝統的権利としてジュゴン猟が認められており、より複雑な状況がある。

さて、ジュゴンの生息数は推計約八万五〇〇〇～一〇万頭で、そのうち約八五%はオーストラリアに分布していると言われている。ジュゴン研究の嚆矢もオーストラリアである。特に、ジェームズ・クック大学のヘレン・マーシュ博士が一九七〇年代から長きにわたってジュゴン研究を牽引し、国際的なジュゴン保全を先導してきた。その約五〇年の間に、ジュゴン研究者の顔ぶれも国際色豊かになってきた。オーストラリアは現在もやはり研究の中心地ではあ

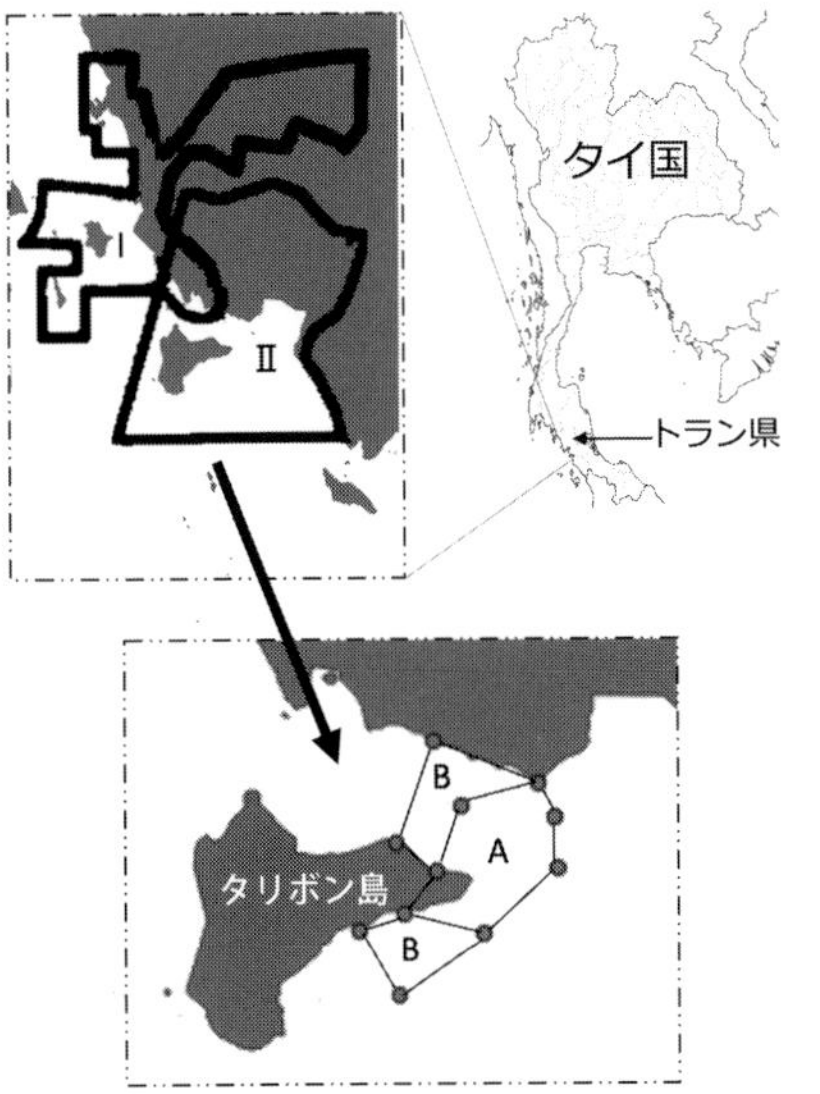

図2．調査地周辺の二つの保護区（I：ハドチャオマイ国立公園、II：タリボン非狩猟区域）と新保護区

るが、それぞれのジュゴン生息地の研究者も活躍している。

筆者は、タイ国トラン県最大の島であるタリボン島で、ジュゴンと漁民の調和的な共存に向けてヒントを掴むべく調査を行った。この島の周辺には東南アジア最大のジュゴン個体群が生息している（Hines *et al.* 2012）。筆者は二〇一七年に初調査を実施したが、その時点で明確に運用されていた保護区（海域含む）は二つであった（図2）。以降、本調査地では様々な立場の人々が協働し、島沿岸部に新たな保護区を設置した。その詳細については後述する。

タリボン島周辺では、他地域と比べてスムーズにジュゴン保全が行われていると評されている。目立ったコンフリクトがなく、順調にジュゴン保全が進行している経緯を探ることは、他地域の事例に示唆を与える重要なステップとなろう。

まずタリボン島の概要を述べる。地形は北東部でマングローブ林が卓越し、沿岸域（特に東部）にジュゴンの餌場である海草藻場が広がっている。島民の九八%はタイ系のイスラム教徒であり、南タイ方言のタイ語を話す。残り二%の島民は仏教徒である。人口は二〇一九年時点で約三〇〇〇人、世帯数は約九五〇世帯である。村は四つある。二

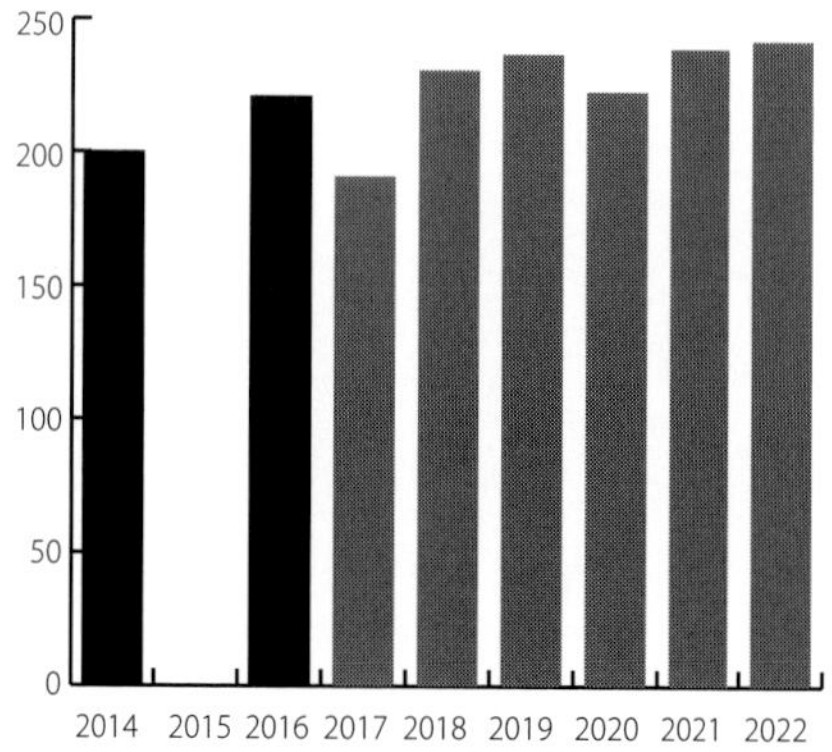

図3．タイ・アンダマン海のジュゴン生息数の変化（出典：DMCR）
注：2014、2016 年はタイ湾の生息数も含む（2015 年はデータなし）

〇一一年のデータによると主たる職業の割合は、勤労人口の約六〇％が天然ゴムプランテーション業に従事しており、約二〇％が漁業従事者である。商業従事者は一〇％に満たない。

　島周辺域のジュゴンにとって主な脅威は、刺網による混獲、そして多くはないが牙目的の密猟である。ただし、海洋沿岸資源局（DMCR）傘下の科学研究機関、プーケット海洋生物学センター（PMBC）による航空調査結果によると、ジュゴン個体数は近年横這いもしくは微増している（図3）。

　本稿では、タイにおけるジュゴン保全の歴史、タリボン島における人々とジュゴンの文化的な関係、新保護区設立の経緯を追うことによって、他地域と比べて本地域でジュゴン保全がスムーズに行われている理由を考えてみたい。

タリボン島民とジュゴン
―タイ国のジュゴン保全の歴史

文化的関係

　タリボン島民とジュゴンの関係について、以前別稿にて報告した（阿部他 二〇一九、阿部 二〇二二）。本節ではその要点を紹介する。

　まず、ジュゴンの呼称であるが、タリボン島にはジュゴンの呼称が複数存在している。島民間ではドゥヨンと呼ぶことが一般的であるものの、古くはプラー・ドゥヨンと称され、それは人々に記憶されている。プラーとはタイ語で「魚」を意味する。マレー語ではジュゴンをイカン（魚）・ドゥユンと呼び、「魚」を意味する包括名が付くところが共通している。

プラー・ドゥヨンから単にドゥヨンと称するように変化してきた理由はまだ不明だが、法律でジュゴンを食用とすることが禁じられ、ジュゴン食文化が衰退していく中で、食べ物をイメージする「プラー」が外れていった可能性が考えられる。（ただし、南タイ方言は省略形を用いることが多いので、単純に語を縮めるためにプラーが略された可能性もある）。一方で、タイにおける一般的なジュゴンを表す呼称であるパユンも用いられる。外部からきた人々（環境ＮＧＯや研究者、観光客）の増加によって、「パユン」と呼ぶ場面が増えてきたようだ。

これら名称の複数性は伝統的な歌・ロンゲンの歌唱者へのインタビューからも考察できる。ロンゲンは同じ節に歌唱者が伝統的な歌詞で歌うこともあれば、創作した歌詞をつけることもある。歌唱者が筆者に聞かせてくれた伝統的な歌詞ではジュゴンの呼称はドゥヨン一種類のみだが、その歌唱者が自作した近年の歌詞では四種類のジュゴン呼称（ドゥヨン、プラー・ドゥヨン、パユン、プラー・パユン）が用いられていた。このことから、タリボン島においてジュゴンの呼称は変遷しつつあると考えられる。ちなみに、伝統的な歌詞のタイトルは「ジュゴンの涙」であり、「想い人の身体にジュゴンの涙をつけると、その人に好意を持ってもらえる」という呪術的実践が歌われている。一方、その歌唱者が創作した歌詞はジュゴンの保全に関するものである。歌唱者が古い文化を歌い継ぎつつ、保全に対しても強い関心を持っていることがわかる。

次に、ジュゴンの食利用に関して述べる。インタビューでは、一九九〇年代にはまだ食利用があったことがわかった。「ジュゴンを獲るためにダイナマイトが使われていた」、「島民がジュゴンを生きたまま持ち帰って解体しているのを見た」という内容もあった。一九九〇年代にはすでにジュゴンの漁獲及び食利用は禁止されていたので、違反者に対する取り締まりが行き届いていなかったのだろうと推測される。

インタビューによると、ジュゴン肉を好む島民は一定数いたのは確かであるが、「ジュゴンを食するのはイスラム教の教えに反すると考えるから食べなかった」という意見や、「夫をはじめ好んで食べている人はいたが、私はジュゴンを食べたくなくて絶対に食べなかった」という意見も聞かれ、ジュゴンの漁獲が法律で禁じられた際に生じたであろう反発は、それほど大きなムーブメントにならなかった可能性がある。特に、タリボン島周辺は魚介類の資源が豊富な地域であったため、タンパク源としてジュゴン肉に依存しているわけではなかったようだ。

食利用以外の利用に関しては、筆者の調査では、一九七〇年代にジュゴンの涙を綿のようなものに染み込ませている現場を目撃したとの話を聞き取った。また、最近利用したとは語られなかったものの、二〇一九年の調査時に、腹痛などの治療薬として少しずつ削り続けられてきたというジュゴンの骨のかけらを実見した。

以上のことから、タリボン島民にとってジュゴンは馴染み深い生き物で、複数の目的で利用してきたが、漁獲や利用が法律で禁じられて切迫するほどの依存はしていなかったのではないか、と考えている。

ジュゴン保全の歴史

本節ではジュゴン保全の歴史を概観してみたい。表1では、文化・政治（行政、民間）・経済・研究という四項目別にタイ国及びタリボン島でのできごとを一〇年ごとにまとめた。これによって、タリボン島のジュゴン保全がどのように形づくられていったのかを俯瞰したい。

タイの海面漁獲漁業は、一九六〇年代にドイツ式の商業漁船が導入され、巻き網漁船やトロール漁船による大規模漁業の始まりを機に生産量が増大した（吉村 二〇一八）。その急速な拡大は、海洋資源の激しい搾取と枯渇、資源紛争、漁場の劣化につながった（Pimoljinda 1997）。特に、大型の漁船が禁止区域で違法に漁を行うことが問題となり、大型の漁船による商業漁業と小規模漁業の間で、漁場の奪い合いによる紛争が勃発した。加えて、エビ養殖池によるマングローブ林の破壊など環境問題も顕著となった。

そんな中、トラン県周辺では、一九八〇年代には各地で漁民による団体が結成され、それらが統合して一九九三年にはより規模の大きな漁民団体（Federation of Southern Fisherfolk）が結成された（Prasertcharoensuk *et al.* 2010）。ここで特筆すべきは、一九八〇年代頃から、地域住民によるボトムアップの活動主体が出来上がっていたことである。

そもそも、東南アジアでは、地域住民や資源利用者が資源管理に関する決定過程に参加する度合いが高く、一九九〇年代から沿岸域資源管理に関する地方分権化が急速に進んでいたことが報告されている（山尾 二〇〇六）。

またこの動きとジュゴン保全との関係に関しては、タリボン島のコミュニティリーダー・A氏（男性：五〇代）は筆者のインタビューに次のように語っている。

「島外から来た大型の漁船が巨大な漁網を用いて漁業をするようになり、島周辺の生物資源が減少してしまった。その問題を解決するために結成されたのが漁民クラブである。漁民クラブの活動により、巨大な漁網を用いた漁業は違反・無報告・無規制漁業（IUU）となった。その活動の中で、やがて活動指針の中にジュゴンを取り入れることが志向されるようになった。なぜなら、ジュゴンに焦点を当てることによって（世間の）注目を集めることができる。また、漁民は「ジュゴンが幸せであるなら、それはつまり自然環境がよいということ」と認識するようになった」（二〇一九年九月）

このように、この発言から漁業問題とジュゴン保全が絡みあっていく様が見てとれる。

A氏の発言の背景には、同時期に民間で起きた注目すべきできごとがある。一九八五年に、トラン県内にローカル環境NGOのYadfon（ヤドフォン）が創設されたことである。彼らは国立公園内のマングローブと海草藻場を保全し、同時に大型の漁船であるプッシュ・ネット船を沿岸域から排除する運動を展開した。彼らが海草藻場保全に取り組んだのはジュゴンの餌場を守るという意味にとどまらない。海草藻場の保全は稚魚の生育場の保全でもあり、地元漁業によい影響を及ぼすという視点に基づいている。多くの地元漁民たちはヤドフォンに賛成し、積極的に「ジュゴンを守る会」に参加した（秋道二〇〇三、二〇一三）。先行研究は、この時期以降、「ジュゴンと海草藻場を共に保全する」というアイデアが、国家の枠組みだけでなく、地域住民やNGO団体の協力を通じて実践される積極的な意義が明らかになったと指摘している（秋道二〇〇三）。

以上はタリボン島対岸のインドシナ半島の村々で起こっていたできごとであり、おそらく、その地域で「漁業保全＝ジュゴン保全」というパッケージが形成された後に、タリボン島へとジュゴン保全の思想が持ち込まれたのではないかと考えられる。

そして二〇〇四年、ジュゴンをめぐるステークホルダーに関連して大きなできごとが起きる。スマトラ島沖地震に伴いタイのアンダマン海沿岸域に津波被害が起きたの

政治 民間	経済	研究
	エビ養殖池の拡大と大型プッシュネット船の台頭（Tr）	
ローカル NGO「Yadofon」 設立（1985: Ta）		ジュゴン調査開始（T）
環境保全目的の NGO がタリボン島来島（1991） Federation of Southern Fishfolk 設立（1993） 漁業者は Yadfon の活動に賛同	大型プッシュネット船 2000~3000 隻が近海で操業、沿岸漁民と対立（Tr）	Phuket Marine Biological Center[PMBC] ジュゴンに関するインタビュー調査及びジュゴン個体数把握のための航空調査（T）
スマトラ島沖大地震（2004） ローカル NGO「Save Andaman Network [SAN]」設立（2006） 4 村がレセバン保護区を設立（2007:Tr）	スマトラ島沖大地震による津波被害で多くの村が経済的に逼迫 (2004:Tr)	「タリボン島に外国人含む海草やマングローブ の研究者らが来た」 京都大学のチームがジュゴンの行動生態学的研究開始（2003:Ta） スマトラ島沖大地震 (2004)
SAN がマルチステークホルダー会議を主催（2010） ジュゴンへのタギング調査に対するトラン市民の抗議デモ（2014:Tr） タリボン島海草及びジュゴン保全団体 Dugong Guard 発足（2015） CMS:DugongMoU による関係者会議（2015:Ta） 新保護区設立会議（2015~2018:Ta）*4 新保護区コミュニティルール承認（2018:Ta） PMBC と Dugong Guard がマリアムを世話（2019: Ta）	ジュゴン観光のためのタワー建設（2015:Ta） 地元の土産物を売るツーリストインフォメーションセンター完成（2018:Ta） マリアム、クラビに漂着（2019.4） PMBC と Dugong Guard がマリアムを世話（2019:Ta） マリアム目的の観光客が多数来島（2019:Ta） 宿泊施設の整備やバイクタクシー組合新設（2019:Ta） マリアム死亡（2019.8:Ta）	ジュゴンへのタギング調査（2014：T） マリアム、クラビに漂着（2019.4） PMBC と Dugong Guard がマリアムを世話（2019:Ta） マリアム死亡（2019.8:Ta）
コロナ禍（~2022）	コロナ禍（~2022） コロナ明けの観光客急増と民宿建設ラッシュ（2022:Ta）	コロナ禍（~2022）

IUCN Asia Regional Ofiice,UNDP Thailand, CMS Indian Ocean South-East Asia, Marine Turtle MOU Office, トラン県庁 , ローカル NGOs など。

*4：正式名称は「ランチュンホイからランパンヤンまでの約 10km にわたる岸から 3km までのエリアにおける、特定の海洋資源とジュゴンを保全するためのルールを決定するための会議」。

表1 タイ及びタリボン島周辺のジュゴン保全に関連したできごとの年表（筆者作成）

	文化	政治
		行政
1940's		漁業法制定（1947:T）
1960's		漁業法に基づいた政府の告示（1961:T）*1 国立公園法制定（1961:T）
1970's	「ジュゴンの涙の媚薬利用があった」（Ta）	ワシントン条約発効（1975） ラムサール条約発効（1975） タリボン非狩猟区域の設定（1979:T）
1980's		ハドチャオマイ国立公園登記（1981:T） ボン条約 [CMS] 発効（1983）
1990's	「ジュゴンのダイナマイト漁が行なわれていた」（Ta） 「島民がジュゴンを生きたまま持ち帰り解体しているのを見た」（Ta）	野生生物保護・保全法制定（1992:T）*2 生物多様性条約 [CBD] 発効（1993） ジュゴンがトラン県の象徴種に決定（1996:Tr） 水産局等が漁民組織の育成等開始（T）
2000's	スマトラ島沖大地震 (2004)	地方分権が進む（T） CMS の勧告：ジュゴン生息域にあたる締約国に個体群の保護を要請（2002） プッシュネットや底引網からの代替漁業への生業転換資金の援助（2002:T） ラムサール条約登録：ハドチャオマイ国立公園とタリボン非狩猟区域等（2002）CBD 加盟（2004:T） CMS の覚書 [Dugong MoU] 発効（2007） タイ国生物多様性保全戦略と行動計画（2008-2012）にジュゴン保護区設定の目標 CMS：DugongMoU の保護努力開始（2009）
2010's	「島民がジュゴンを 150bht/kg で違法に売っているのを見た」（2013:Ta） 牙目的で密漁されたと考えられるジュゴンの発見（2019:Tr）	SAN がマルチステークホルダー会議を主催（2010） DugongMoU に署名（2011:T） CMS:DugongMoU 関係者会議（2015、2016） CMS:DugongMoU「Trang Action Plan」についての会議（2013）*3 CMS:DugongMoU「Trang Action Plan」視察（2014） 新保護区設立会議（2015~2018）*4 新保護区コミュニティルール承認（2018） マリアムとジャミルをタイ王室が後援（2019.7） マリアム死亡（2019.8:Ta） ハドチャオマイ国立公園とタリボン非狩猟区域が ASEAN 遺産公園に登録（2019） 新保護区のブイ設置（2019~2022:Ta）
2020's	コロナ禍（~2022）	コロナ禍（~2022）

※ T（Thailand）、Tr（Trang 県及び Kangan 郡）、Ta（Talibong 島）。「」はインタビュー調査による。

*1：ジュゴンを捕獲したり傷つけたり部位を採取することの禁止。

*2：ジュゴンを絶滅危惧種に指定。

*3：トラン県におけるジュゴンの致死率をどのように減少させるかを議論するパイロットプロジェクト。参加団体：DMCR,

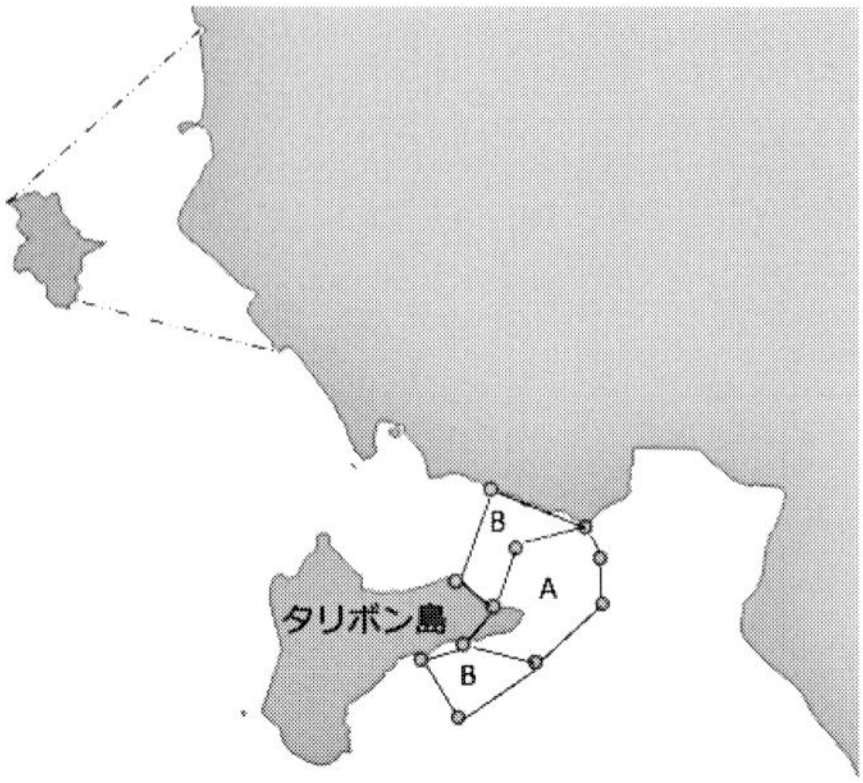

図4. レセバン保護区とタリボン島新保護区の地図
破線のエリアがレセバン保護区。実線のエリアが新保護区（A：メイン保護区、B：2次保護区）

だ。タイでは早くに物理的基盤、社会的インフラの再建が一段落し、ハードからソフトの分野に復興活動の軸足が移った（山尾他 二〇一一）。その際に活躍したのがローカルNGOなのだが、特にタリボン島周辺域では、復興支援として地域のエンパワメントと環境保全を主目的とした「Save Andaman Network」（SAN）が大きな役割を果たした。タリボン島は幸いなことに大きな津波被害を受けなかったが、SANなどの活動による社会変化の影響を受けた。

実はこの背景には、山尾ら（二〇〇六、二〇一一）によると、津波被災以前からアンダマン海側では、いわゆるCommunity-based resource (fisheries) management（CBRM）や漁村開発に関わる各種プロジェクトが計画・実施されていたという事実がある。一九九〇年代から水産局を中心に漁民組織の育成、住民参加型の資源管理や村落開発に対する啓発活動が各地で実施されてきた。特に、二〇〇〇年代になると地方分権が急速に進んで地方自治体の機能が拡大され、それに伴って沿岸域資源の利用管理に関する役割が、地方自治体と資源利用者に新たに与えられる動きが出てきた（山尾他 二〇〇六、二〇一一）。つまり、タリボン島民含むアンダマン海の漁民にとって、資源管理や村落開発に関わるものごとをボトムアップで決めていくことは、津波被災時点ですでに定着していたのだと言えよう。

なお、結果としては実効力のある保護区にはならなかったようであるが、ジュゴン保護区を作るというアイデアは、二〇〇七年には具体化している。タリボン島の北に位置する四つの村落が主体となり、レセバン保護区という、海草藻場と漁業資源、ひいてはジュゴン保全を目的とした保護区を作った。その直後の「タイ国生物多様性保全戦略二〇〇八—二〇一二」では、タリボン島周辺にジュゴン保護区を作るアイデアが提示された（Prasertcharoensuk *et al.* 2010）。

さて、行政の動きとして特筆すべきは、二〇一一年に「移動性野生動物種の保全に関する条約」（ボン条約）のジュゴンに関する覚書（以下、ジュゴンMoU）にタイが署名したことが大きい。ジュゴン保全に対して関連省庁、国立公園、ローカルNGO、県庁など様々なステークホルダーが連携して具体的な行動が取られていくことになる。

一方、ジュゴンの生物学的研究においてタイ国内では、一九八八年、PMBCに所属していた生物学者・アデュルヤヌコソル博士らによってジュゴン研究が開始された。一九九〇年代初頭の航空調査では、トラン県近海にタイ国最大のジュゴン個体群が生息していることが初めて明らかになった。これはジュゴン保全の初期において、科学的なデータの提示という大きなできごとだったと考えられる。以降、ジュゴンはトラン県のシンボルに指定された。

なお、アデュルヤヌコソル博士に関連しては、重要な業績を指摘しておく必要がある。それは、博士率いるジュゴン研究チームが、一九九〇年代以来、ジュゴンの生息状況といった生態学的視点とジュゴンに関する地域住民の知識といった文化的視点の双方を、インタビュー調査も用いながら明らかにしてきたことである（Adulyanukosol *et al.* 2010）。博士は一貫して地域住民の立場や知識を尊重する姿勢を持ち続けていた。地域コミュニティを実際に訪れるたび、博士は地域住民と膝を突き合わせて対話しながら調査を行い、地域住民のジュゴン保全に対するモチベーションを高める役割を果たした。

以上のことから、ジュゴン保全がスムーズに進んだ背景には、一九九〇年代以来のCBRMの流れがあったこと、また、漁業保全の文脈に豊かな海のシンボルとして「ジュゴンを保全するとメリットがある」という考えが絡みあっていったこと、ローカルNGOがジュゴンMoUと連携を取って地域コミュニティにおいてファシリテーターを務め、円滑な合意形成を進めたこと、研究者の姿勢も地元を尊重するボトムアップ志向であったことなどがあるのではないかと考える。

タリボン島の新保護区設立の試み

新保護区設立までのあゆみ

PMBCによる航空目視調査では、特に島北東部の海草藻場にジュゴンが多く来遊・摂餌していることが観察されている。その北東部のエリアを対象に、二〇一七年の会議にて保護区のゾーニングが行われ、二〇一九年にはコミュニティルールが公布された。漁民は、保護区の設定が漁業資源の増大につながるとの認識で保護区の設立に賛成した。

新保護区設立にあたっては、複数のステークホルダーが関与している。DMCR、国立公園局（DNP）、地方行政機関、ローカルNGOのSAN、民間団体ジュゴンガード、学校機関、漁民などである。その中でも、ジュゴンガードというタリボン島発祥の民間団体が島民を巻き込む上で大きな役割を果たした。

ジュゴンガードは二〇一五年に作られた。ジュゴンガード発起人・B氏（男性：七〇代）は一九九七年に地方行政機関のリーダー職へ立候補した時から、環境保全に取り組むこと（特にジュゴン保全）を打ち出していた。

ジュゴンガードの参謀役・C氏（男性：四〇代）は発足当時のことを次のように語っている。

「ジュゴンガード結成当初、海草調査・活動宣伝・情報収集のためのフォーラム開催などが主な活動内容だった。二〇一六年時点での構成員は大人七名、子ども五名だった。そもそも、ヤドフォンが島にやってきた後、ジュゴン保全のリーダーはA氏だった。しかし、彼は漁民クラブの中心的存在であってジュゴンを守るための公的な組織のリーダーというわけではなかった。だからこそ、私たちはジュゴンガードを手弁当で作った。主にはジュゴンに関連する環境教育プロジェクトを作って、プロモーターから予算を得ていた。その後、ジュゴンガードはタリボン非狩猟区域を管理するDNPオフィスと協力し合うよ

新保護区コミュニティルール

1. 400g 以下のナマコの漁獲禁止
2. ダイビング機材を用いた、全ての貝およびナマコの漁獲禁止
3. イソギンチャクの漁獲禁止
4. 保護区内でのカニかご設置禁止
5. 保護区内でのジュゴンを脅かす漁法（イカ３枚網、エイ刺し網、毒、巻き網、底引き網、プッシュネット等）の使用禁止
6. 保護区内でのジュゴンに接近するような航行の禁止。遭遇時は減速
7. ジュゴン・ウォッチング船は杭へ係留
8. ブイで囲まれた保護区の侵犯禁止
9. 本コミュニティ・ルール違反者は地区役人（タイ国立行政機構とジュゴン保護ボランティア委員会）の裁量に委ねること

うになった」（二〇一九年九月）。

「マリアム・ショック」

新保護区の整備がゆっくりと進む中、タリボン島民とジュゴンの関係性の質を変えた大きなできごとがあった。筆者はそれを「マリアム・ショック」と捉えている。

二〇一九年四月、母親とはぐれたメスの赤ちゃんジュゴンがクラビ県のある島に漂着した。マリアムと名づけられたそのジュゴンは、専門家たちによって保護され海に返されたものの、再び漂着してしまった。いずれ野生復帰させることを考えて、クラビ県の南の、タイ国最大の野生ジュゴン個体群が生息するトラン県タリボン島の入江にマリアムを移動させた。マリアムは幼獣でまだミルクを必要としており、スタッフが交代で、柵のない岸辺で授乳や運動などの世話をした（図5）。

図5. マリアムの保護拠点に貼られていたパネル（2019/09/14）

保護を実施した主体はＤＭＣＲ傘下のＰＭＢＣ、現場での実働部隊として中心的な役割を担ったのがジュゴンガードである。入江で二四時間体制で世話をする様子はタイ全土で大きなニュースとなり、タイの主要メディアのみならず、英大手メディアＢＢＣも取り上げた。そのニュースはフェイスブックやインスタグラムをはじめとするＳＮＳによって拡散され、海外からも注目を集めた。また、タイ各地から、マリアムが世話をされている様子を見に観光客が訪れ、島の経済が大変活気づいた。

ちなみにマリアム保護時点では、新保護区の境界を示すブイの設置がまだ行われておらず、ルール違反者を取り締まるシステムも整っていなかった。

ジュゴンに対する注目の急激な高まり

マリアムが注目を集める中、同時期に別の子ジュゴンが保護された。その子ジュゴンは、王女によって「ジャミル」という名を授けられた。また、王女は王族の立場から「タイにおけるサンゴ礁と海洋生物の保全プロジェクト」を立ち上げ、その中でマリアムやジャミルを特別に支援するということを決定した。

しかし、大変残念なことに、マリアムは一一四日後の八月一七日に死に、血液の感染症とともに、胃内からプラスチックが発見された。さらに、ジャミルも五日後に死んだ。

この幼い二頭の死は世界的なニュースになった。タイの人々の関心の高さを示すエピソードとしては、マリアムの死後すぐ、タイ環境省が「タイ国ジュゴン・マスタープラン」について議論をするための会議を開いたことが挙げられる。さらに、マリアムの死に関するDMCRの投稿は約四万回シェアされ、一万一〇〇〇以上の悼む声が寄せられた。

「マリアム・ショック」後のジュゴンに対する価値づけ

マリアムが死んでから約一ヶ月後に、島民四〇人に対してマリアムに関連するインタビューを実施した。「マリアムがやってきたことによってジュゴン全般に対する考えや態度は変わったか」という質問に対し、三一人が「変わった」と回答した。その人たちに「どのように変わったか」と質問したところ、二一人が「ジュゴンに対する関心が高まった」「保護の必要性を感じた」といった回答をした。ニュースやSNSでは「死因はプラスチック」と大きく取り上げられ、インタビュー結果からは、島民間でプラスチックごみを減らす必要があるという意識が高まったことが浮かび上がった。

ジュゴンガードのスタッフによると、「マリアム保護はジュゴンを愛おしむ心を島民に与え、『保護区の設立が漁業資源の増大につながる』という当初の考えから、『ジュゴンや海生生物をさらに守っていこう』という気持ちへと変化させた」そうだ。

マリアムがタリボン島にやってきたことによって、ジュゴンガードの知名度は高まった。そして、より公的な機関となりファンド化した。マリアム以前、活動資金はプロモーターから得つつ不足分をボランティアで補っていた。だが、ファンド化したことによって他の組織との協力がしやすくなり、資金面でもタリボン島におけるジュゴン保全の基盤が整った。

今後の展望

本稿では、タリボン島においてジュゴン保全が他地域と比較してスムーズに進行している状況について概述した。

まとめると、まず、ジュゴン保全以前からCBRMなどボトムアップの仕組みが整っていたこと、「ジュゴン保全は地元漁業にメリットを生む」という考え方が育っていたことが挙げられる。つまり新保護区設立以前に準備がかなり整っていたと言える。当然、ジュゴンガードのような地元発の保全団体の存在も重要である。また、タイの場合、行政機関傘下の研究機関PMBCがジュゴンに関する科学的データを収集しているが、その際の基本姿勢がボトムアップであったことも大きいと考える。

ジュゴンの保全活動が持続するためには、地域のコミュニティと専門機関の連携が不可欠であり、そのバランスを取ることが成功の鍵と言える。タリボン島においては、まさにその歯車が嚙み合った好例と言えよう。二〇二二年一〇月の調査時点でブイの設置は未完了だったが、現在はブイの設置も取り締まるシステムも整い、保護区は全面的に運用中である。

さらに「マリアム・ショック」はタリボン島におけるジュゴンの観光シンボル化を確かなものとした。「マリアム・ショック」以来、ジュゴンは島の経済を活発にするコンテンツとして島民に浸透した。バイクタクシー・民宿・飲食店・土産物店を通じて、島内にこれまでにない利益がもたらされた。例えばタリボン島の代表的な漁村であるバトプテ村では、漁民をはじめとする多くの島民が競って自宅を改築し、短期間のうちに民宿が立ち並んだ。また、バイクタクシーの組合も新設された。さらにIUCNや世界自然保護基金（WWF：World Wildlife Fund）などの国際的な組織がタリボン島でジュゴン保全に関するプロジェクトを開始し、資金及び人的資源が流入している。

世界的に見ても、この地域はジュゴン保全の成功例と言えるだろう。しかしながら、将来的にどのような展開があるのか、考える必要がある。具体的な問題として、漁業、観光業、ジュゴン保全の両立が挙げられる。漁民たちには漁業資源の減少に伴って漁業に見切りをつける動きがある。また、天然ゴムプランテーション業も最盛期ほどの収入が得られない状態である。天然ゴムプランテーション業も漁業も将来が不透明なことから、とりあえずジュゴンを観光の目玉として活用するしかないという、生業の選択肢が限られている現状も浮かび上がっている。加えて、観光業の隆盛も一過性で終わる可能性もある。

タリボン島周辺のジュゴン個体数は減少していないが、

図6．タイワンガザミの身のピッキング（2018/1/26）

「ジュゴンのいる豊かな海」が「持続的に漁業や観光業のできる豊かな海」であるかどうかは疑問である。この点について、ジュゴン保全が成功したとは言い切れない側面が存在すると考える。

先述したローカルNGOのヤドフォンは、ジュゴンの保全が魚やカニの資源涵養につながり、それが漁民の利益にもつながるという考え方のもとで活動を行っていた（秋道二〇〇三）。しかしジュゴン保全が漁業資源回復に直結すると言えない実態がある。例えば筆者らの調査では、タリボン島の主要海産物であるタイワンガザミ資源において、刺網漁やかご漁による未成熟な個体の捕獲が観察されており（図6）、これが資源減少の要因の一つと予想される。保護区内で漁業規制が行われたとしても、タイワンガザミの主な漁場は保護区外であり、現状タイワンガザミ保護対策は直接的にはほとんど何も行われていないに等しい。漁業資源の回復は難しい状況にある。

このように、保護区によるジュゴンの保全だけでは地元漁民の暮らし向きを安定・向上させることが難しいという懸念がある。保全の視点を広げ、漁業資源の回復を含む総合的な取り組みが必要とされている。

本研究はＪＳＰＳ科研費　ＪＰ一七Ｈ〇一六七八の助成を受けたものである。

参考文献

秋道智彌　二〇〇三「野生生物の保護政策と地域社会―アジアにおけるチョウとジュゴン―」池谷和信（編）『地球環境問題の人類学　自然資源へのヒューマンインパクト』世界思想社：二三〇―二五〇

秋道智彌　二〇一三『海に生きる　海人の人類学』東京大学出版会：五八―六三

阿部朱音／秋道智彌　二〇一九「タイ南部リボン島における人間とジュゴンの関係：ジュゴンの民俗分類と利用に関する海域間比

較より」『ビオストーリー』三一：九〇―一〇一
阿部朱音　二〇二一「タイ南部タリボン島におけるジュゴンの名称」『勇魚』七四：五三―五五
市川光太郎／縄田浩志　二〇一四『ジュゴン（アラブのなりわい生態系七）』臨川書店
中村亮／アーディルム　ハンマド、サーリフ　二〇一五「スーダン紅海北部ドンゴナーブ湾　海洋保護区の漁撈活動とジュゴン混獲問題」『アフリカ研究』八七：七七―九〇
――――　二〇一九「刺網漁とジュゴン混獲　スーダン紅海北部ドンゴナーブ湾海洋保護区の事例」『アフロ・ユーラシア内陸乾燥地文明』七：九五―一〇四
山尾政博ほか　二〇〇六「東南アジアの沿岸域資源管理と地域漁業―Community-Based Resource Managementを超えて―」『地域漁業研究』四六（三）：一二五―一四七
山尾政博ほか　二〇一一「アジア海域社会の復興と地域環境資源の持続的・多元的利用戦略」松本博之編『海洋環境保全の人類学』九七：一一三―一一八
吉村美香　二〇一八「タイ王国の水産物流通における個人経営市場の機能」北海道大学博士論文

Adulyanukosol, Kanjana *et al.* 2010, "Cultural Significance of Dugong to Thai Villagers: Implications for Conservation" *Proceedings of the 5th International Symposium on SEASTAR2000 and Asian Bio-Logging Science* 43–49
Hines, Ellen *et al.* 2012, "Dugongs in Asia" *Sirenian Conservation: Issues and Strategies in Developing Countries.* 58–76
Marsh, Helene *et al.* 2011, *Ecology and Conservation of Sirenia: Dugongs and Manatees,* Cambridge university press
Pimoljinda, Jate 1997, "Community-based fisheries management in phang-nga bay, on the Andaman coast of Thailand". *Report of the Workshop on Smart Partnerships for Sustainability in the Fishing Industry* 66-76
Prasertcharoensuk, Ravadee *et al.* 2010 "Time for a Sea Change A Study of the Effectiveness of Biodiversity Conservation Measures and Marine Protected Areas Along Southern Thailand' s Andaman Sea Coastline "International Collective in Support of Fishworkers.
Rouphael, Anthony B. *et al.* 2013, "Do Marine Protected Areas in the Red Sea Afford Protection to Dugongs and Sea Turtles? " *Journal Of Biodiversity & Endangered Species.* 1(1)-1000102

6 スナメリを音響で追いかける

木村里子

はじめに

私自身が海棲哺乳類研究を始めたきっかけは、女性とか、女性比率といった理由とは全く関係がない。単純に鯨類に対して「大海原を悠々と回遊するかっこいい大きな生き物」として興味を持っていたところ、偶然二〇〇六年に長江(揚子江)のスナメリ調査に参加する機会を得て、のめり込んでいっただけである。調査はとても楽しく面白かったが、それよりもどちらかというと中国の文化、環境などに圧倒された。

詳細は後述に譲るが、中国ではその頃、ヨウスコウカワイルカがいなくなり、数を減らすスナメリの横で人々が懸命に暮らしており、都市部の経済開発の勢いが農村部にも届き始めていた。そして、世界中の研究者が長江の鯨類に注目していたことを、調査に参加した後になって知った。

「野生動物と人間の共生」という、人類が今後もずっと長い時間をかけて考え、取り組んでいかなければならない難しい課題について、私は研究キャリアの最初からいきなり、世界の研究者が注目する中心部に飛び込んでしまったのだ。中国や日本の共同研究者らは、生物保護、生態系の保全について真剣に考えるだけでなく、地域の人々の生業《なりわい》をリスペクトし、人々の暮らしや文化にも十分に思いを巡らせており、同じテーブルで議論できることが幸せだった。

振り返ってみても、共同研究者は圧倒的に男性が多かった。しかし、不自由だとか、やりにくい、困ったと思ったことは一度もなく、これまで研究生活を送ってくることができた。とても恵まれていたと思う。他の海洋研究分野に比べて、海棲哺乳類の研究者は女性比率が非常に高く、皆が女性研究者と進める共同研究に慣れていたことも理由の一つかもしれない。例えば、国際海産哺乳類学会（The Society for Marine Mammalogy）はかなり女性の割合が高く、初めて会議に参加した時は女性の多さに逆にとても驚いた（今改めて考えると、真に驚くべきは当時の国内会議の男性比率の高さ・女性比率の低さであるが）。

ロールモデルとなる女性研究者も、国内外にたくさんいた。子供を連れて学会や調査に参加したり、逆に子供をもうけずに世界中を飛び回ったり。いろいろな生き方があり、それぞれ苦労もあったと思うが、みな楽しそうだった。結婚、出産、育児などを通じて、自分がどのように生きていきたいのか、どうしたら幸せなのか、考えることができた。

強いて言えば、海洋に関する研究、乗船する研究だと、月に一度月経がくることに関連しての苦労や、不甲斐なさを実感することは多々あった。しかし、これは、哺乳類のメスとして生まれた以上もうどうしようもないことだ。周囲は理解し、本人は受け入れて消化するしかない。昨今はそのための機会も少しずつ増えてきている。例えば、以前は月経の話はタブー視されることが多かったが、近年の多様化の流れの中で「フィールドワークと生理を語る」というようなセミナー開催なども増えつつある。世界人口の約半数は女性なのだから、隠さずに悩みを相談し、少しでも世界が良くなる方法を皆で考えることが必要だと思う。

現代の医療技術、科学技術では、どれだけ頑張っても男性が妊娠出産をすることはできず、子供を持ちたい、子孫を残したいと思った場合は女性が妊娠出産するしかない。私もそれらのライフイベントに伴って研究がものすごく遅れたが、近年では男女平等の観点から、そのような期間を業績に考慮することで研究費やポストの審査が行われるようになってきている。時代は着実に変わってきていると思う。本編では主にスナメリを取り上げたが、生態系は多くの生き物や無機環境が複雑に絡み合って構成されており、海洋生物や生態系の保護、保全活動は単独で成し遂げることが難しい課題である。今後さらに女性の社会進出が進み、もっと多様で多角的な視点で地球環境問題にアプローチしていくことで、より包括的で持続可能な解決策の構築に向かっていくのではないだろうか。

それはヨウスコウカワイルカの絶滅から始まった

二〇〇七年、ヨウスコウカワイルカ（別名バイジー、*Lipotes vexillifer*）の絶滅が発表された（Turvey *et al.* 2007）。二〇〇二年以来発見されておらず、二〇〇六年に中国、日本、アメリカ、イギリス、スイスらの研究者が共同で長江本流の生息域、宜昌から上海まで往復約三五〇〇キロを目視と音響によって調査したが一頭も見つけることができなかった。この大規模調査は「Yangtze Freshwater Dolphin Expedition 2006（以下 YFDE2006）」と呼ばれている。この調査を受けて発表された論文内では「機能的に絶滅したと考えられる」と記述された。長江には多くの河川や湖が附属しており、バイジーがどこかに生存している可能性を否定できない。しかし、種の存続には少なくとも五〇頭が必要と考えられており、種としては危機的状況であり絶滅と言って過言ではない。

特筆すべきことは、バイジーの個体数減少の最大の原因は漁業による混獲であり、人間の影響で絶滅まで至ったということだ。長江の人々は、イルカの肉を食べないため漁

図1　長江で使用され、ヨウスコウカワイルカ絶滅の一因になった Rolling huck と呼ばれるかぎ針

業対象にはしていなかったが、魚を捕るためのかぎ針（図1）や刺し網に絡まったり、電気ショッカーを利用した漁業により死亡したりすることが多かった（混獲された個体は油脂原料等として使用されることもあった）。Turvey ら（2007）で引用される古い文献によると、一九七〇〜九〇年代のバイジー死亡の四〇—五〇%はこれらの漁業混獲によるものだった。

絶滅が発表された論文のタイトルは「First human-caused extinction of a cetacean species?（初めての人為的な原因による鯨類の絶滅か?）」。バイジーは二〇〇〇万年前から存在し、世界最古の鯨類種の一つであった。また、一種

のみで一つの科（ヨウスコウカワイルカ科）を構成していたため、ただの種の絶滅だけでなく、生物の科が一つ地球上から消えたことになった。バイジーの絶滅は、人類が引き起こした鯨類の絶滅としては最初のものであり、一五世紀以降の哺乳類における科全体の絶滅としては四例目で、大型脊椎動物の絶滅としてはここ五〇年間で唯一の事例であると考えられている。

YFDE2006に参加した世界中の著名な研究者らにとっても、まさかバイジーが一頭も見つからないとは予想外だった。同じ調査で、長江に棲むスナメリも目視調査の対象となったが、確認されたのは約四〇〇頭で、当時中国科学院水生生物研究所の副所長であった王丁教授は、「スナメリの状況は二〇年前のバイジーの状況と全く同じだ。彼らの数は驚くべき速度で減少している。私たちがすぐに行動しなければ、彼らは第二のバイジーになってしまうだろう」と述べている。

YFDE2006の目視調査で発見された四〇〇頭のスナメリについて、Zhaoら（2008）が統計的に生息個体数を推定したところ、長江本流（中・下流）で一〇〇〇〜一二〇〇程度と見積もられた。琵琶湖よりもはるかに大きい二つの接続湖、ポーヤン湖とドンティン湖に生息すると推定される個体数を合わせると、合計で約一八〇〇頭と考えられた。個体数は急激な減少を続けており、分布がより細分化されていることがわかった。この時の本流におけるスナメリの推定生息数は、一九八四年から一九九一年にかけての調査による推定数（これはおそらく過小評価であったと考えられているが）の半分を下回った。そして、論文内では脅威として、規制のない非選択的漁業での混獲、浚渫による生息地の劣化、汚染や騒音、船舶衝突、水域開発などが言及された。このような個体数遷移の傾向について、Meiら（2012）は、シミュレーションにより今後一〇〇年以内に絶滅する可能性が高い（八六％超）と推定している。長江におけるイルカの減少と絶滅のパターンは、適切な環境制御を伴わない急速な経済発展がいかに自然の生息環境の悪化を招き、在来種を極めて急速に脅かすかという驚くべき実証であった。

長江のスナメリ

スナメリは通常海に生息するイルカである（図2）。ネズミイルカ科に属し、現生の鯨類で最も小型なイルカの一種

図2　スナメリ（©きのしたちひろ）

である。かつては、紅海からアジアの沿岸に生息するスナメリと淡水の長江に生息するスナメリは全て同一の種 *Neophocaena phocaenoides* と考えられていたが、二〇〇八年に発表された論文で、台湾海峡を境にスナメリは2種に分かれ、南方種が *N. phocaenoides*、北方種が *N. asiaeorientalis* であること、長江に生息するスナメリは北方種の亜種でヨウスコウスナメリ *N. a. asiaeorientalis* であることが記された。生息域北限である日本に生息するスナメリは最大体長が二メートルを超えるが、ベルクマンの法則通り、南方の東南アジアに生息するスナメリは有意に小さい。長江に生息するスナメリも比較的小さく、平均体長は一四〇～一五〇センチほどである（Kimura *et al.* 2013）。

中国では、バイジー絶滅発表以前からスナメリの保全が加速されていた。長江本流に保護区を設置するだけでなく、旧流の三日月湖に設置された半自然保護区にスナメリを放流し保護した。この湖は、幅一キロ、最大水深二〇メートル、長さは二一キロ。幅と最大水深を含め環境は長江本流とだいたい同じであり、もともとヨウスコウカワイルカのために設置された保護区だった（Zhang *et al.* 1995）。実際はスナメリのために活用され、現在でも保護活動が行われると同時に、行動や生態、遺伝学分野の研究が推進されている。当時より、放流されたスナメリは人工的に餌を与えられることなく、湖内に生息する魚などを自ら食べ、自由に繁殖した（Wei *et al.* 2002）。

この湖では一九九六年より、独立行政法人水産総合研究センター水産工学研究所（現 国立研究開発法人水産研究・教育機構）の主任研究員であった赤松友成博士（現 公益財団法人笹川平和財団海洋政策研究所）によって、中国科学院水生生物研究所の研究者らと共同で、スナメリのバイオロギング研究が実施された。バイオロギングとは、バイオ（生物）とロギング（記録をとる）を組み合わせた造語で、動物にデータロガー（小型記録計）を装着し、生物の行動を明らかにする研究手法である。近年の科学技術の発達により、記録計は年々小型化され、より長期間、さまざまなセンサーを使ってデータを得ることができるようになり、バイオロギングサイエンスの可能性はどんどん大きく広がっている。しかし、一九九〇年代当時は、アジアでイルカにバイオロギングを実施した例は皆無であった。

まず、日本のリトルレオナルド社で作成された行動記録計により、スナメリの潜水行動が明らかとなった（Akamatsu *et al.* 2002）。一メートルのメス未性成熟個体、一・五メートルのオスの性成熟個体から二〇時間三六分、三八時間五五分の行動記録が得られ、一日換算で九四・四キロおよび九〇・三キロ彼らが遊泳していたことがわかった。遊泳速度は最大三・七四m／s（時速一三・五キロほど）で、ただしほとんどの場合は一〜二m／sの速度で泳いでいた。これについては、のちに東京大学の佐藤克文教授らがさまざまな高度遊泳生物の巡航速度をまとめ、多くの海洋生物が普段このくらいの速度で泳ぐことを明らかにしている（佐藤　二〇〇七）。

音響バイオロギング

赤松博士らの本来の狙いは、バイオロギングによって潜水行動を調査することではなく、スナメリのソナー技術を明らかにすることであった。スナメリを含む全てのハクジラ類（小型の種をイルカ、大型の種をハクジラという）は、現在までに研究された種の全てが優れた音響探知能力、ソナー能力を有する。もともとソナー（ＳＯＮＡＲ）はsound navigation and rangingの略であり、和訳すれば「音響航法および測距」となる。つまり、ソナーは、音波を使って水中の物体や障害物、環境を探知し、位置や対象物を特定し、距離を推定する技術やシステムを指す。ハクジラたちはこの能力を有し、頭部から音を発し、反射して返ってきた自分のエコーを聴くことで餌生物の方位や距離、種類を知ることができ、音で環境を認知している。これは反響定位（エコロケーション）と呼ばれる。海に棲む哺乳類には、鯨類以外にもジュゴンなどの海牛類、アザラシやア

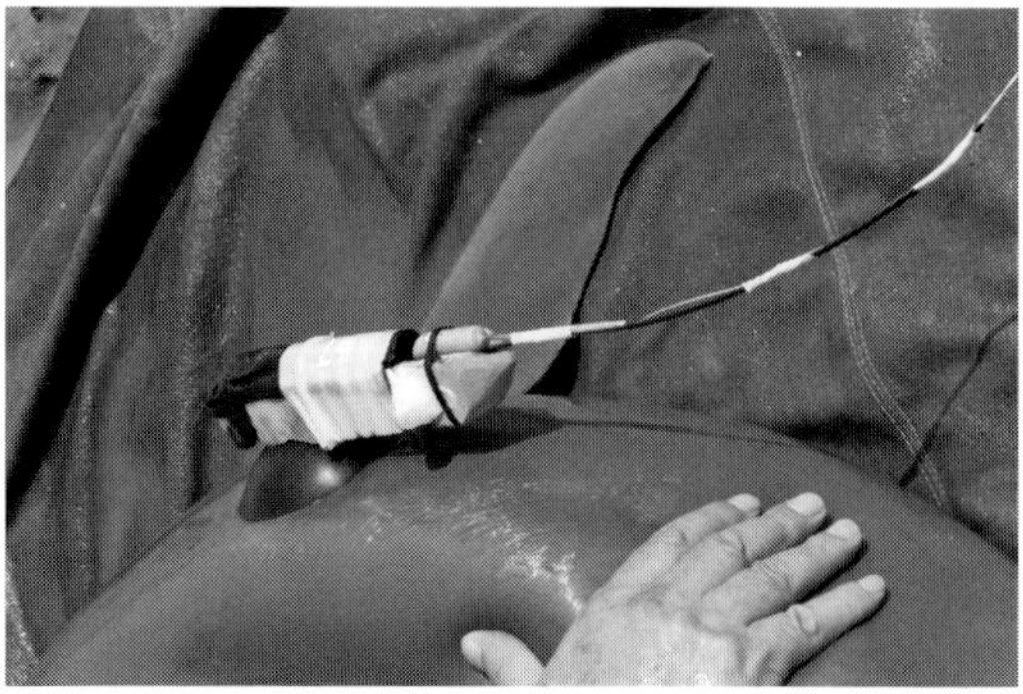

図3　A-tagを装着したスナメリ。吸盤は自然脱落し、浮力体により水面に浮上したところを、発信機を使って回収する

シカ、トドなどの鰭脚《ききゃく》類が存在するが、圧倒的に鯨類の種と個体数が多く、海洋生態系で繁栄している。これは、エコロケーションという重要な技術を進化させ、食餌戦略をシフトしたために、適応的な放射に拍車がかかったと考えられている（Slater *et al.* 2010）。そして、鯨類の中ではヒゲクジラよりもハクジラの方が進化的に新しく、圧倒的に種数、個体数が多い。これはいかにエコロケーションの能力が重要であったかを示している。同様に、エコロケーション能力を有するコウモリ類も、実は全哺乳類約五〇〇〇種のうち四分の一以上の種数が存在し、世界中の多数の生態系の中で大きな位置を占める。なお、ハクジラとコウモリのエコロケーション能力は、各々が進化の過程で独立に獲得した収斂進化であると考えられており、その収束した機能については、Madsen and Surlykke（2013）で詳しく比較されている。

赤松博士らは、音響バイオロギングを実施することで、このイルカのソナー能力を捉え、エコロケーションに関する音響行動を明らかにし、さらに将来的には次節で記す音響調査へ活用すること、ソナー能力そのものを次世代魚群探知機等の技術に応用することを目標として掲げていた。かくして二〇〇五年、イルカのエコロケーション・クリックを記録する小型ステレオ音響データロガーが開発された（Akamatsu *et al.* 2005）。音響記録計を文字って「A-tag」と名付けられた機材は、二つのハイドロフォンを装備し、イルカに取り付けるのに十分なほど小型であった（図3）。通常の音響機材は、周波数や波形といった音の情報を記録するが、A-tagは、超音波の音の大きさ、記録された時刻、二つのハイドロフォンに到達する音の時間差から相対方位を記録する。いわば、超音波イベント記録計であった。

A-tagの開発、予備実験、本調査等は全て中国の半自然保護区で実施され、二〇〇五年に発表された論文でスナメ

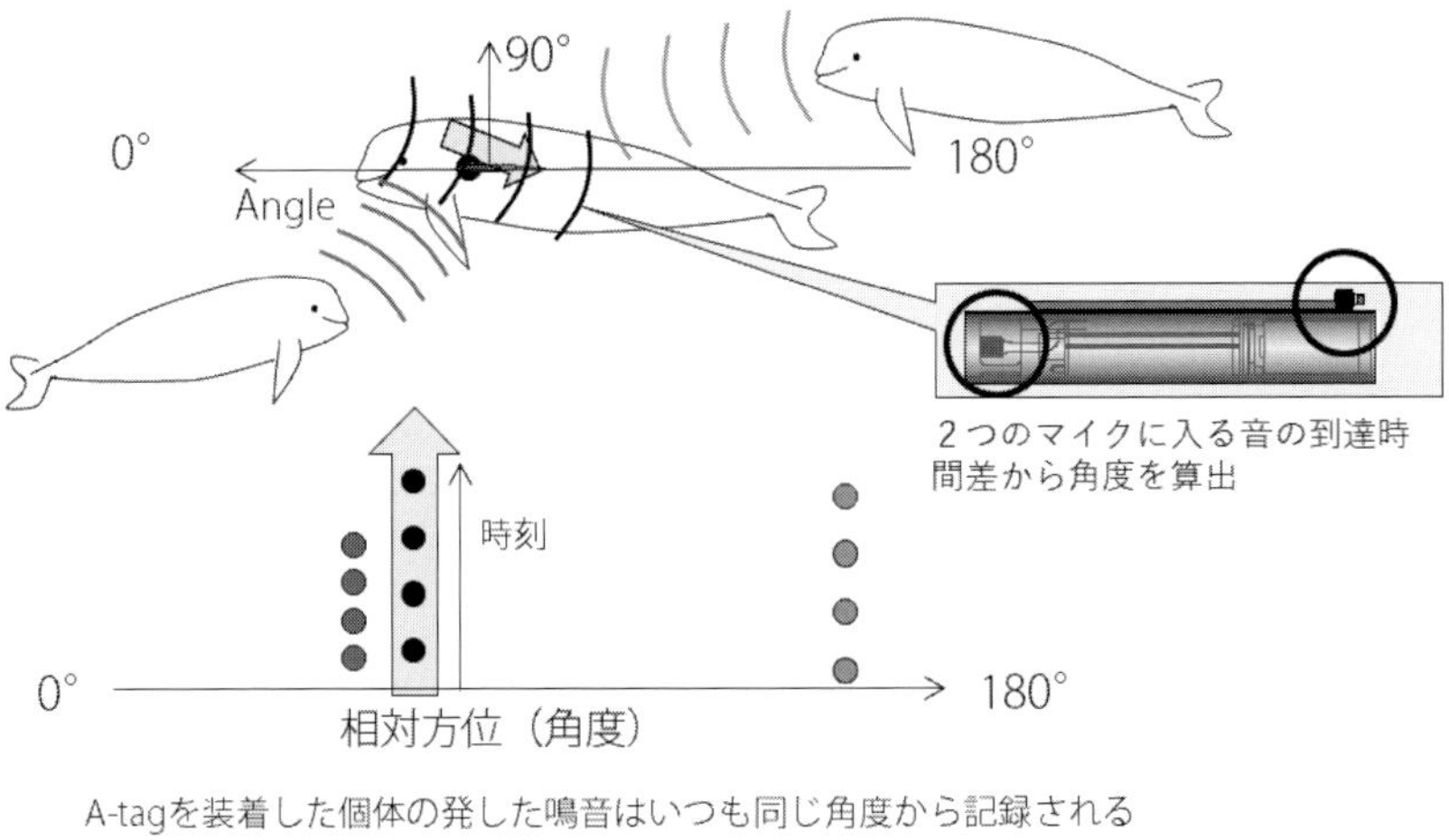

図4　2つのマイクで計算される音源の相対方位による発声個体の識別

リの音響行動が詳らかになった。平均で五〜六秒に一度という非常に高い頻度でエコロケーション音を発すること、音で探索した範囲内から出る前に再度音を出してその先を探索すること、コウモリのように摂餌前に特徴的な音を出すこと、などである。これは、A-tagが、通常の音響情報記録を捨て、比較的長時間多くのイベントを検出できるように開発された成果だ。イルカ類のエコロケーション音は波形がよく似通っており（Amundin 1991）、この記録に精を出すより、音の大きさや時間情報に資源（記憶容量と電池）を投入したほうが良いと決めた科学者たちの英断によるものだ。しかし、マイクは二つ搭載することを諦めず、これによりロガーを搭載した個体の発した音か、他の個体の発した音かを容易に識別できるようにした（図4）。スナメリのような小型のイルカに機材を背負わすには、当時の技術では小型化が容易ではなかったが、必要な情報を取捨選択し、データを得、素晴らしい研究成果を上げることとなった。音響バイオロギング研究を通じて、スナメリが想像以上に音響的感覚システムに強く依存していることが明らかとなった。

鯨類の観察手法

鯨類の伝統的な調査方法は、目視調査と呼ばれる、裸眼や双眼鏡により目で見て動物を発見する調査方法であった。しかし、目視では、鯨類が表層にいるごく短い期間しか観察できない。スナメリの潜水行動を見ても、呼吸のため表層に出るのはほんの数秒で、一、二回呼吸をしたら水中へ潜っていく（Akamatsu *et al.* 2002）。大型のクジラであれば連続で一時間以上潜水することもある。つまり目視観察者は、スナメリであれば発見するまで一、二分は待たなければならないし、大型クジラであればその海域にクジラがいたとしても一時間以上発見できないこともある。また、目視調査は比較的天候のよい日中にしか実施できない（Mellinger and Barlow 2003）。風が強く波が高くなれば発見できる確率は下がる。

そして、なんといっても、スナメリほど目視で発見しづらい鯨類はいない。これは筆者の経験から断言できるし、海外や国内の他の研究者からも複数同意を得ている。スナメリは、体が小さく、色が派手ではなく（中にはピンク色や白色のイルカもいて、海の色とのコントラストから発見しやすい：シナウスイロイルカなど）、そして背びれがない。スナメリを英語で finless porpoise というが、finless は背びれがないことに由来する。また、生態学的に見ても、群れが小さく、船に近づかず通常は距離をとり逃げていく。

一方で、一九九〇年代頃から鯨類の調査に音響観測が利用されるようになってきた。音響観測には、能動的なものと受動的なものがある。能動的な音響観測は、音を自ら発信し、返ってきた音を分析するもので、動物プランクトンや漁業対象種（主に魚類）の観測や研究に広く用いられており、魚群探知機として商業、民間利用されている。鯨類の観測で広く用いられているのは受動的な音響観測だ。受動的音響観測は、英語でＰＡＭ（Passive Acoustic Monitoring）と表記され、使用する機器自体は音を出さず、周囲の環境から音を捕らえるだけである。二〇〇〇年台に実施された目視と音響の合同調査で、音響手法の方が、鯨類の発見率が高いことが示された（Barlow and Taylor 2005; Rankin *et al.* 2007）。

受動的音響観測を用いれば、夜間でも継続して長時間同じ検出力で調査ができる。また、悪天候など目視では不可能な条件下でも調査ができる。水中マイクを船舶の後方などから曳航したり、海洋グライダーやその他の移動プラットフォームに取り付けたりすれば、広い範囲にいる動物を調べることができる。定点で長時間の調査継続も可能だ。移動式アプローチの利点は、広域をカバーできること、音響探知と目視調査の組み合わせが簡単であること、一方、定点式アプローチの主な利点は、観測期間が長く、多くの場合コストが低いことである（Mellinger *et al.* 2007）。受動的音響観測のデメリットとしては、音が聞こえないと対象動物を検出できないので存在証明には優れるが不在証明ができないこと、それから、音の同定があらかじめ必要で誰がどんな音を出すのかがわからないと種を判別できないことなどが挙げられる。初期の音響観測に関する長所短所や問題点などはMellingerら（2007）によくまとまっており、頻繁に引用されている。

スナメリを音で見つける

赤松らのバイオロギング実験により、スナメリがいかに頻繁に音を発しているか明らかとなった。上述の通り、スナメリは本当に目視での発見が難しいので、受動的音響観測調査がうまく行けば、生態解明が加速的に進む可能性が高かった。

二〇〇六年、筆者は、赤松博士、中国科学院水生生物研究所の研究者らと共同で、長江中流域とポーヤン湖の接続域においてA-tagを用いたスナメリの音響観測調査に挑戦した（図5）。船を川の上に停泊させ、三日ほどかけて、日中に目視観察と音響観測を同時に実施した。A-tagはもともとデータロガーなので、機材の中にデータを蓄積す

図5　水中に沈めた音響機材（上写真中央）と船上の目視観察の様子（下写真。中央が筆者）

る。したがって、調査中は音響観測の結果を気にすることなく目視観察に集中し、ホテルに戻ってからデータをチェックしてスナメリの鳴音を探す。三日間の結果をまとめると、圧倒的な音響手法の勝利であった。目視観察では、時々スナメリを見つけられた程度であったが、音響的にはかなり長時間スナメリの存在を確認できた（Kimura *et al.* 2009）。また、A-tagが有する二つのハイドロフォンにより、音源（つまりスナメリ）を分離することにより個体数を数え（図4参照）、遊泳方向を知ることができた。音源が発した音は、二つのマイクの近い方から順に届く。この二つのマイクはたった一〇数センチしか離れていないが、水中では音速一五〇〇m／sと空中の四倍以上速く、ほんの少しだけの到達時間差を利用して相対方位を知ることができるのである。相対方位データをグラフとして描画すると、頻繁な発声により音源が移動していく様子を見ることができた。

目視ではスナメリを時々確認できる程度であったが、一方で、大きな群れ（彼らが自分たちを群れの集団であると認識しているか否かは定かではないため、ここでは、ある一定エリアに現れた個体数を指す）が来遊する場合は、目視観察の方が優れていることがわかった。特に、群れサイズが六頭以上になると、A-tagで個体数を計数することは困難であった。これは、人間も学校の教室やパーティー会場などで同じことを体験できる。部屋の中で喋る人数が一名ないし二、三名であれば何人喋っているかわかるが、あまりに大勢が同時に話し出すと何人が喋っているかわからなくなり、言えることはただ「たくさんの声があってうるさい」ということだけだ。音響観測もこれと同じであった。

二〇〇六年の調査では三地点にて目視―音響同時調査を実施したが、特に動物の密度が低く発見が少ない場合は、長時間観察していると、熟練の観察者でもどうしても注意力が少し落ちる場合があり、そのような箇所ではやはり音響観測が適していると感じた。Mellingerらでも「個体数密度が低くなった鯨類の観察は容易ではないが、長期間観察に長けた音響的手法は特にそのような状況で効力を発する」と記載されている（Mellinger *et al.* 2007）。

赤松らがYFDE2006のデータを用い、移動する調査船からの発見率を算出し目視と音響の結果を比較したところ、音響的検出率の方が目視の二倍高いことがわかった（Akamatsu *et al.* 2008）。スナメリは数秒に一度という高い頻度で音を出す一方、呼吸は一、二分に一度程度である。つまり、音響と目視では検出する対象が異なるだけでなく、検出対象が発生する頻度の多さが異なるのだ。水中で暮らすスナメリは、水中で音を使って探す方が、効率が良い。

五秒に一度出される音（Akamatsu *et al.* 2005）と一二〇〜二四〇秒に一度の呼吸（Akamatsu *et al.* 2002）の検出率の差がなぜ二倍程度かというと、エコロケーションの音は指向性が非常に強く、全方向に音が拡散しないためだ（Madsen and Wahlberg 2007）。よく用いる例は「工事現場の人がかぶるヘルメットについているライト」で、前方の狭い範囲のみがとても明るくなる。イルカのエコロケーションはこれと同じで、イルカがマイクの方を向いている状態で鳴いてくれなければ、音をほとんど検出ができない（Kimura *et al.* 2010: ただし、イルカの真後ろすぐ近くにマイクを置いた場合は数メートル程度ならば検出できる）。

筆者らは、二〇〇七年から二〇一〇年にかけて、定点設置型と船から曳航する型の二つの音響観測手法を組み合わせ、長江-ポーヤン湖接続域のスナメリの分布を繰り返し調査した。その結果、雨期（春夏）と乾期（秋冬）で季節的に変化すること、分布は船舶航路や橋梁、掘削工事の影響ではなく、魚の分布に依存することを突き止めた（Kimura *et al.* 2009b, Kimura *et al.* 2012）。また、生息域の約九割にあたる長江本流一一〇〇キロ、附属湖一三〇キロに適用し、河川や湖の接続域にスナメリが多いこと、個体群が分断されていることを発見した（Dong *et al.* 2011; 2015）。これらの結果は共同研究者らを通じて政府に提言され、保護区設定などに生かされている。

特に、スナメリの分布が人為影響よりも魚の存在に大きな影響を受けている点は、学会などでも注目された。歴史的に見ても長江の水産資源は人々にとって重要なタンパク源であったが、当時、長江流域には約五億人が生活していた。水環境の悪化と過剰な漁業（図6）によって魚資源が大きく減少し、スナメリも影響を受けていたのだろうと容易に想像できる。そして、長江の環境悪化やスナメリの個体数減少を受けて、中国中央政府は二〇二一年より一〇年間の長江全域禁漁を決めた。

図6　長江の漁業の様子（2010年秋撮影）

今後、環境がどう改善するか、スナメリの個体数が回復するか、世界中が注視しているところだ。しかし、実は、早くも一～二年の効果でスナメリの個体数が回復傾向という報道があったところであり、いかに漁業のインパクトが大きかったか明らかとなっている。

東南アジアにおけるスナメリ研究

中国で開発した音響観測手法について学会等で発表すると、いろいろな国の研究者から「うちのフィールドで一緒に仕事をしないか」と声をかけていただき、インドのブラマプトラ川、タイのトラート沖における小型鯨類調査に参加した。インドではガンジスカワイルカ *Platanista gangetica*、タイではシナウスイロイルカ *Sousa chinensis*、カワゴンドウ *Orcaella brevirostris* などが対象であった。これらの調査結果については残念ながら、論文化して出版するまでに至らなかったが、さまざまな文化に触れながら新しい環境で動物の調査ができることはとても幸せなことだった。また、貴重な人脈を広げることができたのは何事にも代えがたい。各国の研究者らと話をする中で、やはりスナメリは目視観察が困難で、どこの国でも生態解明が遅れていることがわかった。台湾以南の南方種のスナメリについては、分布域なども含め、圧倒的に情報が不足していて、ほとんど生態が明らかになっていないようだった。

タイの調査で知り合い仲良くなったマレーシアの研究者 Louis Ponnampalam 博士と、二〇一一年にオーストラリアの研究基金に研究提案書を申請したところ、運良く採択の結果を得ることができ、マレーシアのランカウィ諸島での調査に参加することとなった。当該海域には、スナメリが定住することを彼女らがすでに確認していた。このスナメリは、台湾以南に生息する南方種のスナメリ *N.p.* で、日本近海に棲む北方種のスナメリ *N.a.* と比べてやや体長が小さく、体色の黒みがやや強く、背中の突起が平たい特徴を有する（Wang *et al.* 2008）。他にもシナウスイロイルカが生息しており、カワゴンドウ、ミナミハンドウイルカ *Tursiops aduncus* なども時々目撃され、少し沖合に出ればカツオクジラ *Balaenoptera edeni* やハシナガイルカ *Stenella longirostris* も生息することが確認されていた（例えば Bono *et al.* 2021）。

複数の小型鯨類が発見されうる環境では、当然種を判別して種ごとに行動や生態の情報を整理する必要がある。目視調査では熟練の観察者が種を見分けるが、音響観測では検出した音の特徴により種を判別しなければならない。スナメリは、エコロケーションの超音波しか発せず、シナウスイロイルカなどのマイルカ科のイルカが出すコミュニケーションのための可聴音ホイッスルを発しない（森阪 二〇〇九など）。よって、エコロケーション音を使ってスナメリと他のイルカを区別する必要があるが、スナメリが属するネズミイルカ科と多くのイルカが属するマイルカ科のイルカが出すエコロケーション音は特徴が異なるため比較的容易に識別することができる。そして、マイルカ科は種数が多く重複して生息することがあるが、ネズミイルカ科のイルカは生息域があまり重複しないので、ある水域でネズミイルカ科の鳴音が検出されれば比較的高い確率で種名までをいうことができる。

これを元に、亀山らは、マイルカ科とネズミイルカ科のエコロケーション・クリックの周波数が異なる特徴を利用して、A-tagを使って簡便な科判別法を提案した（Kameyama *et al.* 2014）。亀山らは、トルコのイスタンブール海峡において調査を実施し、マイルカ科のマイルカとハンドウイルカ、ネズミイルカ科のネズミイルカを対象に手法を開発した。マレーシアではより多くのサンプル数を用いてマイルカ科のシナウスイロイルカとネズミイルカ科のスナメリを対象に、目視の発見があった前後の音の特徴を調べた。その結果、トルコにおける種判別閾値と値が若干異なることがわかった（Kimura *et al.* 2022a）。また、スナメリとシナウスイロイルカが発する音の間隔に差があり、スナメリの方が有意にエコロケーション・クリック内の音の間隔が短かった（Kimura *et al.* 2022a）。出す音の間隔が短いということは、より頻繁に音を出して丁寧に調べているということを意味する。決定した種判別閾値を、目視での発見を伴わない鳴音を含む全ての音響データに適用し、スナメリとシナウスイロイルカを別々に検出して、どちらの種がいつ、どこにいたかを可視化し、両種がどのような環境に応答して分布を変化させたかを調べた。明瞭な四季のない熱帯域の当該海域において二〇一二年から二〇一三年にかけて曳航式音響調査を五回実施したが（図7）、雨期と乾期でスナメリの分布変化は見られなかった（Kimura *et al.* 2022b）。取得できた限られた環境データからスナメリの分布に影響を与える要因を検証したところ、水深と経度、特

図7　マレーシアにおける調査の様子。音響機材をロープで100m後方から曳航し、ランカウィ諸島周辺のスナメリとシナウスイロイルカの分布を調査した

に水深が強い分布規定要因として選択された。シナウスイロイルカの発見場所に偏りがあったためスナメリの分布に対するシナウスイロイルカの影響を定量的に評価することはできなかったが、二種の分布環境には有意な差があり、来遊する季節や場所などの傾向が異なることが明らかとなった。

おわりに

中国やマレーシアだけでなく、日本においても音響観測を実施し、定点で長期的なデータを取得し、曳航調査で広域的なデータを取得した。しかし、その後、筆者の妊娠出産およびそれに関連する体の不調などにより研究は大きく遅れた。教育ポストに就いていたこともあり、昨年度現職についてからようやく解析を再開したところだ。結果がまとまったら、また別の機会に報告をしたい。

本稿ではスナメリを中心に取り上げたが、水中ではイルカやクジラ以外にも多くの生き物が棲んでおり、音を出すことがわかってきた。水中生物音響学分野に関連する日本語の書籍は多くないが、例えば、ジュゴン *Dugong dugon* については市川光太郎博士（二〇一四）が、アザラシなどの鰭脚類については水口大輔博士（二〇二二）が、わかりやすく本にまとめている。また、拙著だが、赤松ら（二〇一九）の『音響サイエンスシリーズ20「水中生物音響学」』では水中生物の音の研究についてわかっていることを広くまとめてある。生物音響学会が編集した「生き物と音の辞典」は、音の基本から、ヒトや海棲哺乳類、コウモリを含む哺乳類、鳥類、両生類、魚類、昆虫類まで幅広く生物音響学分野の基礎を網羅している。

そして、近年では、生物の発する音を、個々の生物の生態解明のために使用するだけではなく、「サウンドスケープ」の一部として捉え、対象環境を丸ごと可視化するために使用することも増えてきた（Duarte *et al.* 2021; Mooney *et al.* 2020）。サウンドスケープは、国際標準化機構（ISO）により二〇一七年に「空間的、時間的、周波数的属性と、音場に寄与する音源の種類から見た周囲の音」と定義されている。海洋生物は水中環境を解釈、探索し、種内・種間の相互作用のために音を利用するが、他にも風、波、雨、雷などの自然環境によっても音が発生するし、船舶や海洋開発などの人為由来の水中騒音もあるため、サウンドスケープとして環境変化を調査する方がより包括的に生態系を理解できるのかもしれない（Duarte *et al.* 2021）。

　私がスナメリの研究を始めたのは単なる偶然で、現在もスナメリの研究を続けているのはまだまだ未解明のことばかりだから、そして、それが研究者として興味深いからだ。しかし、二〇五〇年カーボンニュートラルの実現に向けて、特に二〇一一年に発生した東日本大震災以降は、日本でも洋上風力発電の建設が加速しており、環境影響評価のため、沿岸に固執するスナメリの調査需要が加速的に増加している。海洋開発に伴って騒音を含めなんらかの悪影響が及ぶか否かなど懸念は多いが、逆に環境影響評価によってスナメリの生態解明がさらに加速する可能性もあり、今後も情勢を注意深く見守っていかなければならないと思っている。

参考文献

赤松友成／木村里子／市川光太郎 二〇一九『音響サイエンスシリーズ20「水中生物音響学」』コロナ社
市川光太郎 二〇一四『ジュゴンの上手なつかまえ方』岩波書店
佐藤克文 二〇〇七『ペンギンもクジラも秒速2メートルで泳ぐ――ハイテク海洋動物学への招待』光文社新書
水口大輔 二〇二二『アザラシ語入門』京都大学学術出版会
森阪匡通 二〇〇九「イルカの音声コミュニケーションとその制約要因」『哺乳類科学』四九（一）：一二一―一二七
Akamatsu, Tomonari *et al.* 2002, "Diving behavior of freshwater finless porpoises (*Neophocaena phocaenoides*) in an oxbow of the Yangtze River, China", *ICES Journal of Marine Science* 59.
Akamatsu, Tomonari *et al.* 2008, "Estimation of the detection probability for Yangtze finless porpoises (*Neophocaena phocaenoides asiaeorientalis*) with a passive acoustic method", *Journal of Acoustic Society of America* 123.
Akamatsu, Tomonari *et al.* 2005, "New stereo acoustic data logger for tagging on free-ranging dolphins and porpoises",

Marine Technology Society Journal 39.

Amundin, Mats 1991, *Sound production in odontocetes, with emphasis of the harbour porpoise, Phocaena phocoena,* Stockholm University.

Balow, Jay and L. Barbara Taylor 2005, "Estimates of sperm whale abundance in the northeastern temperate pacific from a combined acoustic and visual survey", *Marine Mammal Science* 21.

Bono, Saliza *et al.* 2021, "Whistle variation of Indo-Pacific humpback dolphin (Sousa chinensis) in relation to behavioural and environmental parameters in northwestern Peninsular Malaysia", *Acoustic Australia* 50.

Duarte, Lijun, M. Carlos *et al* 2021, "The soundscape of the Anthropocene ocean", *Science* 371.

Dong, Lijun *et al.* 2011, "Passive acoustic survey of Yangtze finless porpoises using a cargo ship as a moving platform", *Journal of Acoustic Society of America* 130.

Dong *et al.* 2015, "Yangtze finless porpoises along the main channel of Poyang Lake, China: implications for conservation", *Marine Mammal Science* 31(2).

Kameyama, Saho *et al* 2014, "Acoustic discrimination between harbor porpoises. and delphinids by using a simple two-band comparison", *Journal of Acoustic Society of America* 136.

Kimura, Satoko *et al.* 2009a, "Comparison of stationary acoustic monitoring and visual observation of finless porpoises", *Journal of Acoustic Society of America* 125.

Kimura, Satoko *et al.* 2009b, "Small-scale towing survey combined acoustical and visual observation for finless porpoise in the Yangtze River", *Proceedings of the 4th International Symposium on SEASTAR2000 and Asian Bio-logging Science.*

Kimura, Satoko *et al.* 2010, "Density estimation of Yangtze finless porpoises using passive acoustic sensors and automated click train detection", *Journal of Acoustic Society of America* 128.

Kimura, Satoko *et al.* 2012, "Seasonal change in the local distribution of Yangtze finless porpoises related to fish presence," *Marine Mammal Science* 28(2).

Kimura, Satoko *et al.* 2013 "Variation in the production rate of biosonar signals in freshwater porpoises", *Journal of Acoustic Society of America* 133.

Kimura, S. Satoko *et al* 2022a, "Acoustic identification of the sympatric species Indo-Pacific finless porpoise and Indo-Pacific humpback dolphin: An example from Langkawi, Malaysia", *Bioacoustics* 31.

Kimura, S. Satoko *et al* 2022b, "Habitat preference of two sympatric coastal cetacean species in Langkawi, Malaysia, as determined by passive acoustic monitoring", *Endangered Species Research* 48.

Madsen, T. Peter and Wahlberg, Magnus 2007, "Recording and quantification of ultrasonic echolocation clicks from free-ranging toothed whales", *Deep-Sea Research*, Part I 54.

Madsen, T. Peter and Surlykke A. 2013, "Functional Convergence in Bat and Toothed Whale Biosonars", *Physiology* 28.

Mei Zhigang *et al.* 2012, "Accelerating population decline of Yangtze finless porpoise (Neophocaena asiaeorientalis asiaeorientalis) ", *Biological Conservation* 153.

Mellinger, K. David *et al* 2007, "An overview of fixed passive acoustic observation methods for cetaceans", Oceanography 20.

Mellinger, David and Barlow, Jay 2003 "Future Directions for Acoustic Marine Mammal Surveys: Stock Assessment and Habitat Use", *NOAA OAR Spatial Report.*

Mooney, Aran *et al.* 2020, "Listening forward: approaching marine biodiversity assessments using acoustic methods", *Royal Society Open Science* 7.

Slater, J. Graham *et al.* 2010, "Diversity versus disparity and the radiation of modern cetaceans", *Proceedings of the Royal Society* 277.

Turvey, Samuel T., *et al.* 2007, "First human-caused extinction of a cetacean species?", *Biology letters* 3.

Wei, Zhuo *et al.* 2002, "Observations on behavior and ecology of the Yangtze finless porpoise (Neophocaena phocaenoides asiaeorientalis) group at Tian-e-zhou oxbow of the Yangtze River", *The Raffles Bulletin of Zoology, Supplement* 10.

Wang, Y. John *et al.* 2008, "Detecting recent speciation events: the case of the finless porpoise (genus Neophocaena) ", *Heredity* 101.

Zhan, Xianfeng *et al.* 1995, "Studies on the feasibility of establishment of a semi-natural researve at Tian-e-zhou (swan) oxbow for baiji, Lipotes vexillifer", *Acta Hydrobioligica Sinica* 19.

Zhao, Xiujiang *et al.* 2008, "Abundance and conservation status of the Yangtze finless porpoise in the Yangtze River, China", *Biological Conservation* 141.

7　サンゴ礁漁撈文化の知恵と物語を紡いで

高橋そよ

はじめに

サンゴ礁生態系は、生物多様性の宝庫として知られる。人間は、その豊かさを食糧や芸能、信仰などの暮らしを彩る恵みとして享受してきた。しかし、二〇二二年に環境省が発表した「サンゴ礁生態系保全行動計画　二〇二二―二〇三〇」によると、サンゴ礁生態系は、地球規模で進行する気候変動や、開発や赤土等陸域から流入する物質による攪乱、過剰利用などのローカルな人間活動などの様々な要因から危機に直面している（環境省　二〇二二）。このような複数の要因が複雑に絡み合う環境問題に対して、サンゴ礁と人との関わり合い方が問い直されている。二〇二二年、生物多様性及び生態系サービスに関する政府間科学―政策プラットフォーム（IPBES）は、生態系サービスに代わる概念として、地域固有の知識体系や世界観も含めて捉える、「自然の多様な価値」の類型化を提起した（IPBES 2022）。そこで、本章では、サンゴ礁と共に生きる人々の知恵と世界観を取り上げ、人間と自然との関わりを多元的に捉え直してみたい。そして、その社会実践の事例として、著者自身が島の女性たちと共にサンゴ礁漁撈文化の継承に取り組む活動を紹介する。

私は、沖縄県宮古諸島伊良部島の素潜り漁師に弟子入りをしながら、現代沖縄において、社会経済的な動態の周縁にある人々が、どのように自然と関わりながら生きてきたのかを調査研究してきた（高橋　二〇一八a）。島に通い始めてもうすぐ二五年が経つ。この間、私が調査をしてきた伊良部島をめぐる社会経済的な状況は大きく変わった。二〇〇五年、伊良部町は、平良市など四つの自治体と合併し、「宮古島市」となった。二〇一五年には、伊良部島と宮古島の間に全長二一〇〇メートルとなる伊良部大橋が完成した。架橋によって、夜間でも対岸の病院へ行くことができるなど利便性は高まった。しかし、二〇二三年現在、集落では人口減少と若い世代の島外流出が深刻な社会課題となっている。一方で、観光客数が急増するなど、伊良部島をはじめ宮古島市一帯に、観光ブームが到来した。宮古島や伊良部島のサンゴ礁を見渡せる海辺では世界的なラグジュアリーホテルなどをはじめ、宿泊施設の建設ラッシュが起きている。自然環境に配慮した都市開発や暮らしをどのようにデザインしていくのか。今、島では、未来を描くヒントを先人たちの知恵と歴史から学ぶ取り組みが各地で始まっている（宮古島市史編さん委員会 二〇二三）。

素潜り漁師に弟子入りする

「なぜ、女性であるのに素潜り漁師に弟子入りをしながら研究をすることができたのか」と尋ねられることがある。それも、親族同士であっても、海中で銛を持って漁場のなわばりを争うことを厭わないと伝承され、宮古島の人たちからも恐れられる、あの佐良浜漁師の集団追い込み漁の舟に乗って。人類学の研究手法には文献調査や聞き取り調査のほかに、参与観察とよばれるフィールドワークの方法がある。人類学は、他者／他文化の理解を通して自己／自文化を照らし直し、人間とは何かを理解することを目指す。現在では学問の細分化が進み、人類学と一口にいっても、文化人類学や医療人類学、映像人類学、デザイン人類学など、研究対象やその手法は多岐におよぶ。その中でも、「人と自然との関わり」という視点に関心を持った私は、大学院では特に生態人類学やエスノサイエンスの手法を学んだ。生態人類学は、人と自然との関わりをできる限り総体的に捉え、精密に記述することで「人間とは何か」という問いへ迫ろうとしてきた（秋道 一九九五、山田 二〇一二ほか）。このため、自然と共に生きる人々の暮らしに寄り添い、生活の全体像を観察するフィールドワークが調査の基本姿勢となる。

漁師と同じまなざしで自然を捉えたいと考えていた私にとって、漁師と共に舟に乗り、漁の知識と技法を習うことは人類学的な研究を進める上で「当然」の参与観察の方法であり、それをしないという選択肢は考えられなかった。しかし、最初から舟に乗ることができたわけではない。大学院進学当初、漁業の中でも、私は戦前からかつお節移民を南洋群島や北ボルネオに送り込んでいた佐良浜のカツオ一本釣り漁に関心があった（高橋 二〇〇四、宮内 二〇一三）。このため、カツオ漁船に乗りたいと考え、初めてのフィールドワークとして三ヶ月ほど島に滞在する際、佐良浜にあった三隻のカツオ船の親方の家へ、何度もお願いに伺った。しかし、「カツオ船の神棚に祀っている船霊様が女性であるから」と承諾を得ることができなかった。女性を船に乗せると、女であるカミサマの嫉妬を買って不漁や危険な目にあうかもしれないと、佐良浜では特にカツオ船に女性を一人で乗せることを忌み嫌った。船霊信仰とは、航海安全や大漁を祈願するもので、沖縄をはじめ日本各地に分布する。その御神体には、女性の髪の毛や五穀を入れるといわれている（高桑 一九九四、藤田 二〇二一ほか）。また、琉球弧では姉妹を守護神として信仰するオナリ神信仰の影響を受けている例が少なくないといわれている（松尾 二〇一二）。島の暮らしを丸ごと理解したいと考えた私にとって、このような島の宗教実践や社会的規範を逸脱してまで、自分のやりたい研究を進めることはできなかった。舟に乗って、漁を習うと意気揚々と掲げた計画が、研究を始める前に打ち砕かれてしまった。

しかし、短い調査期間で島の暮らしを理解するためになるべく多くの情報を集めたいと考えた私は、研究計画を立て直し、帰ってきた舟を港で待ち構え、舟ごとにその日の漁獲量と魚種、販売などを記録する参与観察に切り替えた。次第に、舟ごとに獲ってくる魚に傾向があることがわかってきた。また、沖だけではなく、サンゴ礁に生息する多種多様な魚が水揚げされることから、細やかに命名されている島固有の魚の呼び名も次第に習得していった。さらに毎日水揚げを観察していると、漁師たちの帰りを待つ仲買いや刺身屋などの小売人、計量や翌日の出荷の準備をする漁協の職員、水揚げを見にきた元漁師の先輩方など、港に集まる人々の顔もふるまいもわかるようになってきた。船の入港のタイミングや港の人々の行動がわかるようになると、参与観察の合間にすすんで水揚げの籠出しや伝票を届けに走るなど、港のお手伝いをするようになった。港に集まる島の人々も、当初フィールドノートに何やら一心不乱に書き込んでいる内地からきた女子学生が、サンゴ礁の漁撈文化や魚の呼び名に関心があることに興味を持ったようであった。網漁の組がとってきた彩りも形も様々なサンゴ礁に生息する魚が水揚げされると、次第に私が質問をしなくても、周りの人たちが「これは、知っているか？ これはね」、「昨日わからなかった魚だけど、おじいに聞いてきたよ」といったように魚の呼び名を教えてくれるようになった（写真1）。

島に滞在して二ヶ月が経った頃、私は居候先の漁師さんの組の素潜り漁撈集団に弟子入りすることになった。なぜか、その経緯を今となってははっきり思い出せない。しかし、この頃のことを後述する漁協で働いていた普天間一子さんは「あんたの漁師のことを知りたいと思う一生懸命さが、漁師の心に通じたんだよ」とおっしゃった。知識生産と社会実践における研究者像をパブリック・ヒストリーという視点から問い直した菅豊は、「新しい知識生産と社会実践において、その行為は他者に影響を与えるのは当然として、さらに自らに再帰的に帰ってくる」と述べる。さらに、一人の人間としての研究者が、人々（他者）に「感応」することに抗うことのない自然な等身大の人間の姿こそ、研究者に求められているのではないだろうかと論じる（菅二〇一三）。私自身、素潜り漁師に弟子入りすることは当初から企図したものではなかった。しかし、それは無理だと諦めかけていたフィールドワークの扉が突然開いたような出来事だった。その鍵となったのは、海で生きている人々のまなざしを知りたいという私自身のふるまいと漁師や港に集まる人々の島の文化への誇りが感応し合い、内地／シマ、男／女といったいくつもの隔たりを融解したからなのかもしれない。むろん、私は島の人々の寛容さに甘んじることなく、彼らの使うスーニガマとよばれる小さな舟にはカツオ船のような神棚はなかったが、毎朝出港前に、私は舟と海に泡盛一合を捧げ、航海安全と大漁を祈願することを欠かさなかった。二〇〇〇年から二〇一三年現在まで、

写真1　漁協下での浜売り

素潜り漁を営む漁師さんの家にお世話になりながら、通算二一回、合計約二年一ヶ月のフィールドワーク調査をおこなってきた（高橋 二〇一八b）。

サンゴ礁をとらえる

調査地―沖縄県宮古諸島・伊良部島佐良浜

本章の舞台となる伊良部島は、沖縄島と台湾のほぼ真ん中に位置する宮古諸島の一つである。宮古諸島は、沖縄島から南に三三〇キロメートルほど離れたところにあり、八つの低い島からなる。伊良部島は、琉球石灰岩からなる隆起サンゴ礁の島で、島の北側には裾礁が発達している。この石灰岩は、水をよく通す性質があり、降った雨の多くは地表を流れずに、地下へ浸透する。そのため、海岸線には、ろ過された水が湧き出る場所が点在しており、古くから人々の生活用水として利用されてきた。伊良部島北部の急崖を下っていくと、サバオキガーとよばれる井戸があるが、一九六六年に簡易水道が施工されるまで、この崖下の井戸から水を汲み上げるのは子どもたちの日課であった（写真2）。

写真2 1965年の佐良浜の風景（USCAR広報局写真資料12-4、沖縄県立公文書館所蔵）

伊良部島の北東部には、約一〇キロ四方にわたって、一〇〇を超える大小様々なサンゴ礁が点在している。このサンゴ礁群は、地元の人々から「八重干瀬《やびじ》」とよばれ、宮古の海の象徴として親しまれてきた。日本最大の卓状サンゴ礁群（台礁群）である八重干瀬は、二〇一三年に史跡名勝天然記念物に指定された。私が研究対象とした素潜り漁師は、伊良部島や宮古島、多良間島といった島周囲の裾礁だけではなく、いくつもの離礁が点在する八重干瀬など、宮古諸島一帯のサンゴ礁を利用してきた。

漁撈活動の概況

調査を行った二〇〇三年度の伊良部町統計によると、二〇七人が沿岸漁業に従事しており、その半数以上が五〇代と六〇代が占めていた（伊良部町 二〇〇四）。調査当時、佐良浜漁港に登録されている一二六隻の漁船のうち、スーニガマとよばれる三トン未満の漁船が、七割以上を占めていた（写真3）。

写真３　スーニガマ

写真４　アオリイカの追い込み漁（八重干瀬、2001 年）

二〇〇三年調査当時、佐良浜でおこなわれていた漁法は、網漁が七種、釣り漁が四種、モリツキ漁が二種、採集が一種、養殖の合計一五種であった。潜水による漁法は、サンゴ礁に生息する生物を対象としたモリツキ漁や採集、追い込みによる網漁からなる（写真4）。これらの漁法は素潜りとスキューバーダイビングの技術を利用したふたつの形態からなる。佐良浜でおこなわれている一五種類の漁法のうち、一一種類がサンゴ礁を漁場としている。

モリツキ漁やモグリ採集、網漁は、サンゴ礁地形の中でも礁縁から礁斜面にかけた微地形を利用する。礁斜面には、サンゴが豊かに発達し、サンゴ食のブダイ科など多くの魚の棲み家となっている。このため、特に礁斜面はリーフフィッシュを狙ったモリツキ漁や網漁の好漁場となる。網漁のツナカキヤーやウーギャンは、礁縁の櫛の歯のようなギザギザした構造の縁脚と縁溝の微地形を利用して、袖網と袋網を張る。

礁原を利用するのは、投網《ウチャン》と貝類を対象としたモグリ採集である。投網をおこなう漁師は、肩に網を乗せて潮が引いた礁原を歩きながら、タイドプールの中にいる逃げ遅れた魚などを狙う。

別稿で素潜りやスキューバを利用する潜り漁師たちが複

数の漁法を組み合わせて、一日の活動をおこなっていることと、さらに、その漁撈形態の違いが漁獲物に反映されていることを明らかにした（高橋 二〇一八b）。そして、その漁獲物に着目すると、特定の魚種に商品価値が集中するのではなく、多種多様な生物が「商品」として漁獲されていることがわかった。二〇〇二年一〇月から一ヶ月間、全ての舟の水揚げを記録した。全体で四三種類の海洋生物が漁獲されていた。その内訳を見ると、コウイカやミヤコテングハギなど、多くの集団が捕獲対象とする種があるものの、全体の約七〇％を占める三〇種が一集団あるいは二集団のみに漁獲されていた。つまり、佐良浜のサンゴ礁地形を利用する漁撈活動では、集団ごとに組み合わせる漁法が異なり、その結果、漁獲対象となる生物種が分散化されていることが指摘できる。

サンゴ礁と在来知

それでは、佐良浜漁師はどのように多様な生物の生息場所でもあり、複雑な構造をした地形でもある「サンゴ礁」空間を認識しているのだろうか。この節では、生業と信仰の場の両面から紹介したい。ただし、紙面の都合上、本章ではその一部を取り上げる（詳しくは高橋 二〇一八bを参照）。

人類学では、一九五〇年代より、自然と人間との関わりについて、認識人類学やエスノサイエンスのアプローチから研究が行われ、世界各地の民族や文化固有の価値づけや分類体系（民俗分類 folk taxonomy）、知識体系が明らかにされてきた。一九九〇年代になると、人類学者バークスは、このような知識体系を伝統的な生態学的知識＝在来知（TEK：Traditional Ecological Knowledge）と定義し、ローカルな人々が持つ生態学的知識とは、単なる知識や実践の体系ではなく、知識や実践、そして信仰の総体であると述べている（Berkes 2000）。さらに、言語学者のマーフィらの研究により、生物多様性と言語多様性の相関関係やつながりが明らかにされ、世界の自然および文化システムが示す多様性の総体を意味する生物文化多様性（Biocultural diversity）という概念が提唱されるようになった（Maffi 2001）。ここでは、佐良浜の素潜り漁師たちがどのように生業空間であるサンゴ礁を認識しているのかを事例として取り上げたい。

生業空間としてのサンゴ礁

佐良浜の素潜り漁師は、サンゴ礁の複雑な微地形の変化

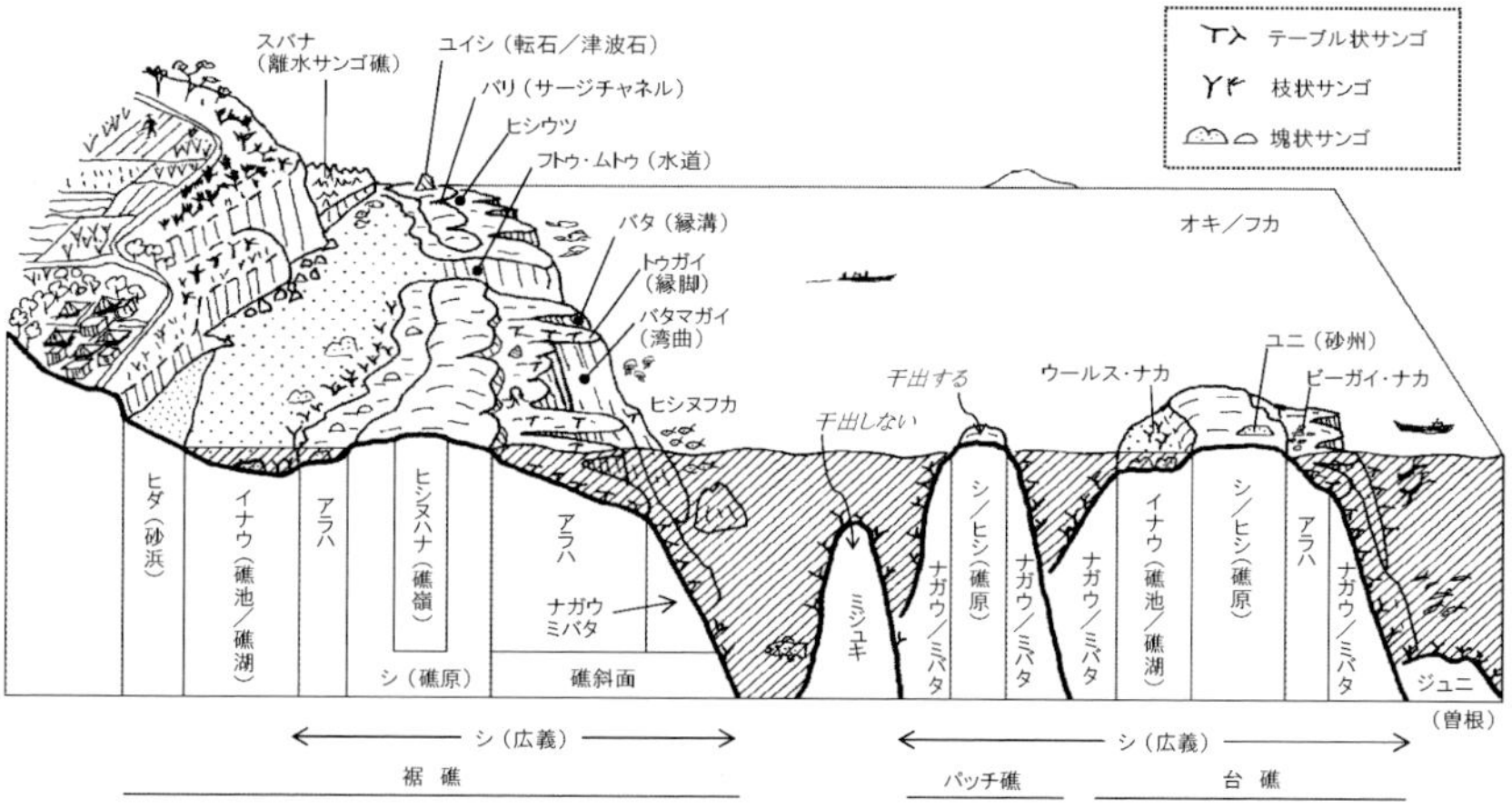

図1　伊良部・佐良浜のサンゴ礁微地形の模式図と方名（高橋 2004 を改訂。作図：渡久地健）

写真5　伊良部島北東の海食崖

を詳細に観察し、地域固有の意味と呼び名（以下、方名）を与えている（図1）。伊良部島の周囲は、切り立った海食崖か砂や岩の浜になっている（写真5）。この海食崖はスバナとよばれ、入り組んだ岩陰にはヤマトミズンやイラブウナギが好んで生息する。旧暦五月と六月の一日には、スフとよばれるアミアイゴの稚魚が沖から押し寄せてくる。これは、スバナ下部の岩に繁茂するスフモとよばれる海藻を食べるためだと考えられている。浜はヒダとよばれる。そして、ヒダから白波がたっている砕波帯の間の礁湖は、イナウである。

シとは礁原をさし、その中でも、最も高い礁嶺はヒシノハナとよばれている。礁原はその構造によって、さらに微細に区別される。たとえば、礁原の割れ目はバリとよばれ、その外洋側の入り口はヒシウッとよばれる。バリは、イナウから外洋へでる水路や潮汐の変動によって移動する魚の通り道になる。網漁では、このバリにそって袖網を張り、その入り口に袋網を設置する。つまり、活動域のどこにこのようなバリがあるのかを知っていることは、サンゴ礁を利用して漁をおこなう漁師にとって重要である。そして、礁原から沖側は、礁斜面の傾斜の度合いによって呼び分けられている。アラハは緩斜面、ナガウは急斜面、ミバタは急崖をさす。サンゴ礁によっては、ナガウもアラハも潮が引くと水深が一〇メートル以浅になる場合がある。

海面からアラハの底が見づらくなったあたりをヒシヌフカとよぶ。その外洋はウキ(沖)あるいはフカとよばれ、その海底にはジュニとよばれる曽根がある。伊良部島と宮古島の間などに点在する、側面の面の切り立った小さいサンゴ礁は、ミジュキとよばれている。漁師によると、このミジュキの礁縁にはスジアラやイソフエフキなど高値で売れる魚が生息する。礁縁は、櫛の歯のようにギザギザとした地形を呈しているが、バタマガイ(縁溝)とトゥガイ(縁脚)に呼び分けられている。特に、礁縁が湾曲した場所は波の影響を受けにくいため、アオリイカなど潮流の弱いところを好む生物が群れる。このような場所は、バタマガイまたはブーとよばれる。反対にタカサゴは潮先を好み、サンゴ礁地形の中でも潮流の上手に突き出たトゥガイに群れるという。このように、サンゴ礁の微地形やその位置、そこにどのような生物が生息しているのかを熟知していることが漁の成果の決め手となる。

以上のように、素潜り漁師の活動の舞台となるサンゴ礁は、漁獲対象となる生物の生息場所や習性といった生態学的な知識や、漁法に利用する地形構造などの技法的な知識とセットとなって理解されている。むろん、漁師たちは地形や対象となる生物だけではなく、潮汐現象や季節を告げる風など、自然に関する詳細な知識を育んでいる。そして、あらゆる状況に適応するために、知識を組み合わせて生存戦略を立て、成果の不確実を乗り越えようと努力をしている。しかし、人々はこのように合理的な価値観からのみ世界を捉えているわけではない。

民俗方位「ヒューイ」と畏れの空間

夜のモリツキ漁について、参与観察調査を続けている時のことだった。凪もなく、空が高く澄んだ、漁には申し分のないある日の夕方、今晩も漁につれていってほしいと漁師の家に挨拶に行くと、今晩は漁には行かないという返事が返ってきた。漁場であるカヤッフキャが、アナだからだと、その理由を説明した。アナの日には、どんなに凪や潮がよくても、その場所で漁をおこなうのは危険だというのだ。アナとは、何か。そして、もし、漁を行った場合、どのような危険が待ち受けているのだろうか。

佐良浜では、方位は二通りの方法によって分類される。東西南北によって分類する方法と佐良浜を基点に十二支によって分類する方法である。

災いを避けるためのアナとヒューイ

佐良浜ではその日の暦の干支が指す方角をヒューイとよび、ヒューイとして示された空間をアナという。アナとして認識された漁場では、その日は漁をすることを避けたほうがよいと考えられている。たとえば、暦上、丙子《ひのえね》とされる日には、子《ね》の方角がヒューイとなり、子の方向にある海岸がアナとなる。さらに、漁をする当事者の生年干支と漁をする日の干支が同一だった場合、この干支のヒューイがさすアナはウマレアナとよばれる。その漁場がウマレアナとして判断されると、その人はそこでの活動を最も避けたほうがよいと考えられている。なぜなら、これらの規制を破ってアナで漁をした場合、不漁や事故、病気にかかる危険があるからである。さらに、悪さをする霊的な存在であるマジムヌに遭遇することがあることさえあるという。複数で漁船に乗る場合は、舵を取る者の干支がヒューイの基準となる。

アナは忌避されるべきだが、魚の群れに「アタル時は、ものすごくアタル」ともいわれ、魚群に遭遇した場合は通常では考えられないほどの大漁になるともいう。伊良部島周囲のサンゴ礁で漁をする素潜り漁師は、いつ、どの方角がアナに当たるのか、暦を注意深く意識している。特に、夜間の電灯モグリ漁を単独でおこなう漁師は、その危険性からマジムヌや事故に遭遇しないように、ヒューイやアナを避けようと関心が高い。

方忌みをめぐる語り

では、漁師たちは、ヒューイやアナをどのように理解しているのだろうか。ここでは、引退した古老だけではなく、現役の漁師にもよく知られているヒューイやアナにまつわる語りを取り上げる。次の事例は、忌避すべきヒューイやアナの規制を破って、漁をおこなった漁師の話である。

キドゥマイとよばれる下地島西側のサンゴ礁は、ハタ科などの高級魚やコウイカが生息する漁場として、漁師に知られている。ある時、ヒューイにもかかわらず、忌避すべきアナに当たるキドゥマイで漁をした漁師が、スジアラの大物を獲った。浜にあがろうと、銛にさしたまま泳いだが、その魚はいつのまにか消えていたという。これを不思議に思った漁師は、村に戻ると「今日はこっちに何かいるんだなぁ」と、海にいる「何か」の存在が魚を奪っていったと話して聞かせたという。

キドゥマイのアナで霊的な存在のマジムヌを見たり、恐ろしい経験したという語りは、この漁師以外からもよく耳にした。次の語りも、キドゥマイの語りである。

燃えたコウイカとマジムヌ

「あと、もう一人のおじいさん。奥浜おじい。あれが、何かって。あっちだよ、また。同じ場所。サヌイの日（申の日）に、また。何年か前か知らんけど、大きいクブシミャー（コウイカ）を獲って来たって。獲ったものを浜に置いて、お昼はご飯食べて、マキを燃やしてもう一回泳いだわけよね。行ったら、もう、ちょうど、リーフを越えて、沖に行こうしたら、メガネが曇っていたみたい。これを洗おうと（礁原の上に）立ってみた。自分の洋服が置いてあるところを見てみたら、燃えているって。人間も三名ぐらいいて、一生懸命（火が起こるように）叩いているって。もう、洋服も（燃えて）ないから自分はどうやって帰るかって。獲ったコウイカも焼けてないはず、と。あの三人が燃やしてしまったから、三人を銛で刺してやると思って、怒って慌てて（礁湖に）入ってきた。でも、浜に来てみれば、何も燃えていないって。浜にあがったらよ。あれ、自分の目が悪くなったかなって、どんなに見てもいないって。あがってきたら、何もしないって。ああ、こりゃ、大変だって。自分は帰ってきたよっていっていった」。（二〇〇一年八月　現役素潜り漁師K・N六〇歳）

この漁師は漁獲した大きなコウイカを浜に水揚げした後も、サンゴ礁の外側で漁を続けていた。水中メガネが曇ったため、礁原の上に立って拭こうとした。浜を振り返ってみると、自分の服とコウイカを置いた場所で三人の人間が火を焚いているという。この漁師は怒り、燃やされては大変だと浜へ急いで泳いで戻った。すると、浜にはその三人どころか燃えた形跡さえなかったという。これは、マジムヌの仕業に違いないと、恐ろしくなって漁を切り上げて家に戻ったという。このように本来ならば、漁をすべきではない場所で漁を行った場合、人間ではない「何か」と遭遇する危険があるという。そして、その禁忌を破ると、時には命を落とすことさえあるといわれている。筆者が調査を始めた二〇〇〇年のある夏の日、キドゥマイで漁をしていた漁師がサメに襲われて亡くなる事故が起こった。この事故の後、出漁前の薄暗い早朝の港は、アナにも関わらず漁をしたからだといううわさ話で持ちきりだった。

マジムヌの「まなざし」は、人々の暮らしの中で常に意識されている。だが、ある特定の空間と時間を避けることで、マジムヌとの遭遇を回避することができるといわれている。特に、漁撈活動を営む漁師たちの間では、海に出没するマジムヌとの遭遇を避けるために、忌避すべき時間や場所にまつわる先達の経験が語り継がれている。古老漁師から現役漁師へ、特定の場所の象徴的な意味づけや一時的な禁漁に関する物語が繰り返し語れることによって、漁は死と隣り合わせであるという危険が喚起させられる。信仰的な規範に沿うことは、その身体的な危険性への不安を和らげるとも考えられるだろう。また、マジムヌの存在による畏れは、特定の漁場にその利用が集中することを回避させる。さらに、漁師の生年干支と民俗方位の関係によって示されるウマレアナによって、その漁場が一個人の漁師に独占されることを避け、誰にでも利用の機会がめぐってくることを可能にする。人々がマジムヌの存在を意識することは、社会関係の緊張や衝突、偏った自然利用などの危険を避けるための、リスク回避の一つであるともいえるだろう。

ところが、本稿で紹介してきた事例からも見え隠れするように、人間は必ずしもこのような行動規範に応じるわけではない。他の漁師を出し抜こうと、本来ならば、漁を行うべきでない漁場に出漁する者がいる。アナである聖なる場所は、大物が取れる場合もあるが、事故にあう危険性もある。そして、もしも、彼らが不漁や事故に遭遇すると、人々は、コミュニティの規範の逸脱とそれによってもたらされたマジムヌとの出会いを、災いの原因として解釈するのだった。

以上見てきたように、佐良浜漁師たちは、サンゴ礁をめぐる微地形、潮汐や風などの自然現象、魚の生態について、詳細で実践的な在来知を蓄積してきた。ところが、佐良浜の漁師たちは、自然に関する実用的な認識と観念的な世界観を別々の領域ではなく、一体となった知識体系として認識している。そして、このように育まれた知識をもとに、自然条件や社会経済的な状況に応じながら、漁撈という生業文化を営んできた。

未来へ―漁撈文化を結ぶ女性たちと

現在、サンゴ礁を利用する素潜り漁も魚価の下落や後継者不足という社会経済的な変化の中、その様相は変わろうとしている。二〇〇三年には九八隻あったスーニガマは、二〇一八年には九隻が残るのみとなった。二〇二〇年には、沖縄の県魚であるグルクン（タカサゴ科）を大型の網で追い込むアギヤーの最後の組が解体した。スーニガマを使う潜り漁そのものが消滅をしようとしている。そこで失われるのは、本章で見てきた漁撈の知識や技法だけではない。身体的経験を通した魚をはじめとする自然と人間との関わり方や心象風景そのものである。

この文化的危機に対して、伊良部漁協の女性たちを中心に、地域の歴史文化、言葉を記録する取り組みが続けられている。このような地域住民主体の活動は、修学旅行生を受け入れる文化体験型の民泊事業や追い込み漁体験学習、佐良浜地区漁業集落活性化協議会の立ち上げ、「おおばんまい食堂」の開店などのコミュニティベースの経済活動へ展開している。その中心人物の一人である伊良部漁協の普天間一子さんにお声かけ頂き、私も子どもたちに漁師さんの知恵や技法を伝えるお手伝いをしている。研究を始めたばかりの頃の私は、自分自身の知りたいと思う知的好奇心にただただ駆動されていた。「研究」という客観的な立場から、目の前で起こっている人々の営みを観察対象として「客体化」し、自然と人との関わりを記録し、分析することが自分のやるべきことだと考えていた。しかし、お世話になった方々の多くが逝去し、村の人口が「限界集落」へと加速する島の現在を目の当たりにし、私の研究関心は、自然利用の実態解明から、人間が編み出してきた知恵や身体技法といった漁撈文化の継承へと変わりつつある。島外出身の学生だった私が、海に生きる素潜り漁師さんに惹かれ、弟子入りしながら学んだ知恵と技法、自然観の記録を、島の未来に向けて生かす時にある。そして、地域に関わり続けることこそが、お世話になった漁師さんたちへの、等身大の人間としての恩返しでもあると考える。現在、地域の方やNPO、博物館など多様な経験や専門知を持つ方々と対話をしながら、佐良浜の人々が海と共に生きてきた歴史や文化の記録や教材作りに取り組んでいる。これまでにかつお節の作り方と、部位を島の言葉で学ぶことのできる「かつお節パズル」や、研究者や漁師さん、障がいのあるアーティストとのコラボレーションによるアギヤージオラマなどを作ってきた。普天間さんは、「島の子どもたちが、島のおじいやおとうの仕事や、支えていたおかあの思いを知ることで、漁師になることも将来の選択肢になれば」という。島が大きく変わろうとする今、島の人々が未来へ、何をどのようにつなごうとするのか。その社会実践に共に挑戦することが私の責任ある研究のあり方だと考えている。

参考文献

秋道智彌　一九九五　『海洋民族学―海のナチュラリストたち』東京大学出版会
伊良部町　二〇〇四『伊良部町統計』
環境省　二〇一六『サンゴ礁生態系保全行動計画 2016-2020』環境省自然環境局
菅豊　二〇一三『「新しい野の学問」の時代へ―知識生産と社会実践をつなぐために』岩波書店
高桑守史　一九九四『日本漁民社会論考―民俗学的研究』未来社
高橋そよ　二〇〇四「〝楽園〟の島　シアミル」藤林泰・宮内泰介（編）『カツオとかつお節の同時代史』コモンズ：一八〇―一九六
――　二〇一八a「サンゴ礁と共に生きる知恵―素潜り漁師の

民俗知識と漁撈活動」『宮古の自然と文化 四』宮古の自然と文化を考える会：六八―一〇一
高橋そよ 二〇一八b『沖縄・素潜り漁師の社会誌―サンゴ礁資源利用と島嶼コミュニティの生存基盤』コモンズ
藤田明良 二〇二一「東アジアの媽祖信仰と日本の船玉神信仰」『国立歴史民俗博物館研究報告』二二三：九七―一四八
松尾恒一 二〇一二「琉球弧における船と樹霊信仰」『国立歴史民俗博物館研究報告』一七四：一一九―一三二
宮内泰介・藤林泰 二〇一三『かつお節と日本人』岩波書店
宮古島市史編さん委員会 二〇二三『みやこの自然と人』宮古島市教育委員会
山田孝子 二〇一二『南島の自然誌―変わりゆく人-植物関係』昭和堂

Berkes, F., J. /C. Folke Colding 2000. "Rediscovery of traditional ecological knowledge as adaptive management". *Ecological Applications* 10(5): 1251-1262
Maffi, L. 2001. On Biocultural Diversity. *Linking Language, Knowledge and the Environment*, Smithsonian Institution Press.
IPBES. 2022. "Summary for Policymakers of the Methodological Assessment Report on the Diverse Values and Valuation of Nature of the Intergovernmental Science-Policy Platform on Biodiversity and Ecosystem Services". In U. Pascual, *et. al*. (eds.). *IPBES secretariat*. DOI: https://doi.org/10.5281/zenodo.6522392

コラム◉誰もが海ごみ問題の当事者

小島あずさ

一九九一年に海ごみ問題の解決を目指して小さなNGOを立ち上げたときに、仲間三人で決めたことがある。「活動の成果が出て、自分たちの団体が必要なくなったら解散する」というものだ。一〇年での解散を目標としていたが、三倍を超える時間が過ぎてもめでたく解散できるような現場の改善には至っていない。海ごみ一筋に活動してきた三〇年を振り返ってみる。

日本では一九六〇年代頃から、各地で市街地の清掃活動が行われてきた。河川敷や海岸でも付近の町内会などによる清掃が実施されている。そのおかげで一定の美観が保たれてきたことは間違いない。

しかし、一九四〇年代からプラスチック製品が日用品として広がりはじめ、大量に作って大量に使われるようになると、回収の経路から逸れて環境中に出るごみの量も増えてきた。天然材料で作られた品物を長く大切に使う暮らしから、分解しないプラスチックを大量に使い捨てる生活への大きな変化によって、回収されずに環境中に残ったプラスチックごみはどんどん増えてしまった。

日本では市町村によるごみの収集処理が行き届いていて、リサイクルも盛んだ。家庭のごみは居住地のルールに沿って分別し、指定された曜日に回収場所に出せば、そのごみはきちんと処理のルートに乗ると多くの人は思っている。だが、ごみになったものがすべて回収されるわけではないし、ポイ捨ても含めた不法投棄もあれば、ごみ置き場に出したごみが強風やカラスの餌探しなどで散乱することもあるし、気づかないうちに落としてしまうこともある。街なかに散らかるごみは不届き者のポイ捨てと思いこまれているが、実際には「捨てた」つもりがないのに、いつの間にかごみになって町を汚している「意図しない散乱ごみ」があり、自分のごみもそうなっているかもしれないのだ。ごみの総量が増えれば、比例して回収の経路から外れるごみも多くなるのである。

日本は雨が多く、地形が急峻で川も多く、その数は三万五〇〇〇本を超える。川以外にも用水路などが無数に張り巡らされていて、それらの水路もやがて海にたどり着く。環境中に散らかったごみの一部は水に乗って低い方へと流されてゆくので、海辺から遠く離れた内陸域の散乱ごみも最後は海へ運ばれる。海に出てしまえばごみに国境はなく、海流や季節風などの影響を受けながら世界中を巡っている。一部の漂流物はどこかの陸地に漂着するが、漂流を続けながら時間の経過と共に劣化し破片化してゆくものも多い。水に浮く素材であっても漂流中に汚れが付いたり、水分が沁みこんで重くなったりすれば海の底の方へと降りてゆく。地球上で最も深い場所であるマリアナ海溝でもプラスチックごみが確認されているのだから、回収されずに取り残されたプラスチックごみはありとあらゆる場所に存在しているといえよう。

私が団体の活動を始めた頃は、「海ごみ」は拾って片づければ済む問題と思われていたし、ごみの発生原因はポイ捨てとみなされていて、環境問題としての捉え方は希薄だった。

人が出したごみは人の手によって回収するしかなく、清掃活動はとても大切なものだ。だが、拾うだけでは根本的な解決にはならない。拾った場所は一時的にきれいになっても、ごみの発生そのものを止めない限り時間がたてばまた次のごみがやってくるからだ。

一九八六年に、米国の海洋環境保護団体「Ocean Conservancy」は海ごみ問題に目を留め、調査を兼ねたクリーンアップを開始した。集めたごみを詳しく調べてみると、回収した海岸やその近くから出たと思われるごみばかりではなく、外国も含めた離れた場所から来たらしいものや、川の上流地域から流れてきたようなものが散見された。海は世界中の国や地域とつながっており、ごみが水に乗って巡ることから、海岸でのごみ調査は「ＩＣＣ（International Coastal Cleanup）」として国際的な参加呼びかけが行われるようになった。私たちは一九九〇年に世界で四番目の参加国として日本から参加し、翌年国内でのＩＣＣ参加呼びかけや調査結果の取りまとめなどを担おうと団体を設立したのである。設立者の三名は他に仕事を持ちながら、団体活動の必要経費は手弁当での出発であった。

ＩＣＣは、クリーンアップで集めたごみを細かく分類して数え、世界共通のデータカードに記録するごみの市民調査だ。世界中の海と海につながる湖沼や川などの水辺で九～一〇月に一斉に展開し、国ごとにまとめられた結果は「Ocean Conservancy」を通じて共有されて、海ごみの現状や課題を知り、解決に向かうための資料として活用されている。会場ごとに参加規模や、調査の範囲などは異なり、研究者の調査のような精度はないが、調査への参加そのものが、参加者自身がごみの内容を知り、自分の生活とのつながりや、ごみの発生自体を減らすことの重要性に気づくなど、啓発効果をもたらしている。また、私たちの団体「一般社団法人ＪＥＡＮ」ではＩＣＣデータカードを使った調べるクリーンアップを通年で展開しており、日本の水辺のごみデータとして蓄積を続けている。

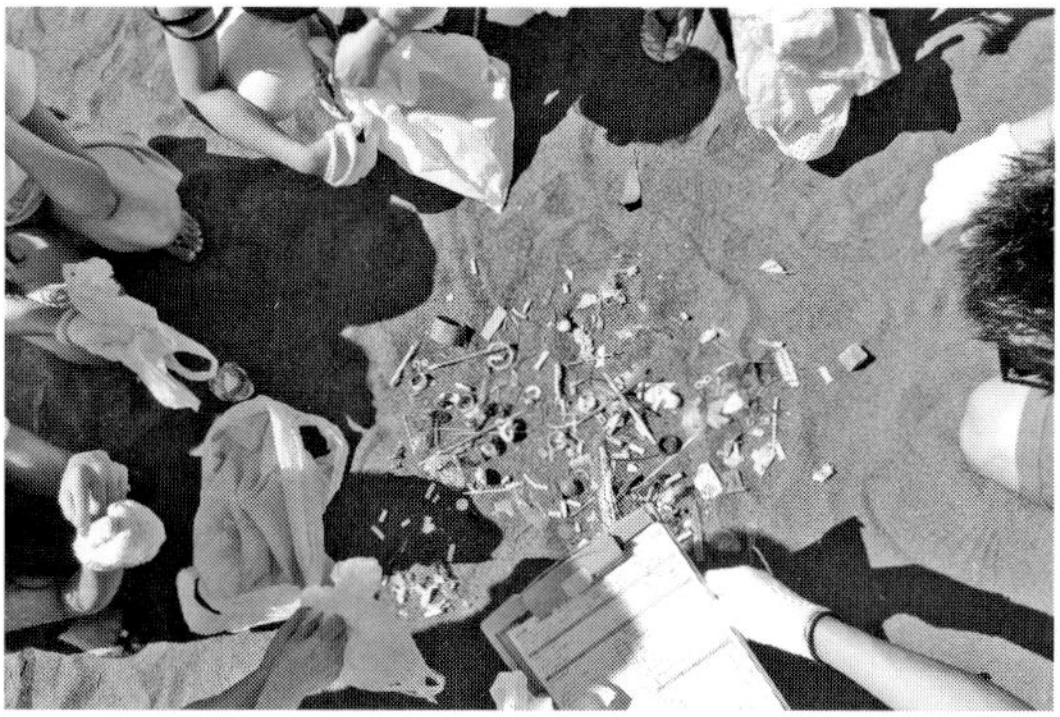
集めたごみを細かく分類するごみ調査

「なぜこんなものが海岸にあるのか？」「普段よく使っているものがごみになって海岸に来ている」「プラスチックのごみばかり」などの感想が多く聞かれる。拾ってきれいにすることが目的の活動では、ごみは袋に入れておしまいで、どんなものがどれくらいあるのかなどはほとんど気に留めない。だが、集めたごみを広げて細かく分類し（現在は四七品目）、品目ごとに個数で数えて記録するという手間のかかる作業をやってみると、誰かのポイ捨てごみが海岸を汚しているといった単純な話ではなく、自身の日常生活やプラスチックの使い過ぎと海のごみはつながっていて、深い関係があることが実感できる。

日本での初回のＩＣＣのときは、団体も組織もなかったのに、新聞の小さな活動紹介記事を見て一〇〇〇を超える問い合わせがあり、全国の八〇カ所で八〇〇人が参加した。その多くはすでに清掃活動の経験があって拾うだけではだめだと気づいている人たちで、拾っているからこそ、ごみを元から断たなければ解決しないという実感があったのだろう。

海岸に足を運び、時にはごみの臭いに閉口しながら自分の手で拾い集め、細かく調べていくのは骨の折れる作業だ。でも、自分の五感を使って行動するからこそ、問題の本質を感じ取ることができ、元からごみを減らすために必要なことは何なのかがわかる。

プラスチックごみだらけの海岸

日本海側の海岸でのクリーンアップに参加したときに、数十名で二時間みっちり拾いごみ袋を使い切って回収を終えたのに、拾う前とまったく変わらないごみだらけの光景が広がっていて愕然とした経験がある。数時間クリーンアップに精を出せば、拾った後には見違えるようなきれいな海岸が見えて達成感を得られることが多い。しかし、海流や季節風などの影響で繰り返しごみが流れ着く地域では、大勢で頑張ってもほとんどごみが減らない、言い換えるとごみが多すぎて拾いきれない海岸があるのだ。足元は、溜まりに溜まった発泡スチロールやプラスチックのごみでふかふかだ。表面のプラスチックごみをいくつか拾い上げると、その下にも大量のごみ。そしてなんともいえないヘドロ臭が広がる。徒労感を持つこともあるけれど、海岸での様々な経験は、プラスチックによる海の汚染の現実を直接わからせてくれる。

たとえその海岸のごみをすべて拾うことができたとしても、海面に浮かび、海中を漂い、海底に沈んでいる海全体のごみをすべて回収することはできない。そして、ごみはどれも私たち自身がどこかで使った後に不要となって、ごみになったものなのだ。環境中に出してしまったプラスチックごみを可能な限り拾うだけではなく、これ以上新たにごみを作らない、出さない生活を進めていくことがとても重要だ。

団体を設立した当時は「ごみ調査」は継続してこそ意味があると考え、苦しいことがあっても一〇年は続けよう、一〇年継続すれば世間の海ごみ問題への関心も高くなり、行政や企業の意識も変化して状況が改善に向かうだろうと甘く考えていた。

現実には日本には海のごみの実態に応じた法律がなく、家庭のごみと同じ法律で対応していたため、現場の状況との隔たりが大きかった。海岸を管理する立場の都府県については、「清潔保持の努力義務」があるだけで、「清潔」かどうかを判断する客観的な物差しもなかった。また、自区内で発生したごみは自区内で処理するのがごみ処理の大原則だが、離れた場所で発生したごみが繰り返し漂着するような地域では対応に苦慮していた。回収してしまえば自分たちの税金で処理しなくてはならないため、漂着ごみを片づけたくても予算の枠内でしか処理できず、年度末にはクリーンアップを見合わせたり、私有地などに一時保管したりしてしのいでいた事例もある。

私たちは全国規模で活動しているため、各地から海岸のごみについて様々な声を聴く機会が多い。漂着ごみの被害が大きな地域や過疎化・高齢化でごみを拾う人手にも限りがある離島などから深刻な状況を何度も聴いて「これは困っている地域だけの問題ではない。海のごみは地球規模の環境問題でもあるのだから、国がきちんと対応する必要がある」と考え、国会議員へのロビー活動を展開することに踏み切った。何回にも及ぶ勉強会と意見交換などを経て、二〇〇九年に「海岸漂着物処理推進法」が議員立法として制定された。法律が整備されたことで、国から補助金などの予算が付くようになり、都道府県や市町村は海ごみ問題への対応がしやすくなった。残念ながら私たちの団体への資金的な恩恵は皆無だが、自治体を通じて補助金を活用できている地域では普及啓発や人材育成なども行われるようになり、それらの成果が出てくる今後が楽しみだ。

海ごみ問題は長い間、研究が進んでこなかった。生物の研究者たちは、早くも一九六〇年代にはプラスチックごみをウミガメや鳥が誤飲していることや、遺棄漁網にアザラシやオットセイが絡まる被害を報告し、警鐘を鳴らしてきたが、当時は便利で高機能なプラスチックをどんどん使おうという状況であったために、生物被害は見過ごされてしまった。その後「環境ホルモン」の問題が注目を集めたときに海のプラスチックごみについても研究する人が出てくることを期待したが、実際には人が口にする食品の容器や哺乳瓶などの調査で終わってしまった。当時、親交のある研究者に海のプラスチックごみ問題の研究がなぜほとんど行われていないのかを尋ねたところ「境界領域の問題なので、一分野では対応が難しいうえに、予算がつかない」との返答であった。

二〇一四年になってようやく、国連環境総会で海洋プラスチックごみとマイクロプラスチックの調査を求める決議が出され、翌二〇一五年にドイツで開催されたG7エルマウサミットでは、海洋ごみに対処するための行動計画が示された。その後イギリスのエレン・マッカーサー財団が世界経済フォーラムで発表した海洋プラスチックごみ問題についての報告書でサーキュラーエコノミーへの転換が提唱され、欧州でいち早く対策が進められる契機となったのはよく知られるところである。

「問題」に気づいた人たちが次々に調査をはじめ、各国での対策が推進されつつあるのは本当に喜ばしいことだ。この背景には、環境中に取り残されたプラスチックごみの劣化が進み、ありとあらゆるところで「小さな破片になったプラスチック」が確認されるようになった現実がある。一九六〇年代に生物学者たちがプラスチックごみによる生物被害を訴えてから、「マイクロプラスチック問題」が注目されて世界中で調査研究が始まるまでには五〇年という空白があった。この失われた五〇年を一刻も早くとり戻す必要がある。

専門的な調査や研究の結果が、現場の改善に反映されるには時間がかかる。改善への道のりが少しでも短くなるよう、私たちができるのはプラスチックの使い捨てをやめ、拾えるごみは拾えるうちに回収することだと思っている。

あちこちの海岸にごみ拾いに行く機会があるが、歩きながら貝殻やビーチグラスなどが目にとまると「お宝」としてポケットに入れて持ち帰るのをひそかな楽しみとしている。小学二年の遠足で、鎌倉の由比ガ浜で見つけた桜貝とすべすべになったガラスのかけらがどんなに嬉しかったことか。今は拾うもののほとんどが、海辺には残しておきたくないプラスチックごみだけれど、たとえごみ拾いが目的であっても海辺を歩くのは良いものだ。

海ごみ問題に取り組んできたおかげで漂着物学会の設立に発起人として参加することができたし、ＩＣＣの国際的なネットワークを通して、東日本大震災の津波で外洋に流出し、その後米国やカナダなどで発見された物品類の持ち主探しにも関わることができた。震災起因漂流物の現状などを調査するため数回にわたって北米の西海岸やハワイ諸島を訪ねたが、現地のビーチコーマーや、日頃は海洋ごみ問題に取り組んでいるＮＧＯの人たちから、「私たちは海を挟んで隣同士。ここの海岸で見つけた東北からの漂着物は、ごみではなく、誰かの生活のかけらと思って大切に扱う」と言われたことを忘れない。

コロナ禍で外出を控えることが続いていたけれど、そろそろ潮風を浴びながらごみを拾いに遠出しようと考えている。

8 対馬における海洋保護区

清野聡子

「海洋保護区」とは

海岸の生物、生息地の保全、法制度について研究してきた筆者にとって、「海洋保護区（ＭＰＡ：Marine Protected Area）」はさらに沖合の海への挑戦である。本稿で述べる対馬における海洋保護区のとりくみは、地域から国際まで連続した事例である。

海洋保護区は、海洋の生態系や生物多様性の保全を主目的とし、開発などから生息場（ハビタット）を保護している海域のエリアのことである。

海洋保護区は、国際的には、国際自然保護連合（ＩＵＣＮ）による人類の関与の度合いによるカテゴリー分けがある。国立公園、天然記念物、水産資源保護区なども含んでいる。海洋保護区の日本での定義は「海洋生態系の健全な構造と機能を支える生物多様性の保全および生態系サービスの持続可能な利用を目的として、利用形態を考慮し、法律又はその他の効果的な手法により管理される明確に特定された区域」である（図1）。これは二〇一一年に環境省の海洋生物多様性

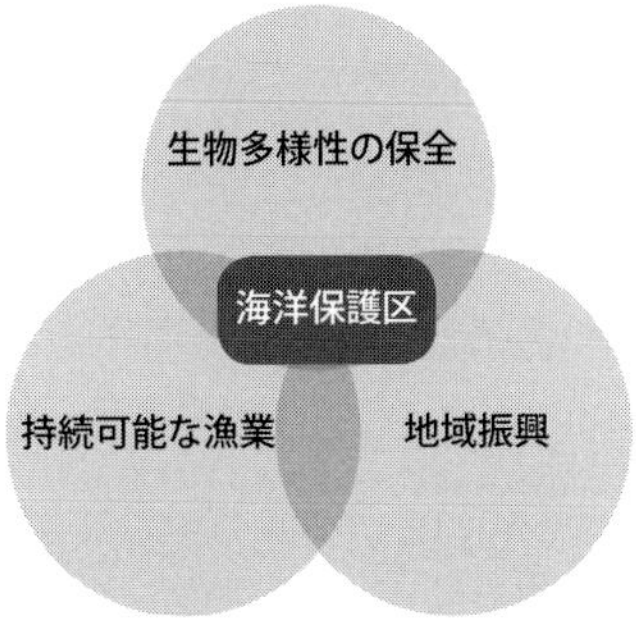

図１　海洋保護区
（MPA：Marine Protected Area、2011年「海洋生物多様性保全戦略」定義決定）

海洋生態系の健全な構造と機能を支える生物多様性の保全および生態系サービスの持続可能な利用を目的として、利用形態を考慮し、法律又はその他の効果的な手法により管理される明確に特定された区域。

保全戦略の策定時に、国際的な定義も考慮しながら定められたものである。日本の海洋保護区の特徴は、「持続可能な利用」が主眼とされている点である。日本は漁業が盛んなため、生物多様性や生態系保全（いわゆる従来の自然保護）を優先すると、漁業に制限が加わるのではと強く懸念されていた。そのため、自然保護と漁業は両立するとの考え方を明示しながら進めることが現実的であった。調整相手は、沿岸漁業者、漁村コミュニティを含む地方行政、水産加工や流通である。

また古くから、日本列島の沿岸部は自家利用含めた漁場となっており、厳しい立入制限がなされているサンクチュアリはほとんどない。沖合や遠洋については、大規模漁業の対象であるため、海洋生物資源の利活用のステークホルダーは、漁業という産業となる。外洋の海洋保護区の設定や管理では、国際的な合意形成が必要となる。特に、公海や南極については、保護区の管理者やルールをめぐって、海洋生態学だけでなく国際政治学的な案件となっている。

日本での海洋保護区の展開

海洋保護区は、国際的には生物多様性条約ほかで生物を直接ではなく、空間で保全する重要な方法論となっている。国際的なガイドラインは、保護区が公園（Park）として位置づけられているが、公園の意味が日本の語義と異なるため、都市型の公園と混同され、一般にわかりにくくなっている。海洋保護区については一九九〇年代から議論がなされ、二〇〇三年の世界公園会議でガイドラインがつくられた。それをもとに各国が検討を始め、生物多様性条約締約国会議での議論に進んだ。

日本ではそのような国際的な潮流を受けて、二〇〇二年の新・生物多様性国家戦略から海洋生態系の保全策の検討が本格化した。逆に、それまでの国家戦略では、海洋生物はほぼ未着手であったといってよい。同時期に、国内的には「水産基本法」が制定され、二〇〇〇年前後に海岸、港湾、漁港漁場整備の法制度が相次いで環境的に改正された。次に、海洋分野を包括的に扱う「海洋基本法」の制定へと進んでいる時期であった。国際的な潮流では、この時期に海洋保護区の議論が全く行われないことはありえなかった。一方で、国内的には近代化以来の法制度のセクショナリズムを超え、かつ、海洋という把握や管理が陸上よりはるかに困難な空間に対してどのような制度を適用すべきかが課題となっていた。

海洋基本法は二〇〇七年に制定され、その条文に生物多様性の保全が盛り込まれた。その実施レベルでの方向性を示した「海洋基本計画」が二〇〇八年に決定されたが、その条項に、初めて「海洋保護区」の文言が盛り込まれた。このような時期に、第九回生物多様性条約締約国会議がドイツで開催され、次回の重要議題が決定した。そこに、海洋と保護区が入っていたため、海洋保護区の具体的な進め方が議題となるのは決定的となった。

第一〇回生物多様性条約締約国会議は二〇一〇年に愛知県名古屋市で開催された。議長国の日本には、全海洋の何%を保護区とする数値目標を決議できるかの手腕が求められた。この締約国会議で決定された一〇年計画の「愛知目標」では、二〇二〇年までには世界の海洋の一〇%を保護区とするとの数値目標が決定された。

そのため、日本政府は、国際的には責任をもって海洋保護区を推進する立場となった。一方、国内的には漁業者や漁業産業の関係者との合意形成には困難を極めていた。保護区になることで漁業が禁止となると、根拠に乏しい情報が関係者に流布しており、漁業の現場では、保護区の設定に漠然とした反対意見が増えることとなった。

また、二〇一一年三月には、東日本大震災が起き、環境や景観よりも災害復旧、防災を中心とした政策を最優先にし、調査研究、技術開発も防災が中心となった。人命財産の保全が最優先であるなかで、より中長期的な生活環境、地域景観、さらに生態系保全を唱えることは、人命軽視のように受け取られる状況となった。

二〇一〇年五月に環境省により「海洋生物多様性保全国家戦略」が公表はされたが、すぐさまそれにもとづく政策が展開されることは困難となった。

日本型海洋保護区の議論

このように海洋保護区の議論は、国内的に実務上は東日本大震災の影響でトーンダウンすることとなった。一方で、国際的には、生物多様性条約にもとづき締約国会議の議長国として、愛知目標の「二〇二〇年までに海洋保護区を一〇%」を達成する努力は求められていた。

実務的には、まずは国内の現行制度に対して、国際的にも認知される保護区に相当する制度を適用することになった。国立国定公園、天然記念物、鳥獣保護区、区画漁業権などである。これらは、もともとは海洋保護区という概念がない時代に、国内的に形成されてきた制度であるため、国際的な文脈にそのままスライドするには、関係するステークホルダーの理解が必要であった。実際には、国内的な手続きなどは変更はなく、生物多様性条約での議論は現場にはほとんど影響しないということで進められている。

長崎県対馬市の海洋保護区政策

そのようななかで、国際的な海洋環境の議論を地域行政に引き寄せる特徴的な自治体があった。それが、長崎県対馬市である。

対馬は、海洋学的、地理的にも特徴的な場所である。九州と朝鮮半島の間の対馬海峡に位置する。南北八二キロ、東西一八キロと細長く、九一五キロの入り組んだ海岸線をもつ。中央部にリアス式の多島海の浅茅湾、仁田湾、舟志湾などの汽水域の入り江がある。また、標高五〇〇メートル前後の山々が連なり平地が少なく、主要産業は漁業である。

人口は二万九八〇〇人（二〇二三年八月）、漁業者人口は人口の一割を占める。最寄りの大都市の福岡までは、海路一三八キロ、釜山まではわずか四九・五キロである。

海洋条件としては、対馬暖流が対馬海峡の東西を通過して、東シナ海から日本海へと北上している（図2）。東シナ海には大陸から長江などの河川水が流入している。そのため豊穣の海となってきた。対馬の北西部には「対馬渦」といわれる渦流が発生し、プランクトンが発生し、好漁場となっている。

この宝の海は、対馬沿岸漁場として、対馬在住の漁業者だけでなく、日本国内の大臣許可等の大規模漁業の漁場となっている。さらに、経済水域外では、韓国、中国、台湾などの漁船が出漁している。漁獲圧が強い状態が続き、一九九〇年代には水産資源の減少が見られるようになった。そのため、大規模漁業と沿岸漁業の対立、国際的な漁場紛争などの社会的摩擦が問題になってきた。協議や利害調整、合意形成の場としては、漁業交渉の場がある。しかし、水産資源の基盤である、生物多様性の保全や海洋環境の問題は、漁業交渉の場では議論の対象とならなかった。

その状況で、海洋保護区の検討の情報が、筆者らにより二〇〇九年に対馬市にもたらされた。同年には市議会での議論が開始された。

長崎県対馬市は、二〇一〇年より、海洋の生物多様性の保全と持続可能な水産資源の利用を目指して、海洋保護区を市の政策として進めている。漁業者を中心に「対馬市海洋保護区設定推進協議会」が結成され、島内のさまざまな漁法、水産や環境の行政関係部局、専門家が参加している。現在も対馬市は対馬沿岸から対馬海峡全体への視野をもちながら検討を進めているが、沖合の大規模漁業による沿岸の水産資源への圧迫が発端であった。関係者が全国的な広範囲にわたり対象が多く、市からの呼びかけでは合意形成が困難なため、施策の対象を島の沿岸に集中する方針とした。「しまうみ管理計画」が二〇一八年にまとまり、対馬市のホームページでも公開された（図3）。

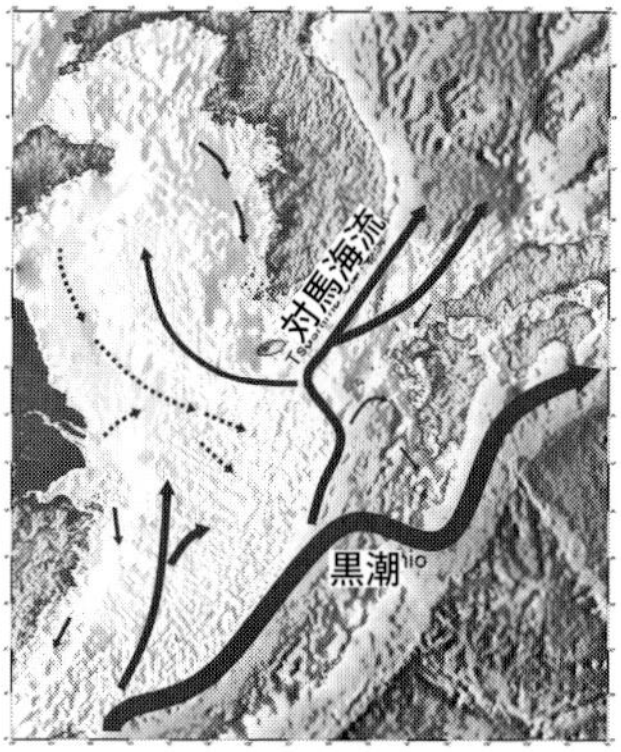

図2　対馬の周辺の海流

図3　対馬海洋保護区のシンボル

現在は、対象範囲を、漁業協同組合を中心に管理が可能な共同漁業権の範囲とし、磯焼けしている藻場のモニタリングや保全から着手している。定置網など他の漁法や遊漁、さらに生物多様性保全などにも拡大していく計画である。

対馬市の海洋保護区政策の特徴のひとつは、漁業との関係性を正面から捉え、漁業者との合意形成を避けなかったことにある。漁業と生物多様性に関しては、持続可能な利用や水産資源保護と深い関係があるのだが、漁獲制限や禁漁につながるのではとの懸念が漁業の現場や業界や水産行政に先行し、議論や協議の場をつくること自体が困難であった。合意点が見出しにくい場合、自然保護や環境保全など意見の合いそうな人たちと検討を進め、後から漁業者にアプローチをする方法もあ

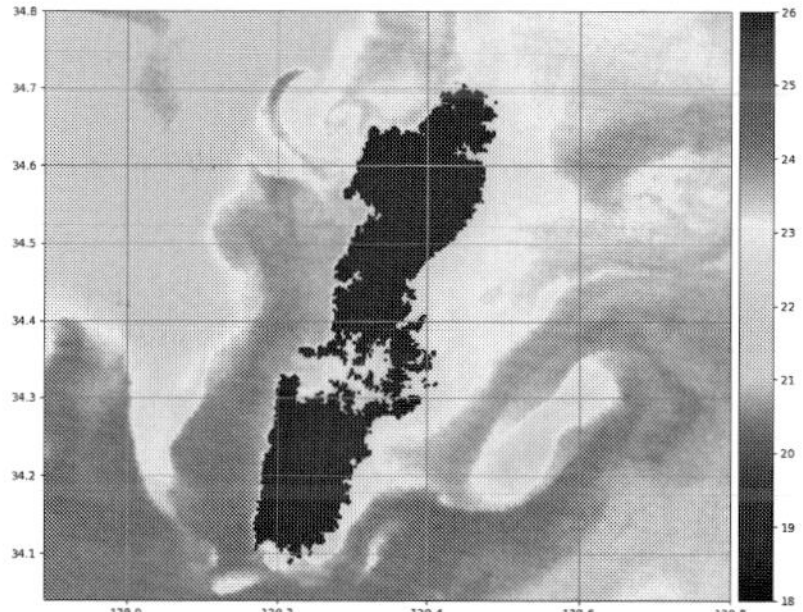

図4　衛星から見た対馬周辺の海水温分布
(2023年10月17日)

図5 「海洋保護区と漁業の先進地」ポスター

ったであろうが、対馬市は最初から漁業という最重要なステークホルダーに正面からアプローチしてきた。このように、対馬市は「対馬版海洋保護区の設定を推進していきます」とうたい、一般的に思われている自然保護的な観点を優先する保護区とは異なり、持続可能な漁業を目指すとの視点を提示した（図5）。

この進め方は水産有用種、水産資源保護区の考え方であり、本来の海洋保護区が目指す生物多様性からのアプローチが不足している懸念があった。しかし、対馬沿岸ではこれまで大きな開発計画がなかったために、網羅的な生物相調査が十分行われてこなかった。漁業対象種は、漁業協同組合が把握している漁獲物の種類と量をもとにした水産の統計があるが、主要な種類に限定されている。そのため、海洋保護区の設計のために生物多様性の情報をまとめる必要に迫られ、対馬市、九州大学の主導で対馬沿岸での魚類相のリストを新たに作成したその結果、「一三五科三五〇種」の魚類が生息するポテンシャルのある海域であるとわかった。

海のステークホルダーによる協議の場

二〇〇九年当時の対馬市が、漁業の未来のために漁業調整ではなくて海洋保護区であると判断した理由は、調整に参加する多様なステークホルダーと、海洋生態系保全の大目的と海外も含む地理的範囲となる。

対馬市の海洋保護区の検討の特徴のひとつは、協議の場づくりである。ステークホルダーは、漁業が筆頭であり、座長も漁業者代表（漁業協同組合組合長）が担っている。委員は、海に関わりそうな行政の環境、海ごみ、森林、水産振興、さらに学識経験者である。海洋環境の代表者が誰であるかを議論したが、現在は委員としては、あえていうならば市の生活環境課、環境分野の学識経験者である。最大の利害関係者が座長を務め、市役所水産課が事務局を担っている。

自然保護や環境会議のマルチステークホルダーの会議では、最大級の利害関係者を意思決定の中心にすえない座組が多い。しかし、対馬市の海洋保護区の委員構成に関しては、漁業を無視しては、海洋の議論はできないため、最初から議論の中心に座ってもらおうとするものである。

沿岸漁業は、対馬では岸から三マイルは、基本的には沿岸漁業のための区域となっている。共同漁業権が設定され、無許可の漁業は操業できない。しかし、三マイルより外の海域は、対馬の地域に限定されず、国内の漁業に開かれている。

日本の海の制度では、海域管理については、環境や生物多様性の観点からの権利をもった地域サイズの主体が存在していない。「環境」は公益的な存在であり、それならば国民であるとしても、ステークホルダーとしての明確な存在が見えないのが課題である。

「水産資源保護」と「海洋保護」

海洋保護区というと、近年導入された言葉のように思われるが、保護の対象や目的によっては、すでに導入されてきたものもある。水産資源保護は、水産有用種の産卵場など生活史で重要な場や、集中的に来遊する場では、禁漁、制限などが行われてきた。古くは鎌倉時代に千葉県房総半島での鯛の浦での保護があるので、中世の段階では意識が醸成されてきたと考えられる。

禁漁にするだけでなく、里海的な海への働きかけも行われてきた。

対馬でも、アオリイカが産卵にやってくる浅瀬にはアマモ場などがあることから「イカ藻場」などが知られている。卵を産み付けるための枝状の基盤が必要なため、常緑樹のサカキやツゲの木、竹の枝、粗朶《そだ》などを束ねて海中に沈める「イカ柴」など、疑似的な産卵床をつくる活動もある。

このように、水産資源保護区や漁業者の自主的な禁漁については、ボトムアップで漁村内での合意形成済みであるため、行政的にも漁業者との調整がほぼ必要ない。しかし、本稿で論じている海洋保護区については、漁村外からの提案であるため、スムーズな受け入れや展開が現在でも進んでいるとはいえない。

対馬市において、海洋保護区の議論ができた理由は、従来の漁業調整を超える問題が、漁場のなかで起きていたためである。当初は大規模漁業と沿岸漁業の調整と合意形成が問題であった。特に、前者のまき網と底引き網の漁船が操業した後には、遊泳性の魚類やイカ類は姿を消してしまうため、対馬に限らずこの二者は対立的であることが多い。さらに、政治的には大規模漁業のほうが強い。沿岸漁業者はどちらかというとマイノリティである。そのため、社会的発言も小さいのが実情である。高度経済成長後の水産行政のなかでは、漁業振興や水産資源管理は大規模漁業を主な対象としており、沿岸漁業には漁港漁村行政が対応しているようにみえる。

図６　磯焼け。大型海藻が消滅し、ウニが岩の表面に露出

対馬市の海洋保護区への継続的な努力

このような状況のなか、対馬市では、大規模漁業と沿岸漁業との合意形成は一筋縄ではいかないと、あらためて判断し、磯もの（アワビ、海藻）を対象とし、より見える範囲での対応で、実績をつくっていこうと考えた。そこで「藻場部会」が組織され、磯焼け対策、モニタリングなどが進められている。

現在は、対馬市の範囲で実施できる具体的な取り組みとして藻場部会の活動を中心に進めている。二〇一〇年当初の目指す外海への提案のためには、海洋保護の意識を根付かせて、人材育成することが重要である。急がば回れの考え方であるが。

対馬の海の知見の集約、人材育成

対馬市は海洋保護区の設定と管理には、対馬の海洋生物の基礎情報が必要と考えられた。まず、漁業的に魚類から着手され、料理法などの人文、民俗も掲載している。また、現在、サザエ、アワビなどの無脊椎動物、海藻までに拡大している。

魚類標本の採集には漁業者や漁業協同組合、漁村住民の協力を得て水産有用種以外も確保した。新鮮な標本が得られたため、生物写真家の撮影に対応ができた。また、料理法については、市役所職員や住民に実演や記録のご協力を得た。

対馬市・九州大学の共同出版として、『対馬魚類図鑑 - 対馬のさかなと人の暮らし』を対馬市ホームページ上で二〇一九年に公開した（https://www.city.tsushima.nagasaki.jp/gyousei/soshiki/nourin/suisanka/597.html）。この制作プロセスを経て、図鑑制作自体がひとつの生物多様性、漁法などの保存と継承につながっている。

対馬市では、「対馬学フォーラム」の対面の発表の場が確保されている点も重要である。同じフィールドで分野を超えた研究者間交流が出来るだけでなく、市民に直接伝えることができる。さらに、参加した市民が今度は研究を進め、発表者になっていった。

その後、対馬市の市民講座である対馬グローカル大学が発足している。研究者にも社会実装の場を提供してくださっているため、市役所や市民との対話により、研究の手応えを得ることが可能となっている。筆者は、対馬での研究を通じて、フォーラム、グローカル大学の環境ゼミ講師、SDGs推進に参加させていただいている。

急激に変化する海洋生態系を捉える最新技術の活用―環境DNAモニタリング

上記のように、対馬市の海洋保護区の推進のために、「漁業のための生物多様性」の観点から生物多様性を評価する調査が必要になった。しかしながら、従来型の生物リストを作成する調査を深めるには、資金も時間も人手も不足している。また、水温変化や磯焼けの環境変化により、調査対象の生態系自体が急速に変化する問題に直面していた。そこで、調査手法を変えない限りは、海洋保護区の設計に生物多様性情報を展開する展望がなかった。

そこで、環境DNAメタバーコーディングによる魚類調査により生物多様性調査を行い、その結果を海洋保護区の制定に役立てることとなった。この頃、ちょうど網羅的解析法（MiFish）による環境DNAメタバーコーディングが確立され、水を汲むだけで多くの魚種を検出し、そこから対馬沿岸での魚類相のリストを作成できると考えた。調査は、二〇一六年八月に対馬北部の鰐浦にて一日の調査でMiFishメタバーコーディングにより八一種の魚種を検出した。遊泳魚だけでなく、従来の調査では発見が困難であったハゼ類などの小型底生魚についても検出できた。よって、伝統的な生物相調査の手法では考えられない速さで、水塊から海底までの生息場所をカバーする空間解像度もすぐれた検出結果を得ることができた。

このように、環境DNAによる空間解像度の高い調査結果は、公開のための合意形成に時間がかかる可能性がある。対馬市ではさまざまな議論を経て、環境DNAデータの掲載は、対馬市、大学（研究者）、漁業者との検討の結果、公開できる部分から段階的に公開していくこととした。最終的に、これら環境DNAメタバーコーディングの結果について、前述の対馬魚類図鑑で公開している。

海洋保護区の管理者は誰に
―外洋と沿岸をつなぐ観測者としての女性

最後に、あらためて「海洋保護区」の対象海域と女性の役割について考察する。

海洋保護区のあり方は、生物多様性や生態系の保全と、持続可能な利用をどのように融合させるかが課題となっている。今でこそＯＥＣＭ（Other Effective area-based Conservation Measures：指定外でも地域的なルールで実際には守られているエリア）や30by30（二〇三〇年までに世界の三〇パーセントを保護区にする目標）が議論されているが、対馬市はそれを自治体の現場で試行錯誤、模索してきたといえる。その際、海洋保護のために人類の努力により達成可能なこと、不可能なことを意識しておく必要がある。

対馬市の海洋保護区政策は、当初、外洋までの版図を考えていた。しかし、一自治体が国の漁業政策に物申すのかとの意見が強く、「離島」「辺境地」という扱われ方であり、孤軍奮闘であった。後に、国境離島という呼称となったが、その根底には、本土中心の世界観があるのはいうまでもない。

海洋を中心の版図を考えたら、個々の島嶼地域の存在感が大きさを増してくる。陸上はある程度、コンパクトに自給自足的に転換するポテンシャルをもっている。特に、島嶼地域は、沿岸域でもありながら、外洋を常に感じる生活を送っているため、海流の影響や季節の変化など地球規模の自然現象が日常的であるため、自然の動態に非常に敏感である。

　では、沿岸と外洋をつなぐ者は誰か、人間の意思決定は陸域のセクターで行われる。漁業では男性たちが沖に出ていく役割を担っているとしたら、海と陸との境界に常にいる者は誰か。それが、女性たちではないだろうか。海岸での採藻、海女漁業、水産加工などを通じ、まさに沿岸環境と地球規模の現象をモニタリングしているともいえる。

　表の意思決定にはほとんど登場しないが、沿岸地域や漁村での女性の影響力を再度捉え直してみることはできないだろうか。日々の沿岸観測情報をもとに、情報提供だけでなく、大所高所から、長期的視点からの意見、看過していた点の指摘を行っている女性たちを思い出している。

　本書への寄稿の機会をいただき、海洋での女性の役割を考えた。我田引水となるが、海洋観測者として冷静に、直近の利害関係にとらわれず、地域と地域をつなぐ存在としての女性について考えをめぐらしていきたい。

参考文献

清野聡子　二〇一一「離島振興策としての「海洋保護区」―生物多様性保全と越境汚染の解決の枠組」土木学会論文集Ｂ３（海洋開発）Vol.67

――　二〇一三「対馬から始まる日本の海洋保護区」『BIOCITY』Vol.58

――　二〇一四「世界の海につながる島の「地域知」―海洋保護区と地域振興」『しま』Vol58,No.233

――　二〇一八「九州西部沿岸における地域特性に応じた海岸漂着ごみへの対応と多様な主体の参加」『水資源・環境研究』Vol. 31, No.1

――　二〇一九a「海洋保護区と漁業調整」柳哲雄編著『里海管理論―きれいで豊かで賑わいのある持続的な海』農林統計協会

――　二〇一九b「対馬―国境の島は日本のインフラ」『土木学会誌』vol.104,No.1

対馬市海洋保護区科学委員会　二〇一四『対馬市海洋保護区科学委員会報告書』対馬市

対馬市・九州大学大学院工学研究院環境社会部門生態工学研究室　二〇一九『対馬魚類図鑑（対馬のさかなと人の暮らし）』対馬市

第3章

海のジェンダー平等へ

9

漁村女性のネットワークの展開と今後

関いずみ

はじめに

漁村の女性たちは、漁業や地域の中で様々な役割を担っている。水産白書（令和四年度）によると、漁業就業者（海上作業従事者）に占める女性の割合は約一一％となっている。海女漁は古くから女性が主体となって行われてきた漁業である。地域によっては夫婦で漁船に乗って漁をしている。定置網などの乗組員として漁業に携わっている女性もいる。自ら正組合員となって自分の船で漁をする女性も増えている。しかし、獲ってきた魚を流通に乗せ、あるいは加工する作業がなければ、漁業は成り立たない。多くの漁村女性たちは、カキの殻むきや魚の網外し、漁獲物の選別など、水揚げ後の作業や加工業に従事している。陸上作業に占める女性の割合は約三六％、水産加工業従事者に占める女性の割合は約六〇％となっている。

漁村の女性たちが担ってきたのは、漁業に関する作業だけではない。家計の維持管理のための貯蓄運動、石鹸使用推進運動や浜掃除、植樹などの環境に関わる活動、魚食普及活動、海難遺児や地域の年配者をサポートする福祉活動など、地域を維持するための活動に多くの女性たちが関わってきた。そして、これらの活動が全国の沿岸地域に網の目のように広がり、維持されてきたのは、漁協女性部によるところが大きい。漁協女性部は全国の漁村女性を結び付け、漁村の問題を共有し、これに対峙するために活動する重要な組織だったのである。

しかし現在、漁協女性部組織は部員数の減少や高齢化という課題を抱えている。女性部は漁業者の妻をメンバーとするところがほとんどなので、漁業者自体の減少や高齢化という状況の中では、当然の課題ということができる。一方で、これまでの体制や活動内容を見直し、女性部を再構築していこうという動きや、女性部という枠を超え、例えば起業活動を共通点として、全国の人々とつながっていくような新たな組織づくりの動きもみられる。

本章では、漁協女性部のこれまでの歩みを、社会的、経済的な背景から読み解いていく。また、漁村女性の新たな活動が注目される中で、これからの漁村女性のネットワークの在り方について考えてみたい。

漁村女性たちの組織づくり

漁協婦人部の誕生

戦後の漁村女性にとって、最も基本的な組織の一つであり、彼女たちの漁業活動や地域活動を支えてきた組織として、漁協女性部がある。

漁協女性部という呼称だが、二〇〇〇年くらいまでは「漁協婦人部」と称されてきた。しかし、一九九五年の世界女性会議をきっかけとして、日本政府は婦人問題企画推進本部を設置し、「西暦二〇〇〇年に向けての新国内行動計画（第一次改定）」を決定した。この第一次改定において、男女共同参画の認識が共有され、「参加」から「参画」という言葉が使われるようになると同時に、「婦人」という言葉は法令用語、固有名詞や、これに準ずるものを除き、「女性」という言葉に置き換えられることとなった（内閣府男女共同参画局 https://www.gender.go.jp/about_danjo/law/kihon/situmu1-3.html）。これは、「婦人」という言葉が、成人あるいは結婚している女性というように、女性をさらに限定的にする言葉であることや、男性と対になる女性という言葉を使用することが適切だと考えられたためである。

後述する全国漁協婦人部連絡協議会（全漁婦連）も二〇〇二年六月に婦人部から女性部への名称変更を決定し、現在は全国漁協女性部連絡協議会（ＪＦ全国女性連）となっている。都道府県漁婦連もこれに倣い「婦人部」から「女性部」へと名称変更を行っていった。本論では固有名詞については「婦人部」の表記を用いるが、それ以外は時代に関わらず「女性部」と表記する。

浜の女性たちの組織化は一九五〇年頃から始まった。一九五〇年には山口県に二つの漁協女性部が誕生している。全国に女性部が結成される大きなきっかけとなったのは、北海道積丹半島の南西部に位置する泊村の盃漁協女性部だといわれている。この頃の盃漁協はニシン漁が壊滅的な状況となり、イカ漁も不漁が続いていた。そこで漁協組合長が信用漁業協同組合連合会に借金を頼みに行ったところ、貯金がなければお金は貸せない、一日一円でもいいからみんなに貯金をするように指導してほしいと言われたという。組合長は、家計を管理している女性たちに相談し、女性たちは何度も集まって話し合った。当時は、戦争中全国に組織されていた国防婦人会に代わる婦人会組織が地域ごとにできていたものの、これは漁師の生活のための貯金の話なのだから、漁家に特化した活動にするべきだということで、一九五一年に「盃漁協婦人貯蓄実行組合」が結成されることとなった。組合員となった女性たちは、一日一〇円貯金と、油や醤油、砂糖などの食料品の共同購入を始めた。北海道の端で起こったこの動きは、同じような問題を抱えていた全国の漁村に広まった。一九五二年には長崎県壱岐郡勝本町漁協婦人部が結成され、壱岐内では数年のうちに五つの女性部が誕生している。千葉県では一九五四年に九十九里地区が女性部を結成した。当時の九十九里地区は、地区の一部が米軍の演習地帯となっていたこともあり、漁に思うように出られず不漁も続いていた。この窮状が全国放送で紹介され、山口県の黒井漁協婦人部が慰問品と激励文を送ったことが、九十九里地区の女性部結成のきっかけとなった。このように、一九五〇年代から一九六〇年代にかけて、多くの地域で月掛貯金運動や家計簿記帳推進、共同購入、漁村女性の地位向上を目的に掲げ、漁協女性部が次々と誕生していった。やがて女性たちは、都道府県単位の組織である、漁業協同組合婦人部連絡協議会（漁婦連）の設置に注力していく。

都道府県漁婦連の設立

各都道府県漁婦連の設置年及び当時の加入部数と部員数について表1に示す。都道府県単位の漁婦連の設立は、一九五〇年代後半から一九六〇年代前半に集中していることがわかる。県域でいくつかの女性部が設立した時点で、県漁婦連が誕生し、それが求心力となって、より多くの地区に女性部を誕生させるという形で、女性部組織は拡大していった。一九七〇年代以降に県漁婦連が設立したのは、秋田県、沖縄県、熊本県、東京都である。設立時期が遅くなった理由として、JF熊本女性連は「女性部活動の根本をなすものに、貯蓄運動があげられる。しかし、本県にはその根幹となるべき信漁連が設立されておらず」（全国漁協

表1　都道府県漁婦連設立時の状況

	漁婦連結成年	結成時 婦人部数	結成時 部員数	備考
北海道	1958年6月	181	48500	
青森県	1959年10月	11	1843	
岩手県	1957年10月	23	5314	
宮城県	1956年9月	15		
秋田県	1975年2月	4	690	
山形県	1961年3月	6		
福島県	1958年9月	(19)	1593	19は漁協婦人部の前進である婦人貯蓄組合の数
茨城県	1968年10月	12	1046	
千葉県	1956年3月			
東京都	1982年	3		
神奈川県	1959年1月	18		
静岡県	1956年9月	25		
愛知県	1960年9月	8	2247	
三重県	1957年12月			
新潟県	1963年10月	11		
富山県	1961年12月	5		1961年には2婦人部、翌1月に3婦人部が加わる
石川県	1959年7月	11	1782	
福井県	1957年10月	20	1379	
京都府	1960年	10	(800)	800は設立総会出席者数
兵庫県	1959年8月	42	5882	設立前年のデータ
和歌山県	1958年4月	58	6024	
鳥取県	1960年10月	8		
島根県	1957年8月	25	約4000	
岡山県	1962年4月	4		
広島県	1956年7月	21	2022	
香川県	1958年	28		
徳島県	1957年	15		
愛媛県	1955年4月			
高知県	1956年10月	20		
山口県	1955年10月	33		
福岡県	1957年6月			
佐賀県	1961年8月	26	3258	
長崎県	1958年7月	29	3957	
大分県	1957年9月	13	2103	
熊本県	1978年3月	7	1085	
宮崎県	1957年1月	13	1838	
鹿児島県	1958年7月	17	2623	
沖縄県	1977年4月	7	434	

表はJF全国女性連設立50周年記念事業として発行された『漁協女性連の歩み』よりまとめた。

女性部連絡協議会　二〇一〇）と記している。また、東京都では一九六一年に新島若郷漁協婦人部設立が女性部第一号であり、その後一九七五年八丈島中之郷漁協婦人部、一九七九年式根島漁協婦人部と徐々に婦人部が誕生していくが、「島を越えて交流する機会がないことなどから、その活動範囲は各漁村地域のみに限られて」（全国漁協女性部連絡協議会　二〇一〇）おり、一九八二年にようやく東京都漁協婦人部連絡協議会が設立した。

全国組織の誕生

一九五七年に第一回全国漁協婦人部協議会が、翌五八年には第二回協議会が開催され、漁協婦人部の全国組織化が検討される。一九五九年九月には第三回全国漁協婦人部大会が行われ、「二四道府県漁婦連を直接会員とする「全国漁協婦人部連絡協議会」の発足が満場一致で可決された」（全漁婦連　一九八九）。当時の沿海地区における漁協数は三〇〇〇を越えており、そのうち女性部ができていた漁協は一〇六五、女性部員数は一九万六二五名であった。

全漁婦連の発足後、一九五九年伊勢湾台風、一九六〇年チリ地震津波、一九六一年第二室戸台風、一九六三年日本海地域豪雪、一九六四年新潟大地震、と毎年大災害が日本を襲い、とりわけ沿岸地域に甚大な被害を与えた。全漁婦連は災害が起こるたびに罹災漁家のための助け合い募金を実施し、全国組織としてのネットワークの力を発揮した。また、これまで地区ごとの女性部によって行われていた魚食普及運動、合成洗剤追放運動、漁船海難遺児を励ます一人一日一円募金運動といった活動が、全国共通の運動として行われるようになっていった。全漁婦連の自主的な運動としては、漁村婦人の漁協婦人部への全戸加入運動、漁協婦人部バッチの着用運動、明るい漁家の家計簿・営漁簿普及促進及び漁協婦人部手帳の全員活用運動などがある。

これらの活動を通し、一九八六年に行われた第二八回通常総会では、以下に示す漁協婦人部の五原則が設定された（ＪＦ全漁連ホームページ　https://www.zengyoren.or.jp/link/joseiren/about/general/）。

一　漁村婦人の組織

婦人部の目的と性格を支持する漁協区域内に居住する婦人の加入を認めつつ、基本的には漁協組合員またはその家族である婦人を基本とする。

二　同志的な組織
婦人部の目的を理解し、その実現に向かって努力する同志の集まりである。
三　漁協運動を推進する組織
漁協の発展のために、自らの意思で漁協運動を進める組織である。
四　自主的な組織
部員の総意に基づき自主的、民主的に運営される組織であり、会費によることを基本とする。
五　政治的に中立
個人の思想信条は自由だが、組織としては一党一派に属さない。しかし、政治には無関心でなく、漁協婦人部の目的を達成するため必要な活動は積極的に行う。

この五原則によって、漁協婦人部の位置付けは、漁協をよりどころとする自主・自立の協力・提携組織、つまり、自主的に活動する漁協のパートナー組織であることが明記された。全漁婦連三〇周年に発行された『海の夢を、あしたの暮らしにつなぐ　漁協婦人部読本』は、三〇年間積み重ねてきた婦人部活動の当時での到達点を示す記念誌であり、全国の漁協婦人部員が一人三〇円を拠出して出版の原資としていることは、自主自立の活動を体現する強い意志を感じさせる。なお、この五原則は、現在は漁協女性部五原則として、同様の内容で提示されている。

漁協女性部の活動の変遷と時代背景

漁家の生活改善

多くの漁協女性部活動の設立当初の目的は、天然資源に依存するために不安定になりがちな漁家経営を計画的に営み、生活を安定させることだった。そのために漁家女性たちは生活を見直し倹約をし、漁協の信用事業と連携した一日十円積立貯金のような地道な貯蓄推進活動を進めてきた。また、家計簿記帳活動にも力が入れられ、青色申告を行う漁家を増やすきっかけになっていく。山口県漁婦連では一九六〇年代から独自のライフサイクル表などの楽しい資料を作成し、計画的な生活設計を行うための意識改革に資する勉強会を県下各地で開催した。
一九六〇年代後半からは、頻繁に起こる海難事故に何らかの対応をするために、漁船海難遺児を励ます運動として、現在の公益財団法人漁船海難遺児育英会の設立（一九七〇年）のための募金活動や、漁船海難遺児育英資金募金運動に、多くの女性部が参加するようになる。宮崎県や長崎県の県漁婦連では、一九七〇年代より生活改善運動の一環として冠婚葬祭のお返しを廃止し、これに代えて漁船海難遺児へ寄付をする、お返し募金を行っている。全漁婦連では、一九八六年から漁船海難遺児を励ます運動として、漁村婦人一人一日一円募金を開始した。

環境保全活動

一九六〇年代から一九七〇年代前半にかけて、日本は高度経済成長期を迎える。この時期から盛んになっていった活動として最も注目されるのは、環境に関わる活動であろう。経済成長の裏側には、深刻化する公害問題が存在している。有毒物質が含まれた工場排水の垂れ流しや生活排水による海域汚染、地先海域の大規模な埋め立て工事を一因とする漁場喪失といった問題が進む中で、漁村の女性たちは漁業を維持し自らの生活を守るためには、漁場環境の保全が重要だと考え、全国的な環境運動を展開していく。その一つが、一九七五年の全漁婦連総会によって決議された、「有害合成洗剤追放運動」である。一九六〇年頃から洗濯機と合成洗剤が急激に普及し、生活排水による漁場汚染が問題となっていく。三重県神島漁協婦人部では海女漁によるアワビの水揚げ量が一九七〇年には二〇トンを上回っていたが、一九七五年には一三トンと激減したことから、合成洗剤が水産資源に及ぼす影響について、鳥羽市水産研究所に講義と実験を依頼する。以降、合成洗剤の有害性について地域ぐるみで学習を重ね、町内小売店へ合成洗剤を扱わないことを申し入れ、地域内の各家庭にある合成洗剤の回収と焼却を実施した（全漁婦連　一九八九）。岩手県重茂《おもえ》地区は、現在でも熱心に石鹼運動を継続している地域の一つである。一九七五年に重茂漁協総代会において、合成洗剤の使用自粛が決議され、女性部が具体的な活動を依頼されたこと、岩手県漁婦連でも合成洗剤追放の決議をしたことから、重茂漁協婦人部は一九七六年の総会において、合成洗剤を売らない、買わない、使わないの「三ない運動」を実施することを決議し、地域内各世帯へのチラシの配布、部員の中から追放指導員を選出し、漁家を中心に実態調査を行った。また、地区内小売店に協力を求め、在庫の合成洗剤をすべて漁協が買収することとし、その代わりに石鹼を漁協の購買経由で取り扱ってもらうことになった。重茂地区には、現在も「ここでは合成洗剤を絶対に使わないことを申し合わせた地域です」という看板が立てられている。有害合成洗剤追放運動は、二〇〇二年には「天然石鹸使用推進運動」と改称され継続している。また、一九九六年からは石鹸使用推進運動や海浜清掃、植樹活動といった地域の環境に関わる活動が、「森と川と海をつなぐ環境保全運動」と総称され、漁協女性部だけでなく、漁協や地域住民、行政を巻き込んだ連携体制の中で推進されるようになっている。

魚食普及活動

一九八〇年代には健康問題への関心の高まりを受け、成人病予防と魚価安定を目指した「魚食普及運動」への取り組みが熱心に行われるようになる。一九八三年の全漁婦連の通常総会で、「健康を目指した食生活の見直しと私たちがすすめる魚食普及活動推進要領」が定められ、第一次魚食普及活動三か年計画が作成される。一九八六年からは第二次魚食普及活動三か年計画が始まり、地域活動としては各家庭での食生活の見直し、地域特性を生かした水産物の料理講習会やコンクールの実施、チラシ・パンフレットによる魚食のPR、イベントの実施や参加、水産加工品開発への取り組み、学校や消費者への魚食普及活動の実施などの推進が求められた。全漁婦連としては、関連機関と協力し、各種情報提供や研修会などでの情報交換の場づくり、『全漁婦連だより』特集号の編集といった活動を実施していった。

魚食普及活動に最も早くから取り組んでいた女性部の一つに、島根県恵曇《えとも》漁協婦人部がある。婦人部発足当初の一九七〇年代はイワシの豊漁が続き、値段もつかないような状況であった。一方で、地域の子供たちの骨が弱っていると医師から指摘を受け、女性部では地元の子供たちの健康を考え、地元水産物を食べてもらうにはどうしたらよいか、という思いから、イワシなどの地元水産物を使って、安全、安心に留意した食品を作ることを目標に、加工品開発を行ってきた。一九八九年には電源三法交付金制度を活用し、女性部の水産加工センターを建設、一九九二年にはイワシ料理のレシピ集『ふるさと鹿島のいわし料理』を発行した。恵曇地区の魚食普及活動は二〇一九年まで続けられた。

東京都八丈島では、地産地消を推進する東京都の方針がきっかけとなり、八丈島漁協連合女性部による、島の水産物を学校給食に提供する活動が始まった。二〇〇五年に都内の学校給食に関わる栄養士を対象に料理講習会が実施され、二〇〇八年からは三六区市町との取引が始まった。ムロアジやトビウオなどの魚をフィレやミンチにして真空冷凍し、学校給食センターに送っている。女性部では、単に食材を提供するだけでなく、島の漁業に関する資料や加工したのは何の魚なのかがわかるように、丸のままの魚を同梱し、時には学校に出向いて出前授業をして、島の生活や漁業、水産業のことを紹介している。魚食普及活動は学校向けの料理教室など、ボランティア的な活動も多いが、これらの活動のように、起業活動へとつながるケースも見受けられる。

地域福祉活動

その他の女性部活動として、女性の地位向上に関する活動や地域の福祉活動があげられる。地位向上に関する活動については、次節で述べる。地域の福祉活動は、近年は高齢者に関する活動が目立つようになっている。具体的な活動としては、高齢者施設のイベントへの参加や敬老の日の記念品贈呈、ヘルパー育成研修の実施、慰問や声掛け、給食サービス（宅配や会食）などがあげられる。山口県漁協三見支店の女性部は一九九六年から地域の高齢者を対象とした「いきいきサロン」を月に一度開催し、体操や手芸、講和、地元産品を活用した昼食の提供などを行っている。

漁協女性部組織の課題

女性部組織の縮小化

これまで述べてきたように、漁協女性部は漁村女性の基本的な組織として、その時々の社会や経済状況を背景とした様々な課題に取り組んできた。図1は、ＪＦ全国女性連に加入している女性部について示したものである。ＪＦ全国女性連は設立当初二四道府県の一〇六五の女性部、一九万六二五名の部員によって構成されていた。その後、女性部数、部員数ともに増加し、ピーク時には女性部数一四〇〇、部員数は二〇万人を越え、全国組織に加入する都道府県女性連も三八となった。一人一人の力は小さくとも、地区でまとまり、県レベル、全国レベルで連携することで、暮らしを守るいくつもの運動を実現してきたのである。しかし、平成に入った頃から、女性部数も部員数も減少を続け、現在（二〇二三年）は女性部数五一〇、部員数二万一九二四名と、部数はピーク時の三六%、部員数は一〇%へと激減している。最近は全国組織から脱退する府県も出てきており、現在全国組織に所属しているのは三一都道県になってしまった。

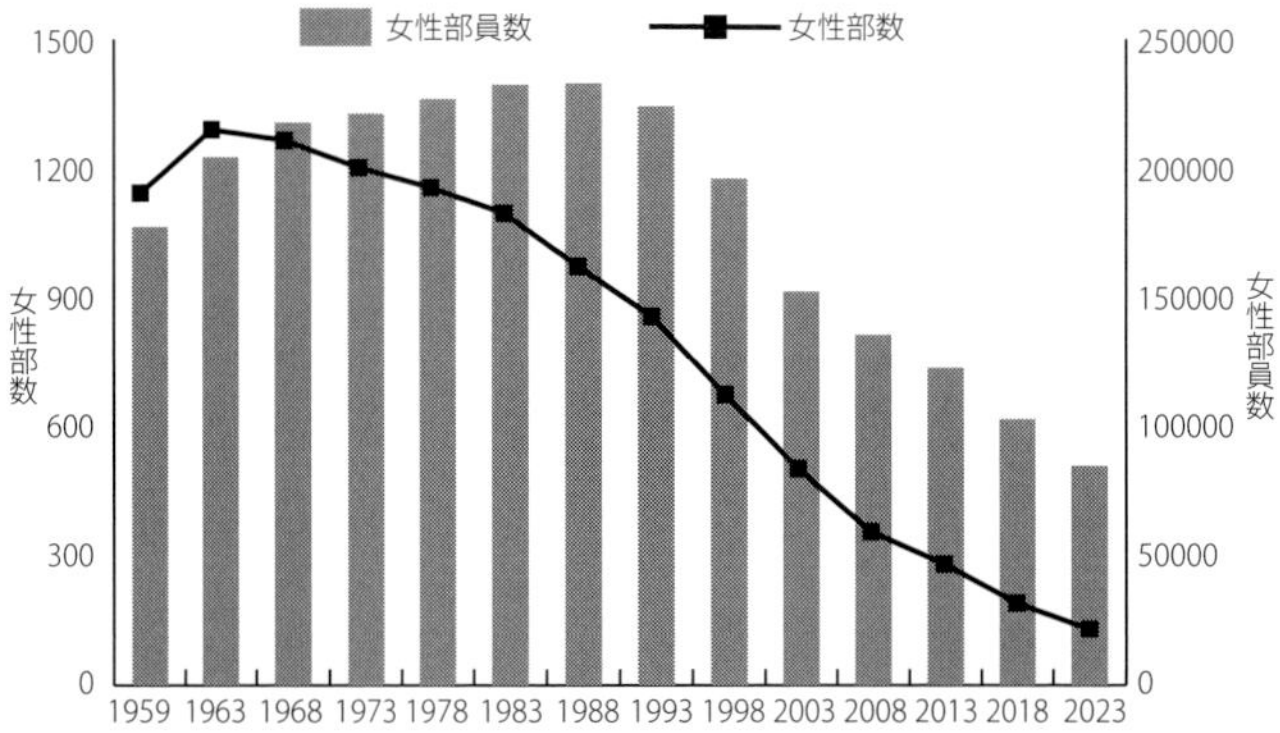

図１　JF全国女性連に加入する女性部数及び部員数の推移

　女性部や部員数が減少している原因としては、漁業者の減少や高齢化が進んでいること、漁村自体も人口流出が止まらないこと、若手の漁家女性がいないわけではないが、子育てや外に仕事を持つなどの事情から女性部への参画が進まないこと、漁協合併や地域合併により、女性部組織も合併するというケースもあることなどが考えられる。漁協女性部が原則として漁協組合員またはその家族である女性を基本としている以上、漁業者の減少や高齢化は女性部の減少、高齢化と直結する。また、一人一人の生活様式も多様化している。かつては漁家の女性であれば必ず女性部に加入することが暗黙の了解となっていた。女性の数も多く、結婚するとまずは若妻会に加入し、母（義母）が女性部を引退すると、本人が若妻会から女性部へ移る、というように女性部が二重構造になっていた地域も多い。地域の漁業形態によって、女性たちの生活様式も規定され、女性たちは地区の漁業や暮らしに関する課題を共有していた。

　しかし、最近はたとえ家族経営の漁家に嫁いだとしても、必ずしも漁業作業に従事するとは限らなくなっている。青森のホタテ養殖地域で調査をした時、両親と夫はホタテ養殖に従事し、妻は外で働いているという事例をいくつか目にした。もちろん、そのことは悪いことではない。女性にとってみれば、職業の選択肢が広がったということができる。聞き取り調査では、ある漁業者が、ホタテが不漁だった時に、家に一人でも別の仕事をしている人（妻）がいて、家計的に本当に助かったと語っていた。それぞれの地区の中で、みんなが同じように漁業に携わり同じような生活を送っていた時代とは異なり、一人一人の暮らし方、問題意識も多様化してきていることは、これまで一丸となって共通の課題に対応してきた女性部の活動とは馴染まない部分も出てきているのかもしれない。

漁業における女性の地位

もう一つ、漁協女性部の課題としてあげられることは、漁協における女性の立ち位置である。漁村に限らず、日本における女性の社会参画割合は低い水準に留まっている。二〇二〇年に女性管理職の割合を三〇%以上にするという政府目標は、「二〇二〇年代の可能な限り早期に」と訂正された。厚生労働省が、二〇二二年一〇月に従業員一〇人以上の企業を対象に行った調査によると、課長級以上の管理職に占める女性の割合は一二・七%となっており、年々わずかながら増加しているとはいうものの、国際的には非常に低い水準となっている。図2は漁協の正組合員及び役員に占める女性の割合を示している。いずれも全く変化することなく低水準に止まっている。もちろん、管理職や役員の割合のみで社会参画を単純に判断することはできないし、正組合員となるには水産業共同組合法で定められた資格を満たす必要があるため、陸上作業が中心となる女性の割合が低くなることは仕方ない面もある。しかし、これらの数値は、漁業において男女が社会の対等な構成員として認識されているとは言い難い状況であることを示している。

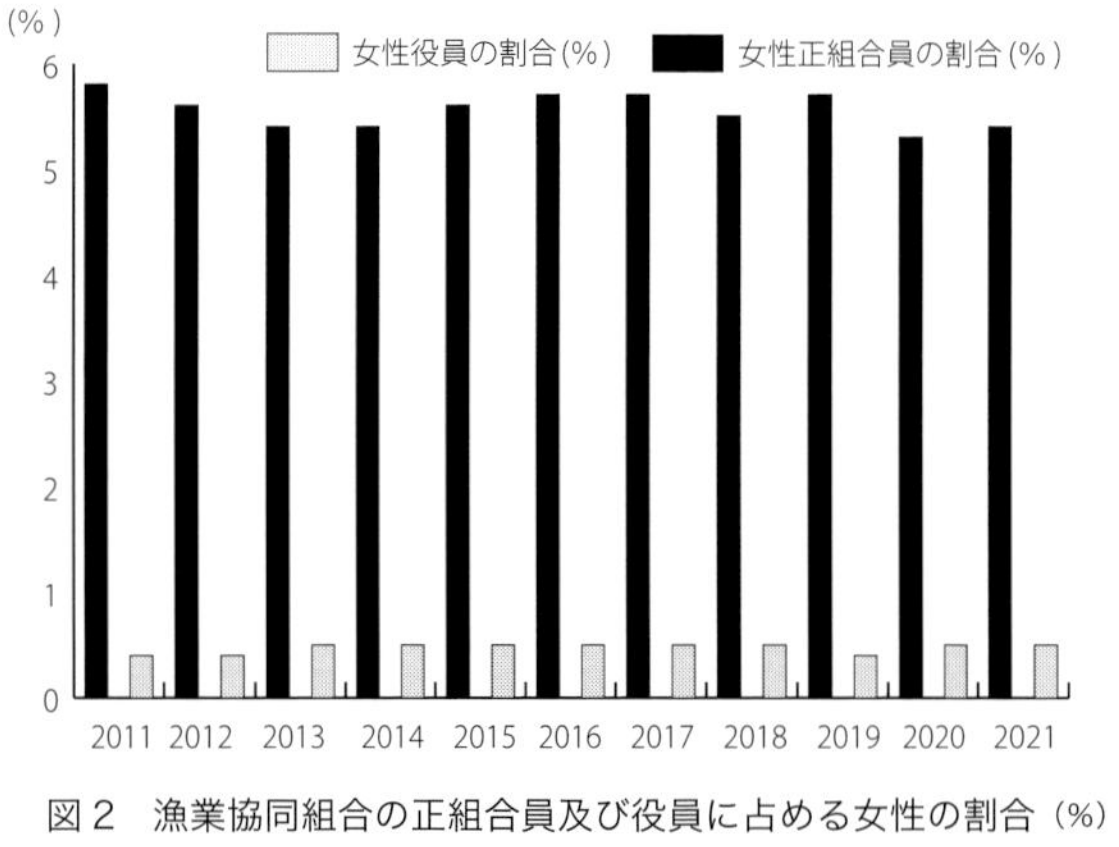

図2　漁業協同組合の正組合員及び役員に占める女性の割合（%）

漁協女性部活動の一つとして、女性の地位向上に関する活動がある。研修会の実施や参加、女性登用のための公的場面でのアピールなどが行われている。一九八三年に婦人問題推進本部によって策定された「西暦二〇〇〇年に向けての新国内行動計画」を踏まえ、農林水産省は女性が農林水産業の重要な担い手として一層能力を発揮していくことを促進するために、一九八八年より三月一〇日を「農山漁村女性の日」と定めた。さらに、一九九九年には男女共同参画社会基本法が施行され、その実現に向けた政策が実施されるようになっている。こう言った社会的背景のもとで、漁村女性の地位向上が期待されているが、実際には共同参画の実現には今後も時間がかかると思われる。

漁村女性の起業活動と海業

女性たちの起業活動

漁協女性部の部員数の減少や高齢化といった状況の中で、女性部活動は大きな転換期を迎えている。その一つの現れとして、女性たちの起業活動があげられる。

漁協女性部の活動は、概してボランティア的な活動が中心であるが、地域のイベントでのお弁当や加工品の販売のような、経済的要素を含む活動も行われてきた。特に、一九九〇年代後半以降は、活動者がある程度の労働報酬を受け取りながら、定常的に実施する起業活動が盛んになっていく。漁村女性による起業活動の全体像をとらえるような実態調査はほとんど実施されていないが、二〇一〇年に実施した全国四〇都道府県の水産業関係主務課を対象とするアンケート調査（東京水産振興会ほか 二〇一一）では、回答のあった沿岸六七二の市町村において、三六四の漁村女性による何らかの起業活動が実施されていることがわかった。この調査では、漁村女性の起業活動の主体は、漁協女性部や女性部の有志などの女性部関連グループが全体の七五%を占めていた。起業活動の内容としては、加工品の製造・販売が六二%と最も多く、次いで鮮魚・活魚販売二二%、漁村ツーリズム（体験プログラムや漁家民泊）一五%、食堂一〇%、と多様な活動が行われていることがわかった。

漁村女性の起業活動の目的としては、女性の就労機会の確保、資源の有効活用、地元水産物の付加価値化や需要の増加、地元からの情報発信などがあげられる。家計を支えるためや、経済的自立のために、自家の漁業作業以外の、あるいは漁業作業と並行してできる職を求める女性は多い。しかし、立地条件が悪い、漁業作業と両立させるためには時間的な制約が大きいといった理由から、適当な職場が見つからないケースもある。また、漁村女性の高齢化によって、一般の職探しはより困難となっている。それなら、自分たちで働く場を創っていこうという積極的な動機付けで起業活動に取り組む女性たちもいる。また、まき網や底引き網など一度に大量に漁獲する漁業では、サイズや量、種類などによって市場に出しても値段がつかないために廃棄される魚もある。自分たちの家族が命を懸けて獲ってきた魚を無駄にしたくない、貴重な水産資源を無駄にしてはもったいない、という思いから、値段のつかない魚、未利用魚を市場で仕入れ、加工して付加価値をつけて販売する人たちもいる。魚離れが進み、水産物の需要や魚価が低迷している状況の中で、もっと地元の魚のおいしさや食べ方を知ってもらおうと、水産物の背後にある地域の漁業や生活、食文化などの物語を含めた情報発信が行われている。

海業と漁村女性の起業活動

近年「海業」という言葉が、行政の中で盛んに使われるようになってきた。水産庁によると、海業とは『海や漁村の地域資源の価値や魅力を活用する事業であって、国内外からの多様なニーズに応えることにより、地域のにぎわいや所得と雇用を生み出すことが期待されるもの』であり、その目的は水産業の生産性の向上や付加価値向上による漁業振興にある。海業という言葉自体は三〇年以上前にも使われていたし、漁村ではもっと以前から漁家民宿や、鮮魚で売りさばききれなかった魚を干物などに加工して販売するといったことが当たり前のように行われてきた。現在の漁村女性たちの起業活動は、海業の先駆的活動ととらえることができる。二〇二二年三月に閣議決定された新たな水産基本計画及び漁港漁場整備長期計画において、「海業」による漁村の活性化を推進することが明確に位置付けられたことは、これまでもそしてこれからも続けられる漁村女性たちの起業活動の意義を再確認し、新たな展開を後押しするものであってほしい。

漁村女性による起業活動の新たな展開

二〇一〇年のアンケートでは、漁村女性の起業活動のうち二五%は漁協女性部とは別に結成されたグループや個人による活動であった。地域の中で同じ漁業種類を営む漁家の女性が集まって、夫や息子が獲ってきた水産物を総菜加工しているグループや、漁家だけでなく地域の中で思いを同じくする仲間を募り活動をしているグループもある。株式会社や合同会社という形態によって法人化するグループ、出資金を募って運営するグループなど、経営に対する責任体制をより高めていく傾向もみられる。

佐賀県のある漁協の職員だったFさんは、二〇〇一年に漁協女性部員五〇余名と共に地域の養殖ノリの加工品開発事業に着手した。しかし、メンバーの中で、活動に対する温度差が出てくるようになり、悩んだ末にFさんは本気の起業活動として再スタートする決心をし、漁協を退職する。この時女性部のメンバーの中で残ったのは二名の海苔養殖業者だった。二〇〇八年には合同会社として法人化し、現在はFさんと社員二名、パート三名体制で活動している。

愛媛県の真珠養殖漁家のTさんは、長引く不況や海水温の上昇、赤潮の発生、アコヤガイの感染症などによる大量へい死といった苦境の中で、二〇〇五年に、同業者の女性たちとアコヤガイの貝柱を使った加工食品や真珠製品の製造、販売を開始する。二〇〇七年には企業組合となり、二〇一五年には地元雇用の受け皿となっていくことを目指し、株式会社へと移行した。

近年では、若手女性の活動も目覚ましいものがある。若手世代による活動は、SNSを活用し、地域内外の異業種の人々との連携を進めるといった、これまでの漁村が少し苦手としてきたつながりをどんどん広げている。熊本県でクルマエビ養殖を手掛けるFさんは、二〇一五年に株式会社を立ち上げ、自家のクルマエビ養殖の加工、販売を手掛けるとともに、ECサイトを開設し、地域内の養殖魚、農畜産物など約一〇〇名の地元の生産者による商品を集めて販売している。コロナ禍の中では、需要が減少した地元養殖魚の冷凍総菜の開発を行い、養殖魚の需要を支えてきた。

これらの活動の根源にあるのは、地元の漁業と、漁業を基盤とする暮らしが維持されていくことへの強い願いであり、そのことはどの活動にも共通している。

おわりに

女性たちの活動が多様な展開を見せる中で、女性たちのネットワークづくりはますます重要となっている。漁協女性部についてみてみると、JF全国女性連では、これまでも各県女性連のリーダーを対象とするリーダー研修会や、これからの漁協女性部を担う若手女性部員を対象とするフレッシュ・ミズ研修などを実施し、全国の漁村女性のネットワークづくりを進めてきた。しかし、漁協女性部は団体数、部員数ともに減少傾向にあり、組織力の低下が課題となっている。このような状況を乗り越える試みの一つとして、愛媛県の「渚女子」の活動があげられる。

「渚女子」は愛媛県女性連が中心となって立ち上げた組織である。県内では、活動が停滞する女性部が出てきているが、活動を続けたいと希望している部員もいる。そういう人たちの受け皿になる組織ができないか、という発想から「渚女子」は始まった。女性だけでなく、学生も男性も、海の生活に関わって、漁業のため、漁村のためといった同じ想いを持っている人たちみんなに入ってもらおうと、愛媛県女性連が中心となって呼び掛けを行っている。メインとなるのは、起業につながる活動である。漁協女性部が魚食普及活動で作ってきたレシピを基にした加工品の開発や、それぞれのメンバーが作っている商品を、渚女子商品として取りまとめて販売につなげていくための試みが始まっている。また、環境問題を考える活動にも力を入れようと考えており、学校への魚食普及のための料理教室やそこから環境問題へつながるような出前授業の構想もあるという。

水産庁による「海の宝！ 水産女子の元気プロジェクト」は、「水産業界で輝く女性たちが繋がり、新たな価値を創り出し、それを伝える活動を応援することで、一〇〇年先も豊かな水産業を目指すプロジェクト」として二〇一八年に発足した。具体的な活動というよりは、水産に関わる、より多様な女性たちを対象としたネットワークづくりが目的と思われるが、これからの漁村女性の活動の展開に寄与する活動となることを期待したい。

ＪＦ全国女性連は二〇一九年に設立六〇周年を迎えた。六〇周年の記念誌では、各地域の漁協女性部による加工品や直販施設、食堂など、たくさんの起業活動が紹介された。環境の変化や社会、経済状況の変化は、漁業や地域社会の在り方に影響を及ぼし、漁村女性の暮らしや活動も時代とともに変化してきた。しかし、その変化の中で地域の漁業や水産業、地域そのものに魅力や可能性を見出し、これらと関わる仕事を創り出す人たちがいる。地域の問題は山積しているが、これからの漁業・漁村の在り方を、年配者も若者も、そしてよそ者も、一緒になって考えていけるようなつながりを創っていくことが必要不可欠なのではないだろうか。

参考文献

ＪＦ全国女性連編　二〇一〇『漁協女性連の歩み―都道府県女性連の足跡と現況』全国漁協女性部連絡協議会

関いずみ　二〇〇八「環境と漁村女性」中道仁美編著『女性からみる日本の漁業と漁村』農林統計出版：一〇三―一二八

全国漁協婦人部連絡協議会編　一九八九『海の夢を、あしたの暮らしにつなぐ　漁協婦人部読本』全国漁協女性部連絡協議会

（一財）東京水産振興会・うみ・ひと・くらしフォーラム・（株）漁村計画　二〇一一『全国漁村女性グループ活動実態調査報告書』財団法人東京水産振興会

副島久美・三木奈都子・関いずみ　二〇二〇「漁村女性のこれまで、そしてこれから―全国漁協女性部連絡協議会六〇周年を記念して」『水産振興』第五四巻第七号

10 男性中心から男女共同参画へ

原田順子

海事クラスターと女性

はじめに

学生時代に私は第二外国語でフランス語を選択し、授業で簡単な単語を少しずつ覚えていった。ある時、海は女性名詞で la mer というのだと知って意外に思った。数十年を経ても覚えているのは、おそらく私の頭には海は男の世界という固定観念があったのであろう。職業に対するジェンダー観は、男女雇用機会均等法（一九八五年成立）をきっかけに大きく変貌したと考えられる。たとえば、営業マン、電車やバスの運転士、医師、ニュースキャスター等のように、かつて男性中心だった職業においても、いまや女性が珍しくない。一方、女性職といわれていた保育士、看護師等のなかに男性をみかけることも増えたようである。過去四〇年ほどの間に、職業におけるジェンダーレスが着実に進展したといえよう。

なお、ここで事業主や家族従業者ではなく、雇用者（雇われて働いている人、勤め人、被用者）に言及する理由は、現在の日本ではそれが最も一般的な働き方だからである。総務省の「労働力調査」によると、就業者に占める雇用者の割合は二〇二一年時点で九〇％で、現代社会はまさに雇用社会である。

女性雇用者を質・量ともに本格的に活用する体制は法的に整備されつつある。女性活躍推進法（正式名称「女性の職業生活における活躍の推進に関する法律」、二〇一五年成立）では、数値目標を取り込んだ一般事業主行動計画の策定や公表が、常時雇用する労働者が三〇一人以上の事業主に義務付けられていたが、さらに二〇二二年四月一日からは、一〇一人以上三〇〇人以下の企業にも策定・届出と情報公開が義務化された。また、国・地方公共団体の場合は、職員の給与の男女の差異も公表の必須項目となる（二〇二四年四月一日施行）。

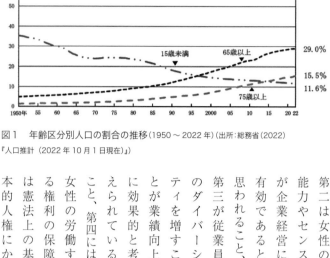

以上のように、国策として質と量の両面で女性を本格的に活用する必要性について、矢田部（二〇一七）は次の四点をあげている。すなわち、第一に労働力不足への対応、第二は女性の能力やセンスが企業経営に有効であると思われること、第三が従業員のダイバーシティを増すことが業績向上に効果的と考えられていること、第四には女性の労働する権利の保障は憲法上の基本的人権にかかわるからである。筆者はこれら四つの視点に賛同するが、とりわけ第一の労働力不足の影響が大きいと考える。図１はわが国の人口動態を示したものである。生産年齢人口（一五～六四歳）と若年層（一五歳未満）が減少する一方、高齢者（六五歳以上）は増加しており、わが国の労働力が減少局面にあることが示されている。

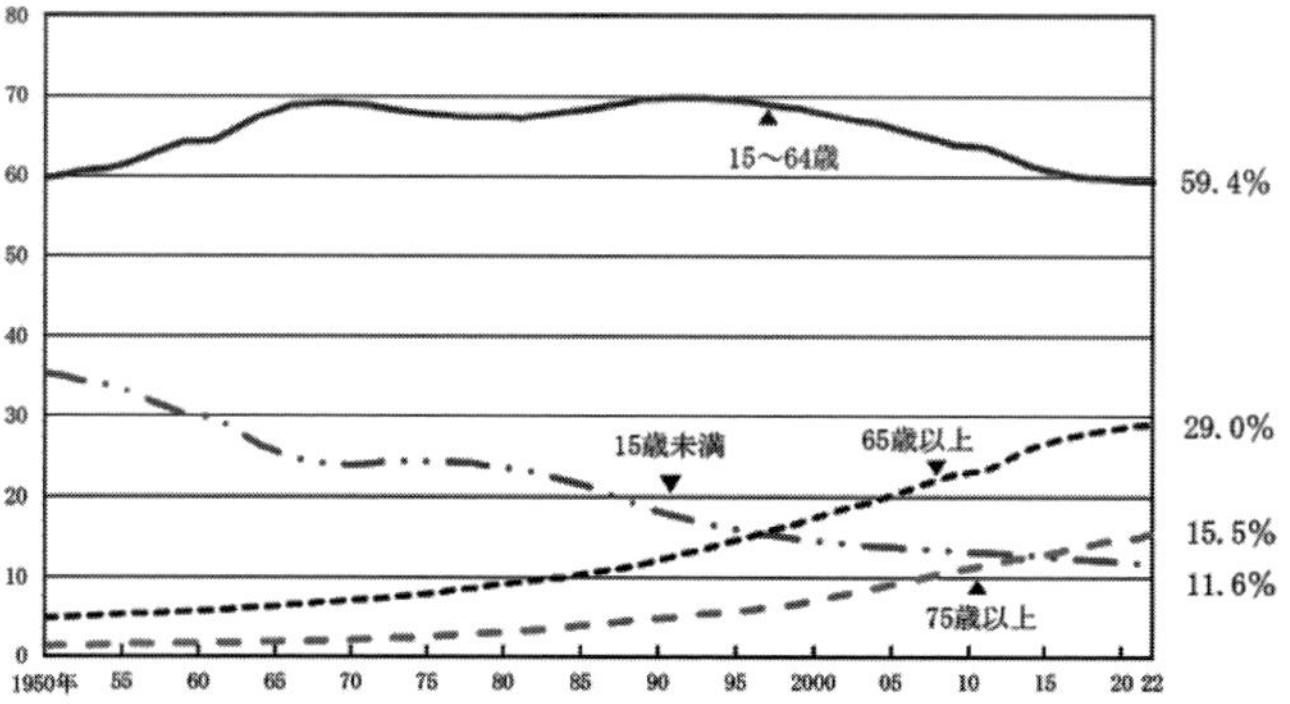

図１　年齢区分別人口の割合の推移（1950～2022年）（出所：総務省（2022）『人口推計（2022年10月1日現在）』）

海事クラスターとは

本節においては海事クラスターに注目し、次節からは船員に焦点を当てて男性中心から男女共同参画へというテーマを探求したい。

経営学者のポーター（一九九九）は、関連性のある産業が地域的に集積していると更なる発展を生む可能性が高いと指摘した。いわゆる産業クラスター論である。わが国においては運輸省（現・国土交通省）が二〇〇〇年に海事関係各分野を代表する学識者、有識者等による研究会「マリタイムジャパン研究会」を設置した際に、海事クラスターという概念を基に海事振興について議論を行い、広く知られるところとなった（国土交通省　二〇〇一）。当時、海事クラスターの概念は、海運業と造船業を隣接産業および関連産業がとりまくイメージの簡単な図であった（国土交通省　二〇〇一）。

しかし現在では、中核的海事産業（海運業、造船業、舶用工業、港・ターミナル、港湾運送、船舶管理、水運管理／サービス等）、中核的ではない海事産業（倉庫・物流、金融、人材派遣、ブローカー・コンサルタント、公務、商社等）、隣接産業等（海洋土木、漁業・水産、マリンレジャー、海上保安庁、海上自衛隊等）、関連産業（自動車、電力・ガス、穀物、製紙・パルプ、鉄鋼等）という詳細な整理がなされている（日本海事広報協会　二〇二三）。日本の海事クラスター全体の付加価値総額は四兆七四四〇億円にのぼり、GDPのおよそ一％を占める日本の主要産業のひとつである（二〇一五年時点。日本海事広報協会　二〇二三）。

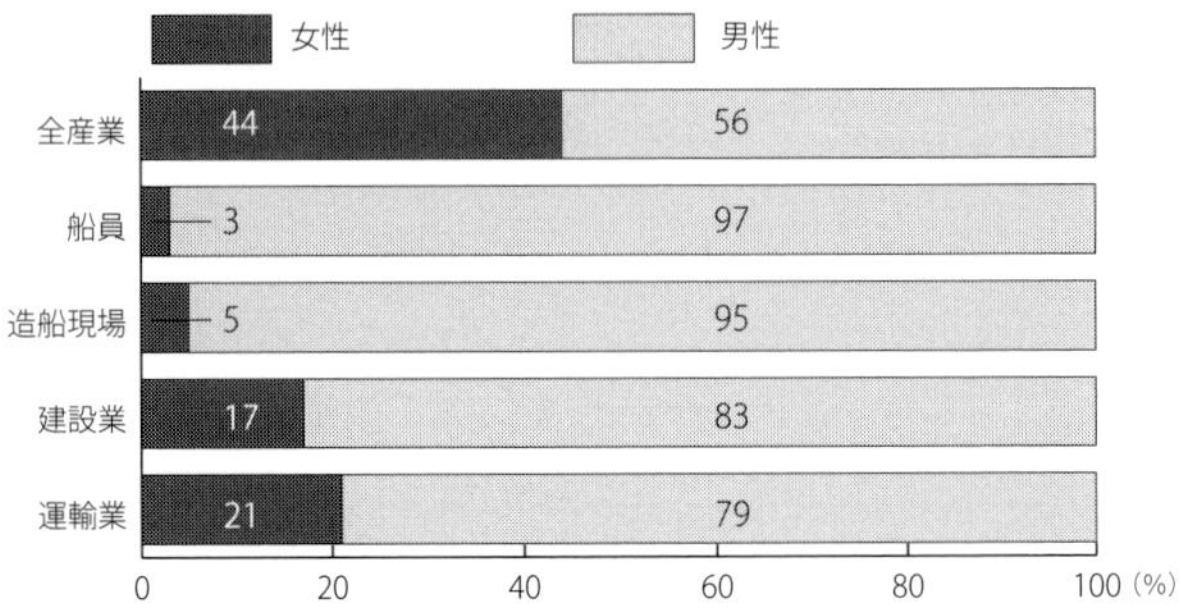

図２　各産業就業者の男女比（%、2022年時点）（出所：国土交通省 2021b を基に筆者作成）

国土交通省は、海事産業における女性活躍推進の先進的な取り組みを『「輝け！フネージョ★」プロジェクト』と名付けた（国土交通省　二〇二一a）。公開された事例集では、船員、造船業、舶用工業、水先人などの中核的海事産業で働く女性の労働環境について「会社／団体の姿勢」と「社内環境」が紹介されている。女性が安心して働けるように女性専用の設備整備、家庭と仕事の両立のための柔軟な働き方を支援する制度（例：時間有休）、出産後も継続して働く事例などがあげられている。しかし同時に、これらが先進事例であり、海事クラスター全体からみると少数例であることも記載されている。海運と造船という中核的海事産業をみると、船員のうち女性は三％であり、造船現場（技術者、社内工、社外工、その他の計）の女性比率は五％にとどまっている。図２に示されるように、全産業の女性就業者比率は四四％であるから、その差は顕著である。同様に女性が少数派である建設業と運輸業でさえ、女性比率はそれぞれ一七％と二一％であり、船員と造船現場の女性の少なさは際立っている。

ただし、造船分野の女性技術者数は二〇一五年から二〇二〇年の間に一・四倍に増加している（国土交通省　二〇二一b）。工業高校等で造船専門課程を受講した学生を対象にした調査によると、造船業に対するイメージの上位回答には「学んだ知識・技能を活かせる」「人の生活を支える」「やりがい・達成感がある」等が並ぶ（国土交通省　二〇二一b）。他方、「安全・清潔な職場である」「残業・休日出勤が少ない」「給与・待遇が良い」「福利厚生が充実している」に同意する回答は高くない（回答者はこれらの点を問題視している）。以上の調査結果をハーズバーグの動機付け衛生理論から考えると、造船分野の女性技術者数が増加したこともうなずける。この理論によると、労働のモチベーションにおいて、職務で満足を感じた要因（動機付け要因）と不満を感じた要因（衛生要因）は別次元の問題であるとされる（奥林　二〇〇九）。それゆえ、職場で衛生要因が解決されたとしても、不満が解消されただけで動機付けが亢進されるわけではない。一般的に、動機付け要因を高めることは、衛生要因を解決することよりも困難である。しかし上記の調査例では、「学んだ知識・技能を活かせる」「人の生活を支える」「やりがい・達成感がある」等の仕事そのものに対する肯定的な回答が多くみられる。言い換えると造船分野の女性技術者の卵たちは、動機付け要因の点数が元々高いのである。したがって今後、不満に感じる要因（衛生要因）を改善すれば、さらに多くの女性技術者を惹きつける可能性があろう。

船員をとりまく状況

わが国の船員労働市場

本節からは船員に焦点を当てて論じたいと思う。船員の労働需給を一般の労働者と比較してみよう。船員の職業紹介は、一般の労働者を対象とした職業安定法とは異なり、「船員職業安定法」のもとで行われている。船員の場合、厚生労働省のハローワークとは別に、国土交通省の各地方運輸局等船員職業安定窓口が職業紹介業務を実施する。

表1は有効求人倍率を表している。なお、有効求人倍率とは一人の求職者に対してどれだけの求人があるかを示す指標である。「有効」とは、求人・求職を行った月を含む暦月の三か月目の月末までを有効期間とすることに由来している。求人倍率が一倍より大きいと人手不足で仕事を見

表1．有効求人倍率（2021年1～12月平均）（出所：厚生労働省　2022、国土交通省　2021c）

一般職業	1.13
船員（船種別）	
全船種	2.87
全商船等	2.73
全貨物船	2.76
旅客船	1.69
その他	3.11
全漁船	4.72

つけやすく、反対に、一倍より小さいと仕事が見つけにくい状況である。一般職業の統計対象は公共職業安定所（ハローワーク）を通じた求人・求職である（パートの求人・求職を含むが、新規学卒者は含まれていない）。

一般産業の有効求人倍率が一・一三倍であるのに対して、船員（全船種）は二・八七である。つまり船員のほうが一般産業よりも二倍以上仕事を見つけやすい状況（人手不足）となっている。商船のなかでは貨物船が旅客船よりも有効求人倍率が高く、漁船の倍率はさらに高い。

日本の外航船（日本と日本以外の航路に従事する船舶）における船員数のピークは一九七四年の約五万七〇〇〇人であり、そこから雪崩を打って落ち込んでいった。二〇二二年時点で外航船員は約二〇〇〇人程度と少なく、内航船員数が外航船員数や漁業船員数を上回っている（図3）。内航船とは船積港および陸揚港のいずれも日本国内にある航路に従事する船舶である。なお、日本では国家主権・安全保障の観点から、自国内の貨物又は旅客の輸送を自国の管轄権の及ぶ自国籍船に委ねるカボタージュ制度を維持している（外国籍船による自国内の貨物又は旅客の輸送は特許を付与した場合にのみ認めている）。

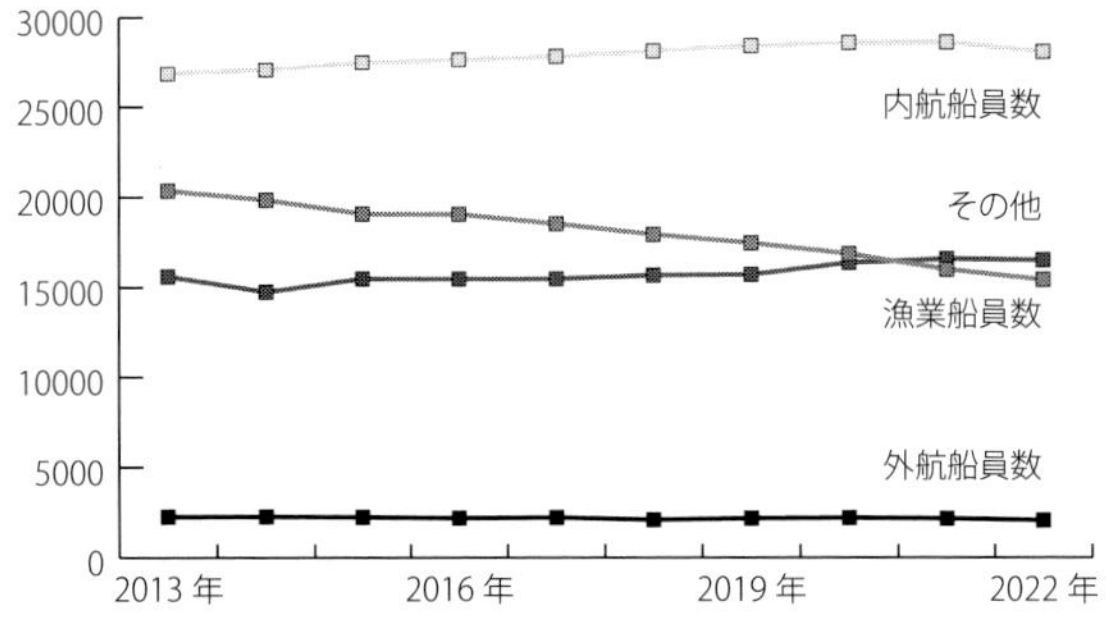

図3　船員の現状（出所：国土交通省　2023「船員の現状」を基に筆者作成）

・船員数は乗組員数と呼び船員数を合計したものであり、我が国の船舶所有者に雇用されている船員である。
・その他は引船、はしけ、官公署船等に乗り組む船員数である。
・船員数は外国人船員を除いた数字である。

女性船員と法整備

先述のように女性船員数は少ないのが現状であるが、法的側面から歴史を振り返りたい。船員の世界が男性中心である背景には、法律による女性労働規制の影響があったと分析される。一九四七年公布の船員法には女子保護規制（夜間労働禁止、危険作業等の制限）が盛り込まれた。この結果、女性船員の活動範囲は特定の（危険作業等を伴わない）日勤可能な勤務に限定されることになるが、そうした職は少数である。海運業においては宿泊を伴う仕事が多いが、それらに女性船員を用いることはできなかった。変化が訪れるまでに長い年月が流れた。

およそ四〇年後の一九八五年に、わが国は女子差別撤廃条約（女子に対するあらゆる形態の差別の撤廃に関する条約）を批准した。これに伴って、同年、船員法が改正されて母性保護以外の業務規制（時間外労働を含む）が解除された。ただし現在でも船員労働安全衛生規則、女性労働基準規則によって女性を就業させてはならない業務の範囲が重量物業務と有害物業務にあり、妊産婦に対する規制も設けられている。また、男女雇用機会均等法（一九八五年）は募集等人事で男女均等な取り扱いを実施することを事業主の努力義務とした。この時代に労働力は不足しておらず、「努力義務」に過ぎない女性活用は産業全般で本格化しなかった。その後、一九九七年の改正男女雇用機会均等法において女性差別が努力義務から禁止へと変化し、セクシュアル・ハラスメント防止措置も義務化された。二〇〇六年の改正では、男女双方に対する差別の禁止、差別規程の強化、間接差別の禁止等が定められた。

もう一つの変化の潮流は育児関連の法整備で、勤務と育児の両立を促してきた。育児休業が法的に認められていなかった世界を想像してほしい。産前産後休業（出産予定日の六週間前から出産後八週間まで）のみで復職することは身体的にきついと感じる人は多いのではないだろうか。一九九一年に育児休業法が公布され、新たに育児休業制度が創設された。続いて、一九九五年には育児・介護休業法に改正されて介護休業制度が設けられ、その後も改正が重ねられた。二〇二二年改正では男女が協力して育児をしやすくするために産後パパ育休制度創設などが盛り込まれている。

また、男女共同参画社会基本法（一九九九年）、女性活躍推進法（二〇一五年）は事業主に女性雇用者のキャリア形成を促す。一連の法整備は女性船員の採用と育成の基礎を固めたといえる。

教育

船舶を運行する職務に従事する航海士・機関士になるためには海技士免許を取得することが必要である。専門教育機関は複数あり、それぞれ入学資格、修業年限などに特徴がある。中学校卒業者を対象とするものには海上技術学校と商船系の国立高等専門学校がある。また、中学卒業後に水産系高校からその専攻科に進学したり、水産大学校の乗船実習や他の乗船履歴によって海技士免許を取得する道もある。高等学校卒業者を対象とするのは海上技術短期大学校と商船系学部を有する大学である。また、一般大学等から海技大学校で学んだり、高等学校卒業後に民間社船の座学と実習を経るというルートなどもある。独立行政法人海技教育機構は練習船を有しており、海上技術学校、海上技術短期大学校、商船系学部を有する国立大学、国立高等専門学校の学生／生徒に航海訓練を実施している。現在の練習船には汽船の大成丸、銀河丸、星雲丸と帆船の日本丸と海王丸がある。余談になるが、筆者が子どもの頃、静岡県清水市の造船所で練習船北斗丸（二代目）が建造された。当時、新造船の素晴らしさを聞いて晴れやかな気持ちになったことを覚えている。

女性船員が少ないことは図2で確認したが、昔から皆無だったわけではなく、フェリー、旅客船の調理／給仕／事務などの接客部門で働く女性はいた。また、沿海航行の小型船、漁船の船長にも少数の女性がみられた。しかし女性が大型船の高級船員（職員／部員の職階でいうところの職員。船長、機関長、航海士／機関士など）になることは考えられない時代があったのは確かである。現在の東京海洋大学海洋工学部と神戸大学海洋政策科学部の前身は高級船員の伝統ある養成機関で、かつては東京商船大学と神戸商船大学と呼ばれていた。共に国立大学だが、出願資格に「男子であること」の文言があり、女性に門戸は開かれていなかった。東京商船大学は、一八七五（明治八）年の三菱商船学校が東京商船学校（官立）、東京高等商船学校へと発展し、第二次世界大戦後に新制大学となった。創立以来一〇〇年あまり海の男を育成してきたが、全四学科（航海科、機関科、船用制御工学科、運送工学科）で女性の受験を認めることが一九七九年七月に決定され、一九八〇年四月に初の女子学生を迎えた。この頃、社会の各方面で女性の進出を認めるという社会思潮が高まっており、一九七九年度には航空保安大学校、海上保安大学校、海上保安学校、気象大学校で女性の入学が可能になっていた（朝日新聞　一九七九）。他方、神戸商船大学の場合は、同じく一九七九年度に女性の入学について検討を行ったが、教授会によって否決された。また学生自治会からも反対意見が示されたという。しかし一九八一年七月の教授会において、女性の入学は賛成六割、反対四割で可決され、学生自治会も「時の流れで女性の受け入れもやむを得ない」とした（朝日新聞　一九八一）。そして一九八二年三月の神戸商船大学入学試験において初の女性合格者があらわれた。

しかし一九八〇年代には既に船員の労働市場が縮小局面

に入っていた。特に、外航船における日本人船員の活躍の場は狭まりつつあった。石油危機以降の海運不況、日本人船員の人件費上昇、船の大型化・省力化の結果、外航船員は日本人から外国人へと置き換えられていった。日本人外航船員のピークは一九七四年で約五万七〇〇〇人であったが、一九八〇年には約三万八〇〇〇人へと激減していた（国土交通省　二〇〇七）。

女性活躍推進事例からの分析

図1で示したように、日本の生産年齢人口（一五～六四歳）の減少は今後も続くと推定される。なかでも船員の有効求人倍率は、一般産業よりも高位で推移しており人手不足が深刻である。したがって、まだ伸びしろがあると思われる女性層に期待するのは自然な流れである。労働需要の豊富な内航船について国土交通省（二〇二一ａ）は女性活躍推進の事例を公開しており、表2のような取り組みが複数の企業の事例として紹介されている。そこから浮かび上がる重要事項は、第一に女性が不安を感じないような船内居住環境の整備、第二に女性の非力さをカバーする設備改修、第三はハラスメントの防止策と相談窓口開設、第四は必要に応じた海上勤務の軽減などである。

ただし、上記の資料は業界の先進事例であり、業界の平均値ではないといえるであろう。八割の内航海運事業者（貨物）は女性船員を雇用した経験がない。事業者規模が小さいほど雇用したことがないという回答が増える（図4）。

この調査の回答によると、事業者のおよそ半数は、「男女で体力差はある」が、「知識や技術の差はない」と認識している。また、事業者の約半数は「女性がいるとセクハラ等の船内融和／船内秩序の面で問題がある」と考えており、約七割が女性船員の雇用に積極的ではない（国土交通省　二

表２　内航船における女性活躍推進の取組事例から一部抽出（出所：国土交通省　2021b）

- 設備整備（女性専用のトイレ、シャワー等）
- 荷役軽減システム
- 軽量化されたタラップ導入（作業負担軽減）
- セクシュアル・ハラスメント防止教育／研修の徹底
- 各種ハラスメント防止のための相談窓口開設
- 短い乗船期間のローテーション
- ライフイベントに配慮して陸上勤務とのローテーションを考慮

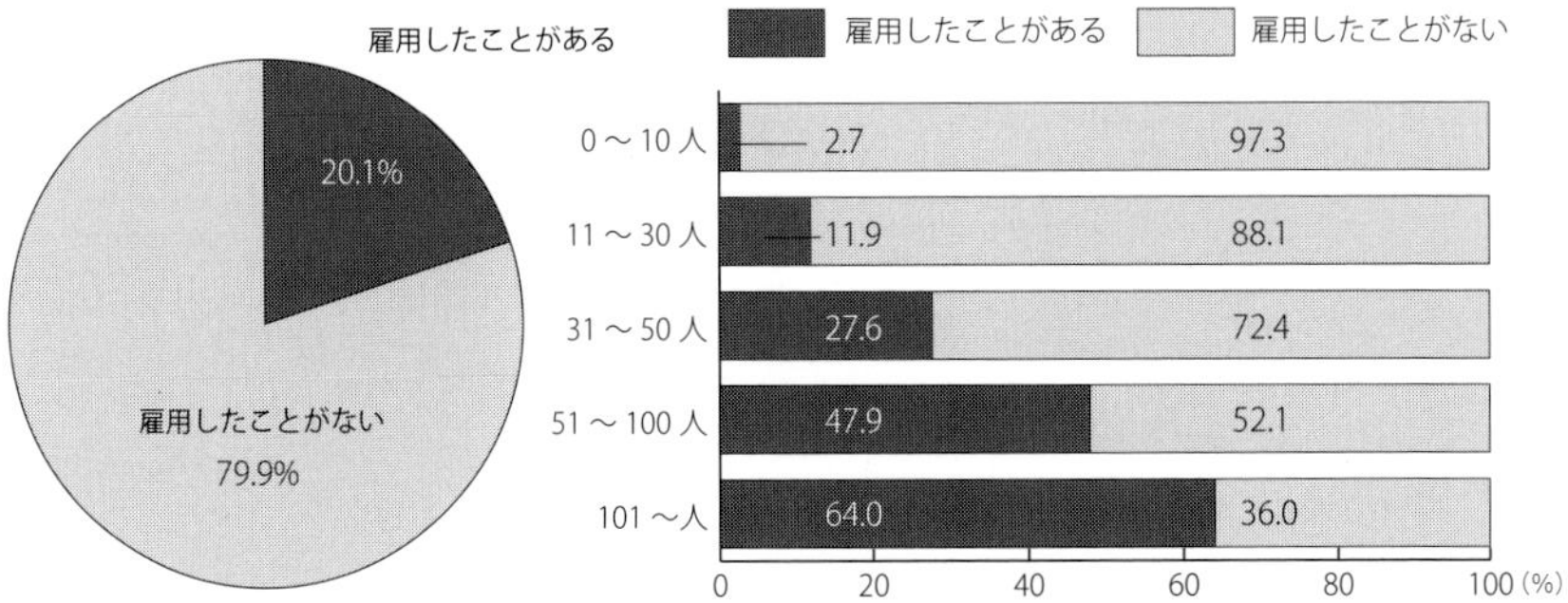

図4　女性船員の雇用をしている又はしたことがあるか(出所：国土交通省　2017)

〇一七)。

一方、船員教育機関に在籍する女子学生へのアンケートは興味深い結果を示している。就職先として船員を希望する者の割合は六七・五%と高い。けれども「希望する」と回答した者のうち約六割が女性の船員就職の厳しさを懸念している。たとえ船員として就職できたとしても、彼女たちは「体力面でついていけるか(特に荷役等の力仕事)」「結婚・出産後も仕事を続けられるか」「男性船員が大勢を占めるなか、一緒に仕事をしていけるか」「家族や友人等と長期間はなれなければならない」「セクシャル・ハラスメントを受けないか」「家族の理解・支援が受けられるか」などを心配している。

表3　女性船員が働き続けるために必要なもの(回答の多い順番)(出所：国土交通省　2017)

1．産休・育休制度の充実
2．結婚・出産・育児等により一時的に船員を辞めても、復帰が容易となるサポート体制
3．結婚・出産・育児等のライフステージに合わせた多様な働き方ができる制度の導入
4．女性船員向けの船内施設の整備
5．船社の意識改革
6．船社に対する、女性船員の視点での情報の発信
7．荷役の自動化等、体力面でのハンデを軽減する設備等の導入

結婚・出産・育児等のライフステージに関する回答が上位三位までを占めている(表3)。現代社会では晩婚化や非婚化が進展してきたが、この回答者たちは結婚・出産・育児等のライフイベントを迎えると仮定している。親となることを予定している人々が、結婚・出産・育児等のライフイベントを想定して仕事との両立を考えることは妥当である。なぜならば一日は二四時間しかなく、仕事と私的な時間はトレー

ドオフの関係にあるからである。経済学において個人の労働供給は図5のように説明される。

人は、一般的に賃金が高くなると労働時間を増やす傾向があるため、図5のように賃金上昇に伴い労働供給は増加するが、無限には増えない。ある点（H, B）から労働時間は逆進しはじめると想定されている。たとえば育児に時間をかける人のHとBは共に低いと思われる。ところで勤め人は自由に労働時間を決めることはできない。現実には就業規則の範囲内で雇用主によって労働時間が決定される。それが自分の希望する労働時間とかけ離れていたら、次のような行動が予測される（小野　一九九四：二一八）。

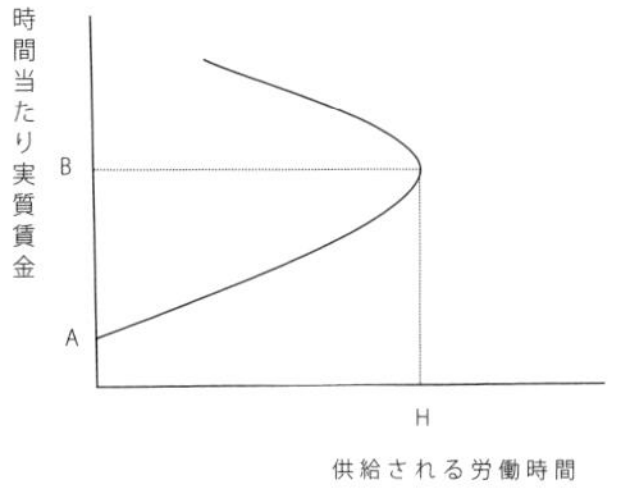

図5　個人の労働供給曲線（筆者作成）

【欲する以上に長い労働時間を強いられる人】

雇い主に時間の短縮を求める

【欲するよりも短い時間しか企業で働けない人】

手内職やパートタイム勤務のような副業をもつようになる

育児・介護休業法は労働者の申請に応じて短時間勤務制度を適用することを義務化（子が三歳に満たない時）しており（小学校就学の始期に達するまでは努力義務）、現在の日本では、ある程度、労働時間の自由度が与えられている。表3の回答はこうした法制度を知ったうえのものであろう。したがって、女性船員は今までの「男性の標準」とは異なる形でキャリアを形成すると推測される。また、男性のなかにも育児に価値を置く人や介護に向き合う人が増えた場合は、男性が従来の女性の働き方に接近するという動向がみられるかもしれない。

最後にタイトル「男性中心から男女共同参画へ」を再考する。前述のように、海事産業においては教育や法律等の影響で女性の参入が難しい時代があった。性別の面で「慣性」が出来上がった状況に、機会の平等のみが持ち込まれても、人口の半数である女性の活用・活躍は不十分なままになる。これは大きな社会的損失である。したがって、男女共同参画（および女性の能力開発）を進展させる過程において、機会に加えて結果のジェンダーバランスの視点は大切である。職業選択の自由がある以上、あらゆる職業で応募者が男女半々にはなるとは限らない。しかし海事産業のように過去の経緯もあってジェンダー面で極端なアンバランスを有する業界においては、特に伸びしろが大きく、未知の可能性が期待される。経済のグローバル化により経営環境は厳しさを増すばかりである。世界市場では男女フル活用で競争が進む。ジェンダーバランスを意識した経営や人材育成については、企業の（さらには国の）発展という面からも重要な意味があると思われる。

参考文献

朝日新聞　一九七九「女人禁制の伝統よさらば　東京商船大」七月二五日東京夕刊九面、朝日新聞クロスリサーチ・フォーライブラリー（放送大学附属図書館Webより二〇二三年一〇月一三日検索）

朝日新聞　一九八一「国立大学最後の〝男性専科〟神戸商船も女性へ門戸開放」七月一〇日、東京朝刊二二面、朝日新聞クロスリサーチ・フォーライブラリー（放送大学附属図書館Webより二〇二三年一〇月一三日検索）

奥林康司　二〇〇九「モチベーションとリーダーシップ」原田順子・奥林康司『官民の人的資源論』第六章、放送大学教育振興会

小野旭　一九九四『労働経済学 第二版』東洋経済新報社

厚生労働省　二〇二二『一般職業紹介状況（令和三年一二月分及び令和三年分）について』

国土交通省　二〇〇一『平成一三年版 海事レポート』

――　二〇〇七『平成一九年度版 海事レポート（概要）』

――　二〇一七『女性船員の活躍促進に向けた女性の視点による検討会』

――　二〇二一a『「輝け！フネージョ★」プロジェクト』

――　二〇二一b『海事産業における女性活躍推進の取り組み事例集 Vol. 4』

――　二〇二一c『船員職業安定年報 令和三年』

――　二〇二三「船員の現状」

総務省　二〇二二『人口推計　二〇二二年一〇月一日現在）』

日本海事広報協会　二〇二三『日本の海運 SHIPPING NOW 二〇二三―二〇二四』データ編（https://www.kaijipr.or.jp/shipping_now/ 二〇二三年一〇月一〇日検索）

ポーター、M・E　一九九九（竹内弘高訳）『競争戦略論Ⅱ』ダイヤモンド社

矢田部光一　二〇一七「女性活躍推進法と人材マネジメント」『政経研究』五四（二）：四三―七二

コラム◉海女たちの世界

古谷千佳子

「女を乗せると転覆するからダメだよ～」

三五年前、海人オジィの船に乗せてもらいたくて、待ち伏せしたのに、女だという理由で断られ続けていた。女性を船に乗せると海の神が嫉妬して船が転覆したり、不漁になると、当時、海人オジィたちは言っていた。海は男の世界であり、女は陸《おか》で畑を耕し祈り待つものなのだと。船に乗せてもらえるようになるまで、数ヶ月も口説く時間が必要だった。

　海人写真家として、乗船し写真を撮らせてもらえるようになると、次には「チーカーは海と写真をやめなければ結婚できない」と言われるようになった。女、三〇代、次第に私は女の潜り漁師の存在が非常に気になるようになり……二〇〇三年、カメラ一台を携えて志摩半島へ向かった。

「海辺を歩けばきっと会える」煙が立ち昇る小屋を見つけ覗き込むと、焚き火に当たる海女さんが居た。「沖縄の海人の写真を撮ってます！」と自己紹介すると、彼女は興味津々。船に乗せてあげる、という話になった。

　翌朝、その海女さんが指定した護岸へゆくと、すでに身支度を終えて船に乗っていた。操船するトマエ（船頭）は、その海女の旦那であった。

　漁場に着くとフンドー（オモリ）潜りが始まる。約二〇キロのオモリを掴んで、一気に潜っていく。……というより、引っ張られて落ちていく感じだ。深場の獲物をとれるという利点があるものの、危険がある。落下スピードが速く、素早く耳抜きできないと鼓膜が破けてしまう。最悪の場合、平衡感覚を失い、死につながることもある。

　アワビを採ると、海底で命綱を引っ張り、船上にサインを送る。トマエの

撮影筆者、2015 年三重県志摩市

撮影筆者、2003 年三重県志摩市

夫は、阿吽の呼吸で、綱を一気に引き上げる。

私は、日本一、素潜り女が多いと言われている志摩半島で、夫婦で行うトトカカ船、というスタイルを見ることができた。

お次は、長門（山口県）の夫婦船の話（二〇一三年）。こちらのフンドー潜りは、命綱をつけていない。オモリを摑んで、引っ張られ沈んでいき、一〇メートルほど潜ると手放す。こうすることで水面近くの浮力の高い層を超えていく。海底付近では、体はフリーで楽々泳ぎ回ることができ、浮上は自力で行う。

海底で縮まっていたウエットスーツの気泡は、水面が近づくにつれ、膨らみ（元に戻り）浮き上がるスピードは加速度を増す。海女は、スポーン！と海面を突き抜け、跳ね上がった。

私は彼女の動きに合わせて、その隣で撮影する。潜降が遅れると、海女さんのお尻しか撮ることができない。だから、重めのウエイトをつけるしかない。

急潜降できるのは良いが、一〇メートルほど潜ると、ウエットスーツの浮く力が相殺されるため、一気に沈んでしまう。海底付近で中性浮力を保ってスイスイ泳ぐ海女の姿を、私は地を這うように追いかける。アワビを採り終え、ふわっと浮き上がっていく海女の先を行こうと、足ヒレをはいた両足で海底を踏み込み、強く蹴り上げるが……。「行きはよいよい帰りは怖い」錘だらけの私の体は、浮き上がらず、全力でピッチ×ストライド。心臓バクバク、指先が痺れるほどエネルギーを消費してしまい、水面まで呼吸を堪えるのも苦しい状態に陥る。

引き上げてくれる「トト」が居てくれればどんなに良いことか……海面で立ち泳ぎしながら呼吸を整え、再び潜降、浮上を繰り返し撮影を続けるのであった。

中性浮力を保つこと。潜りの基本であるけれど、それでは太刀打ちできないケースの対応は、体力・気力、そして海での自分を知ること。海は危険が伴うので無理は禁物であるが。

海女さんを写真に収める際「出産ギリギリまで海に潜って仕事をしていた」「海（船上）で子供を産んだ」という話を度々聞いてきた。実は私も、沖縄の離島で素潜り撮影を、出産三週間前まで行っていた。陸上ではプラス一〇キロの重たい体も、海中では重さを感じない。浮力さまさまである。

また、船上や陸上で重いものを運ぶと力みが生じてしまい、妊婦は特に危険である。海中では、筋力が少ない女性でも仕事ができると体感したのが、この時だった。とはいえ、フンドーに引っ張られての急潜降は、体への負担は大きい。「本人は大丈夫だというんだが、（フンドー潜りは）やめさせて、今は、タンポで潜らせてるよ」と電話口でトマエさんから聞いたこともある。

タンポとは、浮き輪に獲物を入れる網袋をつけたものである。船で沖合の漁場まで乗せてゆき、そこからタンポを持って水面移動。自力で潜水浮上を繰り返す。疲れたらしがみついて休憩もできる。フンドー潜りの効率よりも、妻の体への負担軽減を優先するオシドリ夫婦の海女漁である。

そして阿部（徳島県美波町）の「アマ」の夫婦はさらに違っていた。一艘の船に夫婦で乗り、夫婦共に潜る。トマエがプレーヤーでもあるのだ。夫は、浅瀬で妻を下ろした後、さらに沖の深い海へ船を移動させ、ポイントを変えてアワビを採る。そして漁を終え、船に上がると、帰り際に妻と漁獲を引き上げて、港に戻る。

浅い海が楽かというと、そうでもない。繁茂した海藻はゆらゆらゆらゆら。海藻の隙間から獲物を見つけようと海中を凝視すると、船酔いするようにオエっとなる。脳が上下・左右・前後・回転などの動きを処理しきれずに気分が悪くなるとされているが、これは慣れで治せるものなのか？　私は海の中でゲーゲーしていたことを今でも忘れ

撮影筆者、2014年徳島県美波町

撮影筆者、2015年三重県志摩市

られない。

最後に、アマ兼任トマエに対して、完全トマエによるスタイルを二つ紹介したい。一つ目は、能登半島（石川県輪島）の海女漁について。一艘の船にトマエ一人と複数の海女たちが乗り合わせるノリアイ（乗合）という漁法である。通常、海女はで二人一組で大きな桶を一つ持つ。この時には、三人組を合わせた、二チームが乗船し、チームごとに漁を行っていた。海の底までが遠く、獲物を入れる桶には、紐がついていない。

潜水中は、バディである「ツレ」が、海面で桶を保持する。

トマエは船から、移動し続ける海女たちを追い続け把握している。

能登半島沖合の海は、透明度が高く、船の上から海底近くまで見える。が、実際に潜ってみると、二〇メートル以上、という事もザラにあった。深く、遠い海底へは、最短距離で行かねば底での作業時間が足りなくなる。ジャックナイフという潜水法で、腰を九〇度に折り曲げ、頭から水を切り裂くように潜っていく。頭を真下に重心を一点にして、鳥が翼をたたむようにして抵抗を減らし、海底に向かって垂直に降りていく。

長い距離を一気に潜降するため、水圧は短時間で大きく変わる。だからタイミングよく細かく耳抜きをする必要がある。一〇メートルほど潜ると、一旦頭を引き起こし降下を止め、上昇気流で滑空するように水平移動を始める。左右の足ヒレで海水を挟み込むようにして、静かに前進する。

右へ左へ、と潮に揺さぶられる海中林。目を凝らすとそこを生活空間とする生き物の暮らしが見えてくる。長い毛を振ってはげしく舞う連獅子のスローモーションのような海藻の隙間から垣間見えるアワビを見つけると、海女は急降下。

アワビが敵の気配を感じて、岩に吸い付く前に、間髪いれずオービガネ

（貝を起こす道具）を貝と岩の隙間に入れ、テコの力でクイッと捕る。一連の動きは、まるで鷹かハヤブサか！私はそれを見た瞬間から、猛禽類と呼んでいる。

　ボンベを使わず、ひと息で深さ二〇メートルの往来。これを約二分間の間に行い、浮上すると、桶をもつツレにバトンタッチ。桶に摑まり呼吸を整えながら、ツレの潜水を見守り、何かあれば助けに行く。戦友の命を預け合う関係。「旦那より大切」と笑う。

　トマエは、船上から獲物の入った桶を引き上げる。アワビやサザエ、海藻などの魚介類は、海水をたっぷりと含んで重さを増している。海上では、男の強い力が必要だ。海女たちが、危険な海域でも安心して漁を続けられるのは、このような信頼関係があるからであろう。

撮影筆者、2013年石川県輪島市

　また、この地域の海女の多くが、潜り以外の仕事もする漁師である。暖流と寒流が混じり合う好漁場を持つ輪島は、年中様々な魚介類が捕れるので、刺し網漁などの夫婦漁師が多い。四季折々の海産物を求め、それぞれの体力や知恵、持ち味を生かして一年中海の仕事を行っている。

　男性の船頭と複数の海女そして男アマの存在が印象的だったのが、壱岐島（壱岐市八幡浦）のノリアイ。乱獲を防ぐため、ウェットスーツの着用を禁止して、シャツや長袖ハイネックのヒートテックなどを重ねていた。なんと、一番上にはレオタード。男もだ。

　伸縮自在のレオタードは優れもの。海中で採ったウニやサザエが片手いっぱい摑みきれなくなると、レオタードの胸元をグイッと引っ張り、中に放り込んでいく。すると胸やお腹はみるみる大きくなっていく。海面へ浮上すると、獲物はレオタードから桶に移される。体にフィットし水流を受けにくい、上等な一時保管場所としての機能も併せ持つ。

　船の上には囲炉裏があり、冷えた体

撮影筆者、2013年長崎県壱岐市

をすぐに温めることができる。速乾性の高いレオタードもあっという間に乾いてしまう。

アマ漁は、地域によって年間の漁業日数や、一日の操業時間などのルールは異なる。自分の体力や体調に合わせて、道具を工夫し、場所・深さを変えて、資源がある限り続けられる。潜水できなくなったとしても、、打ち寄せられた海藻を拾う、など老若男女に合わせた方法で。

誰よりも海を観察し、海と共に生きる人々に習いたいことはたくさんある。次世代に残すべき、里海の漁場環境や海の民の技、知恵を伝達する一助になるような写真表現を目指し、進めたい。私は海や自然のさまざまな命をいただいて生きている地球の一部であるのだから。

参考文献

「海と生きる女達」二〇一六、チカ・コーポレーション
「海女さん、可憐だーっ!」二〇一二—二〇一三、チカ・コーポレーション
『GreenLetter2020 NO.42』一般社団法人自然環境研究センター

11 ミクロネシアから考えるジェンダー平等

宮澤京子

八人と私

ピーマラム、月の砂、と呼ばれる海岸の砂をひとつかみ、黄色い大きな胸にこする。伝統的な外洋帆走シングル・アウトリガーカヌーの建造術と航海術を今に受け継ぐミクロネシア連邦ポロワット島での、カヌー出航直前の儀礼だ。船長のテオ・オノペイは、このピーマラムの浜へ必ず帰る、全員連れて帰ってくる、という決意と責任を砂とともに胸にこめた。黄色は、出航する男たちの体に女たちがこぼれんばかりに塗ったラーンと呼ばれるウコンの粉で、芳香をはなち、男たちを災難から守るという。カヌーに同乗し記録撮影をする私の顔と体にもラーンが塗られ、手持ちのビデオカメラに粉が散った。

海と生きる人たちの生きざまを知りたい。伝統的な漁撈や、カヌーを操る男たちの身のこなしをとらえたい。そんなことを願いドキュメンタリーの映像制作に携わってきた私は、海技士免許とも船舶検査とも無縁な東南アジアやオセアニアの海の民と船を追いかけ、気がつけばあだ名は戦場、ならぬ、船上カメラマン。この時の航海は、沖縄の海洋文化館が展示用に注文したカヌーを伝統の技で造って航海し、島の暮らしと共にそのすべてを映像記録するプロジェクトの一環だった。完成したカヌーの船体は長さ八・四メートル、幅は一メートルもない。アウトリガー上の簀のようなスペースは、体感わずか畳一、二畳。沖縄へのコンテナ船が待つグアム島までは約八〇〇キロ、数日の航海だが、八人の男たちと私がカヌーに乗った。

出航儀礼を執り行うテオ・オノペイ

男は海、女は島

ポロワット島は北緯七度二二分、東経一四九度一一分に位置し、一年を通して北東または東からの貿易風が卓越する北赤道海流が東から西へ流れる海域にある。低くて平らな五つのサンゴ島からなる環礁の島だ。ポリネシア地域の伝統カヌー文化復興に寄与したことで知られる大航海士マウ・ピアイルッグの故郷サタワル島は、西へおよそ二四〇キロ。若きマウが一時期滞在し航海術を研鑽した島でもある。

サンゴ島の土壌は乏しく植生は限られ、川もなく、生活用水を雨水にたよる暮らしは不安定だ。台風や高潮による塩害にも悩まされる。そうした厳しいサンゴ島の環境で食糧を確保し生き抜くため、男は海、女は島での仕事を担い、男女の役割を明確に分けて、暮らしをまわしてきた。

ラグーンの中では女も小型のカヌーを漕ぎ、小魚やタコを獲って水に親しむが、女は主に農耕に従事し、仕事の多くは日々の食事に関することだ。主食のタロイモの畑は母系の一族が継承する女の財産で、タロイモは、畑の管理から収穫、調理まですべて女が取り仕切る。かつては、バナナやオオハマボウの繊維で、交易品ともなる腰布を織るのも女の重要な仕事だった。

もう一つの主食パンノキは、樹高二〇~三〇メートルの高木に実をつけるので、男と女の協働だ。実のなる季節になると、男はロープを頼りに木に登り、細長い実採り棒を使って枝先の実を地面に落とす。女は下で実を集めるか、男たちが炊事場に運んでくるのを待つ。実の調理は女の担当で、蒸したり焼いたり、中でも重要なのが、実を発酵させた保存食マール作りだ。マールは長期間保存がきくので救荒食になり、火を起こさずそのまま食べられるので、航海には欠かせない携行食、伝統の船飯だ。

ラグーンの外、リーフを越えた外洋は男たちの世界だ。カヌーに乗って魚、アオウミガメを獲りに無人島へ出かけ、獲ったものを家族や島のみんなと分ける。陸では、ココヤシ繊維のロープ作り、屋根葺き、近年はソーラーパネルや船外機付きボートの管理も男の仕事だ。だが船外機付きボートは燃料がなくては動かない。燃料を運ぶ貨客船が不定期にしか来ない離島ポロワットでは、帆走カヌーが今も現役である。

タロイモの収穫をする女

カヌーでカツオの一本釣り

長距離航海に欠かせないパンノキの保存食マール作り

女が編んだマットを縫い合わせ帆を作る男

サンゴ島で生きるために必要な食糧、モノ、人を運び、島と外の社会をつなぐネットワークを築いてきたカヌーは彼らの誇りで、その航海に同行することを私は熱望し、テオが快諾したのだった。

血の壁

だが、私の月経が密かに懸念された。

ポロワット島を含む中央カロリン諸島の島々では、ジェンダーにまつわるさまざまな禁忌や規則がある。現在はキリスト教徒の彼らも、海のこととなるとキリスト教受容以前の神や超自然的な力を意識し、海の神は女の匂い、すなわち月経の血を嫌うのだという。そのため、漁の前に妻と寝床を共にするのはタブーだし、伝統航海士が月経中の女に遭うと、海上での判断力が乱れ不運に見舞われるという。私に面と向かっては聞かないが、ヤシ酒に酔い、海の神アニュマルへの話をまじえて、キョーコのアレはどうなのか?と探られた。私も気が気ではない。小さなカヌーに隠れる場所はなく、目をそらしてもらっても、絶えず揺れるカヌーの上で月経の手当てをするのは至難の業だ。バランスを取ろうと下腹部に力がはいり、膣はかたく閉じるかの如し、タンポンも挿入不可能だろう。出航のタイミングは当然ながら天候次第だが、テオはココヤシの葉を使った昔ながらの占いをして出航を決めるというから、いつ海に出られるやら判然とせず、ピルを飲んで月経時期をずらすこともできない。この型のカヌーの上では現実的に厳しいことばかりだ。幸い、私の月のものはめぐってこなかったが、これが唯一の壁だった。海は女の血を希釈してくれないのだ。

しかしこの懸念を除けば、カヌーは女性を阻まない。女性がカヌーに乗るのはタブーではなく、かつては女もカヌーに乗って近隣の島々へ行くこともあった。

禁忌を犯す

ポロワットには他にも私を当惑させる慣習があった。男のたまり場、いや、カヌー造りやメンテナンスをする男の仕事場で、重要な会議も行われるカヌー小屋は、島の女は出入りが禁じられている。女がヤシ酒を飲むのもタブーだ。これでは仕事にならないし、楽しみもない。また、男のキヨウダイに対しては身を屈めて敬礼をするという慣習があり、相手がとっている姿勢より低くならなければいけない。相手が座っていれば、立ってもらうか四つん這いになって歩く。私と彼らは血のつながりはないが、シスター！ブラザー！と呼び合う仲になったのに頭が痛い。

だがこれも幸い、仕事をしに来た私にそれらの禁忌は適用されず、毎日カヌー小屋に通い撮影できたし、ヤシ酒の酒席に加わり何度も酒を交わすことができた。実際、島の人たちと付き合う中で、カヌーの建造中も航海中も、私は女であることを理由に行動制限されたことはなく、まして や差別など一度もなかった。島の女たちも、見下されているわけではない。むしろ堂々とし、レディーファースト、教会や行事の際に女が座る位置は前方のベストポジションだ。秘儀とされる伝統的な知識を継承する女もいる。

禁忌を犯しても咎められず自由に動けたのは、私が外国人で一時の訪問者だからという特例、気づかい、あるいは突き放しもあっただろう。だが、それだけではないと感じるものがある。それは、男女を明確に分ける世界観と、その二つをつなぐ風通しのよい「あいだ」である。男女の二極は強固な基盤で、「あいだ」は、状況に応じて折り合いをつけることができる柔軟な余白だ。この二極がもたらす調和、安定感は、彼らの気持ちに余裕をうむのではないだろうか。カメラを持った私が男と女の領域を行き来するのを許してくれる。

二項対立

島嶼世界に滞在していると、いくつもの二極、二項対立と、それを軸に循環する自然環境を実感させられるが、男女の二極と「あいだ」も、そうした島の自然環境に通じるものではないだろうか。

太陽と月、晴れと雨、日の出と日没、干潮と満潮、新月と満月、淡水と海水、風上と風下、ラグーンと外洋、ラグーンに面した海岸と外洋に面した海岸、東風（南風）・西風（北風）とその強弱、標高の高い島・低い島。季節もこの海域では二つで、パンノキの実がなる時期（だいたい四月から八月、不安定な西風が吹く）と実のない時期（九月から三月、東風が卓越する）に分かれている。秋道智彌氏によると、魚も二分し、「魚は背骨より上の肉が「男の肉」と呼ばれて固く、背骨より下は「女の肉」と呼ばれ、柔らかいと考えられ」、

「北、男、右、強い」「南、女、左、弱い」という二項対立的な要素もあるそうだ。

中央カロリン諸島の伝統航海術の根底にも二項対立がある。航海術の根幹とされる星座コンパスは、特定の星や星座が水平線上に出現・没入する三二の方位を表したもので、「南と北」「北北東と南南西」など対角にある方位の「対」や、星座コンパスの中心に自分がいると想定した時の「前後の方位」「左右の方位」といった「対」を利用し、海上での自分の位置と目的地の方位を推測する。三二の方位それぞれの「あいだ」の方位、空間も意識される。その星座コンパスは、女性がパンダナス（タコノキ）の葉で編んだマットをベースにしたもので、航海術の学習はマットを開くことから始まる。私の目にはただマットを広げるだけの行為に見えるが、マットは伝統航海士の頭の中の「空、世界、宇宙」で、「マットを開く」（メレック・ヘキ）ことは頭と心を開くこと、重要なプロセスとされる。女性が編んだマットとそこから始まる伝統航海術は、男女協働の賜物でもある。

伝統航海術では、カヌーの「出発する島」と「目的の島」も重要な二項対立だ。出航の儀礼で、テオが胸にこすったピーマラムのある浜、すなわち「出発する島」は、海上のテオがその頭と背中にずっと意識しつづける重要な基点である。そこには愛する女たちがいて家を守り、男たちはそこに帰るため海へ出る。心の中では、「出発する島」が最終的な「目的の島」だ。もう一つの基点、実際の「目的の島」には、島を離れた娘や、恋人もいるかもしれない。女の存在が男たちとカヌーを力づける。

テオはいった、「海上で焼けるように照りつける太陽は、父。雨は母で、火照った体を癒やしてくれる」。昼間の暑い日差しと、午後のスコールか。太陽と雨、父と母。母がいなければ暑くてたまらない。私たちの航海を記念して彼らが作ったTシャツには「俺たちは雨と太陽の息子」という文字がプリントされていた。

語り継がれる海の女

こんな民話がある。「昔むかし、東の方からクリンという名のシギが飛んできて、ポンナップ島の首長の娘ネオファスに航海術を教えた。成人したネオファスは自分の息子に航海術を教えた」。クリンは人喰い鳥なのだが、ネオファスからたくさんのタロイモとココナツをもらい満腹になったので、ポンナップ島の人は食べず、ネオファスに航海術を教えたという。だから航海術は女から始まった、と男たちは女を敬うようにいう。ポンナップ島はポロワット島から北東へ三八キロの島で、この民話は中央カロリン諸島の島々に伝わる。

マーシャル諸島の民話では、ルクタヌルという一〇人の息子の母親が、最初の帆をもたらしたという。まだ帆を知らない時代、一〇人の息子たちは手漕ぎカヌー競争をして、勝った者が島の首長になることにした。スタートの直前、大きな重たい包みを抱えたルクタヌルがやってきて、一緒に乗せてくれ、といった。だが息子たちは、そんな重たい物を載せたら負けてしまうと断った。優しい末っ子だけが喜んで母をカヌーに乗せてあげた。ルクタヌルの包みの中は、パンダナスの葉で編んだ帆と帆走に必要な艤装品だった。ルクタヌルはさっそく帆の扱い方を末っ子に教え、帆をあげたカヌーは風を受けて、またたく間に他のカヌーを追い越していった。やがて地上の生活を終えた彼らは星になり、末っ子はおうし座のプレアデス星団、その側の星カペラはルクタヌルだという。今も伝統航海士が目印とする星々だ。

民話の細部が異なるバージョンがあるが、命を預けるカヌーの航海術と帆の起源に女性が関わっているのは面白い。この地域の海と女性が切り離せない関係であることを示している。

カヌーの上の「男と女」

ルクタヌルの帆と同じパンダナスの葉で編んだ帆は、軽くて扱いやすいダクロン製の帆布が導入されるまで実際に使われていた。女たちが葉を細く割いて帯状の長いマットを編み、男たちがココヤシ繊維のロープで縫い合わせ三角形にする。大きな三角形になった帆布は帆桁に結いつけるのだが、ここに「男と女」が登場する。中央カロリン諸島でもマーシャル諸島でも、船首に立てる縦の帆桁を「男の柱」、横は「女の柱」と呼ぶのだ。「男の柱」と「女の柱」は各々の先端で固く縛られ、船上の男は、刻々と変わる風向きと強弱に合わせて帆桁の角度を調節し、カヌーのバランスと針路を保つ。

「男と女」がいる船は東南アジアにもある。インドネシ

完成したパンダナス製の帆で走るリエン・ポロワット号

二本の帆桁。「男の柱」（縦、右）と「女の柱」（横、左）

アを代表する海洋民、スラウェシ島西部に住むマンダール人のダブル・アウトリガーカヌーだ。それは、船尾に張り出した上下二枚の板で、舵を取り付けるサンギランという部位だ。上の板は「男」、下は「女」、夫婦だという。帆走カヌーは舵をうまく取らなければ風に流されてしまう。船長がスムースに舵を取れるよう、大事な舵を「男」と「女」の板が支えている。

このマンダール人の社会も男女分業が明確で、男は漁撈、女は織物（サルン）作りなどさまざまな経済活動に従事し自律している。漁師の伝統的な船飯は、女たちが粉にしたキャッサバを煎餅のように焼いたジェパという保存食で、ロープや舵を握りながら片手で食べられる便利な携行食だ。妻が用意したジェバを食べながら漁師が私に「シバリパリ」という言葉を教えてくれた。それは、夫婦が各々できる仕事を担って家庭を築いていくことの意で、シバリ（向き合う）とパリ（困難）という二語からなる。さまざまな困難が生じる家庭生活を、夫婦で共に育てていくことの大切さを伝えるそうだ。この漁師も私のカヌー同乗を快諾し、海での仕事ぶりをよく見せてくれた。獲ると撮る、の違いはあるが、魚一匹、カメラのワンカット、ワンシーンに生活がかかっている者同志の共感か。かりそめのシバリパリか。

おわりに

「日本は一四六ヶ国中一二五位で前年より大幅にランクダウン」。二〇二三年六月、世界経済フォーラムが発表した『世界ジェンダーギャップ報告書』の結果に、多くの日本人が落胆、焦燥した。だがその一四六ヶ国に、中央カロリン諸島のあるミクロネシア連邦もマーシャル諸島共和国も含まれていない。マーシャル諸島共和国は、二〇一六年に初の女性大統領ヒルダ・ハイネを選出したし、ミクロネシア連邦では、二〇二一年三月、ハワイ大学で海洋生物学を学ぶポーンペイ島出身の女子大生（当時）ニコル・ヤマセが、太平洋諸国民としては初めて世界最深の海チャレンジャー海淵（一万九二〇メートル）に潜航して話題になった。ニコルの場合、チャレンジャー海淵がミクロネシア連邦領海にあることから、プロジェクトの主催者サイドがミクロネシア連邦出身者を人選したもので、ニコル自らが志願したわけではない。だが、選ばれた彼女は貴重な機会を喜んで受け入れ、周囲の人々も後押ししたようだ。機を得れば女であっても前へ進む、進める土壌があるのだ。

『世界ジェンダーギャップ報告書』が根拠にするデータがどのように集められるのか私は知らないが、こうした数字からこぼれた地域に、グローバルスタンダードとは異なる形でジェンダー平等を実現している文化があることを忘れてはいけない。

参考文献

秋道智彌　一九八〇『魚と文化　サタワル島民族魚類誌』海鳴社
——　一九八一「Satawal島における伝統的航海術—その基本的知識の記述と分析」『国立民族学博物館研究報告』五(三)：六一七—六四一
——　一九八六「サタワル島における伝統的航海術の研究—洋上における位置確認方法とエタック(yetak)について」『国立民族学博物館研究報告』一〇(四)：九三一—九五七
——　二〇〇四「水平線の彼方へ—太平洋、中央カロリン諸島の海洋空間と位置認識」野中健一編『野生のナヴィゲーション』古今書院：一二九—一六〇
石森秀三　一九八七『危機のコスモロジー　神々と人間』福武書店
須藤健一　一九八九『母系社会の構造』紀伊國屋書店
土方久功　一九七四『流木』未来社

門田修　一九九一『南の島へ行こうよ』筑摩プリマーブックス

Alimuddin, Muhamamd Ridwan, 2013, *Sandeq Perahu Tercepat Nusantara*, Ombak. Yogyakarta.

Bwebwenatoon, Etto, 1951, "A Collection of Marhsallese Legends and Traditions", in Eve Grey (ed.), *Legends of Micronesia Book One and Two*, Trust Territory of the Pacific Islands Department of Education.

University of Hawai'i News, 2021, 1st Pacific Islander to reach ocean' s deepest point is UH grad student. (https://www.hawaii.edu/news/2021/04/06/ocean-deepest-point-grad-student/)

12 女性たちをエンパワーするために

窪川かおる

女性の活躍が話題になって久しい。二〇二四年には、一九九九年六月に男女共同参画基本法が施行されてから二五年が経過する。その間、平等を目指し、世界で、日本で、法制度の整備を柱として、女性、男女共同参画、ジェンダーを冠する活動が広まった。女性が少ないことに違和感がなかった海洋分野でも、ジェンダー平等の実現が重要になっている。女性比率の推移を指標に海洋分野の大学、研究機関、産業のジェンダー平等への取組みも熱を帯びているが、そもそも大多数の男性は、女性活躍に関する研究論文を目にする機会が格段に少ないだろう。ジェンダー平等の当事者が女性だけではないと気付くことが誰にとっても大切である。

なお、本稿は、現在の状況を整理したものである。一〇年後に、本書の発行当時がジェンダー平等を目指し始めた頃だったとの証拠になればよいと思っている（図1）。

国連の会議と日本の法整備

国連が一九七五年を国際女性年と定め、国際女性年世界

図1 ジェンダー平等の実現への女性のエンパワーメント
育児からの復帰後にハードルがあっても飛び越え、歩み、ガラスの天井があれば破って進む女性のエンパワーメント。

1975
●第１回世界女性会議

1995
●第４回世界女性会議
北京行動綱領

2005
● Oceanography 特集号

2011
●国連女性機関設置

2016
● Oceanography 特集号

2000
●地球規模海洋科学現状報告 2020

1985
●男女雇用機会均等法

2006
均等法改正

1990
1.57 ショック（少子化始まる）

2015
●女性活躍推進法

●科学技術基本計画（1996）

1996
第１期科学技術基本計画

2001
第２期科学技術基本計画

2006
第３期科学技術基本計画

2011
第４期科学技術基本計画

2016
第５期科学技術基本計画

2021
第６期科学技術・イノベーション基本計画

●男女共同参画基本法（1999）

1999
第１次男女共同参画基本法

2004
第２次男女共同参画基本法

2009
第３次男女共同参画基本法

2014
第４次男女共同参画基本法

2019
第５次男女共同参画基本法

第６次

2002
男女共同参画学協会連絡会

2006
文部科学省：女性研究者支援モデル育成、女性研究者養成システム改革加速、女性研究者研究活動支援事業、ダイバーシティー研究環境実現イニシアティブ

2001
米国の ADVANCE Program

図２　女性研究者に関連する施策等の変遷

会議をメキシコシティーで開催したことは、各国がジェンダー平等の取組みを進める後押しになった。以降、五年毎に世界女性会議（WCW：World Conference on Women）が国を変えて開催されている。一九九五年の第四回世界女性会議では「北京行動綱領」を採択し、ジェンダー平等への流れを推進することを明言した。国連は、さらにジェンダー平等の達成を目指して、二〇一一年に国連女性機関（UN Women）を設置し、日本も二〇一三年にアジア唯一のリエゾンオフィスを開設している。なお日本政府は、二〇一四年から国際女性会議（WAW：World Assembly for Women）を日本で毎年開催している。

日本は、一九八五年に男女雇用機会均等法を施行し、男女共同参画の推進に踏み出した（図2）。一九九七年、次いで二〇〇六年の法改正では、育児・介護等への配慮、ハラスメント防止の強化など多岐にわたる追加がなされている。一方、一九八九年には、合計特殊出生率が一・五七と過去最低となり、内閣府の子ども・子育て本部に掲げられている少子化対策の実施が喫緊の重要問題となった（図2）。すなわち、労働人口減少の大事な対策として子育て支援が表舞台に上がっていった。二〇一六年四月には、女性の職業

生活における活躍の推進に関する法律（女性活躍推進法）が一〇年間の時限立法として施行され、国や地方公共団体および企業等（三〇一人以上）に対して、数値目標を含む行動計画の策定と公表などが義務付けられた。二〇一九年には一部改正され、一〇一人以上の事業主に拡大された（図2）。目標達成度についての情報公開は、上場企業の女性役員の状況など、女性の活躍を促す重要データである。

一方、一九九九年には男女共同参画基本法が閣議決定されている（図2）。五年毎に見直される男女共同参画基本計画は、二〇二三年に第五次男女共同参画基本計画が施行されている。基本計画の成果目標は女性比率などの数値で示されるので、達成度合いがわかる。大学では、理工系の教員（講師以上）に占める女性の割合は、二〇二五年までに、理学系一二%、工学系九%を目標とする。同じく目標値が低いのは、在外公館の公使、参事官以上に占める女性の割合の一〇%である。いずれも実情を考慮しており、ジェンダー平等の目指し方は多様にならざるを得ない。

一九九〇年代は男女共同参画社会の実現を目指す勢いが増し、学校教育でも家庭科の男女必修化が中学校で一九九三年、高等学校で一九九四年に始まった。そして、女性自身の活動の組織化が広がった。女性やジェンダーを冠する学協会は、一九四六年に大学女性協会、一九八七年に国際女性の地位協会など女性の地位向上を図る団体が創設され、学術研究では、一九七九年に日本女性学会、一九九七年に日本ジェンダー学会、国際ジェンダー学会などが設立され始めた。二〇〇〇年以降、女性やジェンダーが付く研究会は、さまざまな分野で作られている。二〇一八年には、筆者が代表を務める海の女性ネットワークも始まった。特に実験を含む自然科学分野でジェンダー不平等が課題となり、二〇〇二年に男女共同参画学協会連絡会が設立された（図2）。二〇二三年には一一〇学協会が加盟している。約二万人の大規模アンケート調査を五年毎に実施し、そのアンケート結果の分析を含む提言は、施策にも影響を与えている。

ジェンダー・ギャップ指数の低迷

ジェンダー平等に向けた産官民の取組みは増えているが、国際比較では低迷している。特に世界経済フォーラム（WEF：World Economic Forum）が毎年発表しているジェン

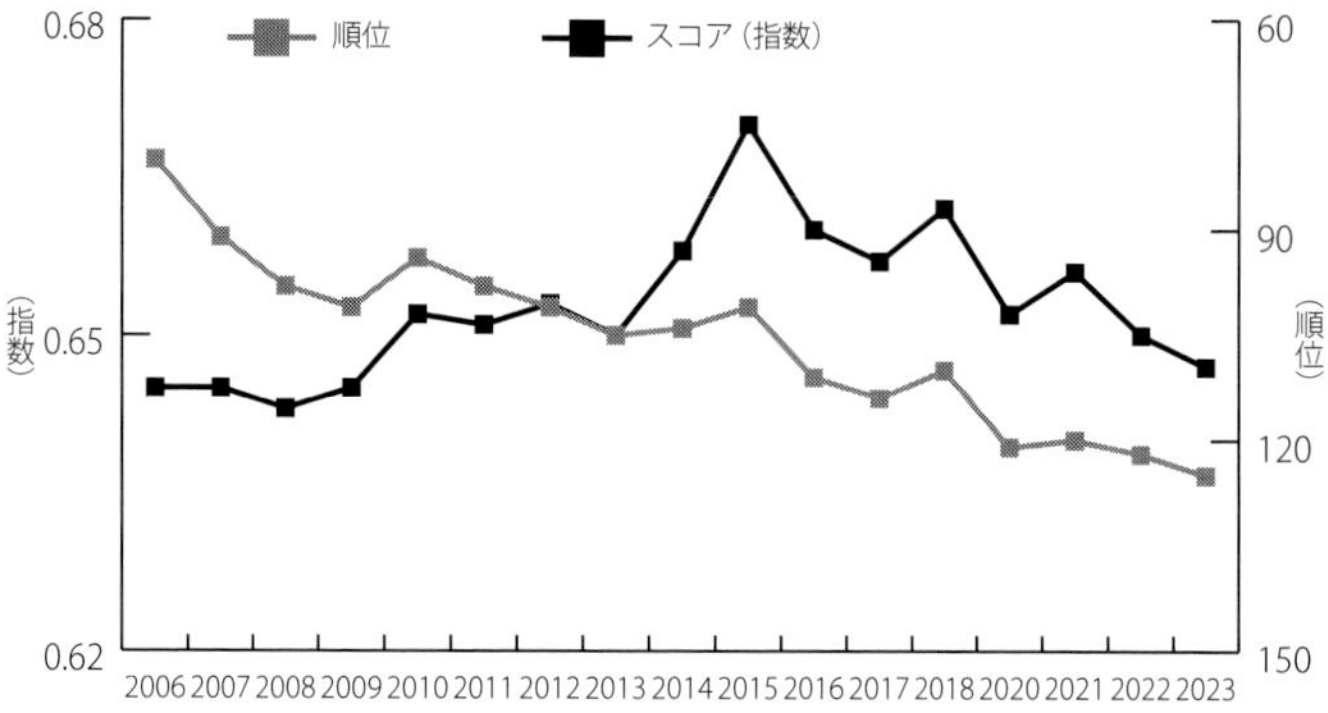

図3　ジェンダー・ギャップ指数の順位と指数の推移（出典：Global Gender Gap Report、WEF）

ダー・ギャップ指数（GGI：Gender Gap Index）は話題となっている。二〇二三年は一四六ヵ国中で一二五位であった（図3）。四つのカテゴリーを合計した総合順位で、上位九ヵ国はジェンダー平等への設定目標の八〇％以上を達成している。日本は、政治参画が完全不平等の〇に近い〇・〇六一、経済参画は平等と不平等の中間の〇・五六四で、調査開始の二〇〇六年以降、低迷から脱していない。健康、教育は、いずれも高いスコアで順位も上位である。一七年もの低位は、日本のジェンダー平等への取組みに課題があること、他国のジェンダー平等の取組みの加速を意味する。

　打開策のひとつは、積極的に女性を登用することである。女性限定の教員公募は、大学・研究機関で増えており、女性限定の賞が民間財団で創設されている。女性を対象とする猿橋賞で知られる「女性科学者に明るい未来をの会」は一九八〇年に設立された草分けである。また、日本動物学会は個人寄附による女性研究者奨励OM賞を二〇〇一年に設けた。女性限定とその趣旨への反対意見が男女からあったが肯定的な意見が増えていった。

　大学や研究所の教育・研究現場での女性活躍の支援は、文部科学省とJST（科学技術振興機構）の助成が大きい。二〇一一年より女性研究者の研究活動の支援事業を開始し、現在はダイバーシティ研究環境実現イニシアティブ事業を中心に、女性研究者研究活動支援や養成システム改革支援など、支援内容も拡大している。それらは、女性研究者の研究環境整備、仕事と育児・介護の両立を支える多様な働き方、意識改革、次世代育成、ワーク・ライフ・バランスへの配慮、上位職への登用の推進など多様化し、女性研究者が研究成果を出し続ける後押しになっている。助成事業の開始に伴う最大の改革は、大学や研究機関に男女共同参画室等の設立を促し、専従職が設けられたことである。このことは、学生・大学院生から教職員まで、所属機関の環境整備からハラスメント対策まで、幅広くジェンダー平等を進めるための存在意義は大きい。

海洋科学における大学・大学院での女性比率

海洋学は、理学、工学、水産学、社会科学、さらには人文科学におよぶ総合的な学問体系である。近年は、地球環境問題や自然災害の増加とそれに付随する社会問題の研究が、法学、経済学、政治学、心理学などで増えている。一方、海洋学は学際研究であるとともに、海洋に関わる情報と知識の集大成である海洋科学を根幹とする。ここでは、海洋科学を中心に海洋分野の女性比率でジェンダー平等の状況を見ることにしよう。

大学・大学院における女性比率では、まず進学率はどうか。大学の学部在学者数は、二〇二三年に二六三万八〇〇〇人と過去最多となり、女子学生の割合が、四五・七%と半数に迫る。修士課程は三一・七%、博士課程は三四・六%と全体の三分の一に達するのは（図4）、その後、意思決定の場に就く女性の増加につながり易い。一方、少子化により初等中等教育における在学者数は減少している。海洋分野のデータはないが、理系と工学系はもともと女性比率が低く、少子化問題の課題も抱える。ジェンダーに関係なく、この先の人材不足が懸念される。

大学の海洋学の講座は、多くが理学・工学分野にある。実数のデータはないが、女性比率は低いであろう。二〇二二年の大学学部の入学者数に占める女性比率は、理学二八・九%、工学一六・三%である。比較のために他分野を見ると、人文科学六四・四%、社会科学三七・一%、保健六五・九%である（図4）。約二〇年前、一九九一年の数値と比べれば、いずれも増加している。時代のニーズを反映して、工学と社会科学は二倍以上になっている。理学には、生命科学やコンピューターサイエンスのように女子学生が比較的多い分野が含まれているので全体では比率を上げている。一方、物理学、化学、地学の海洋の主分野で女性が少ないことは、ＳＴＥＭ（Science Technology Engineering Mathematics）分野において世界共通の当たり前の事象と思われている。

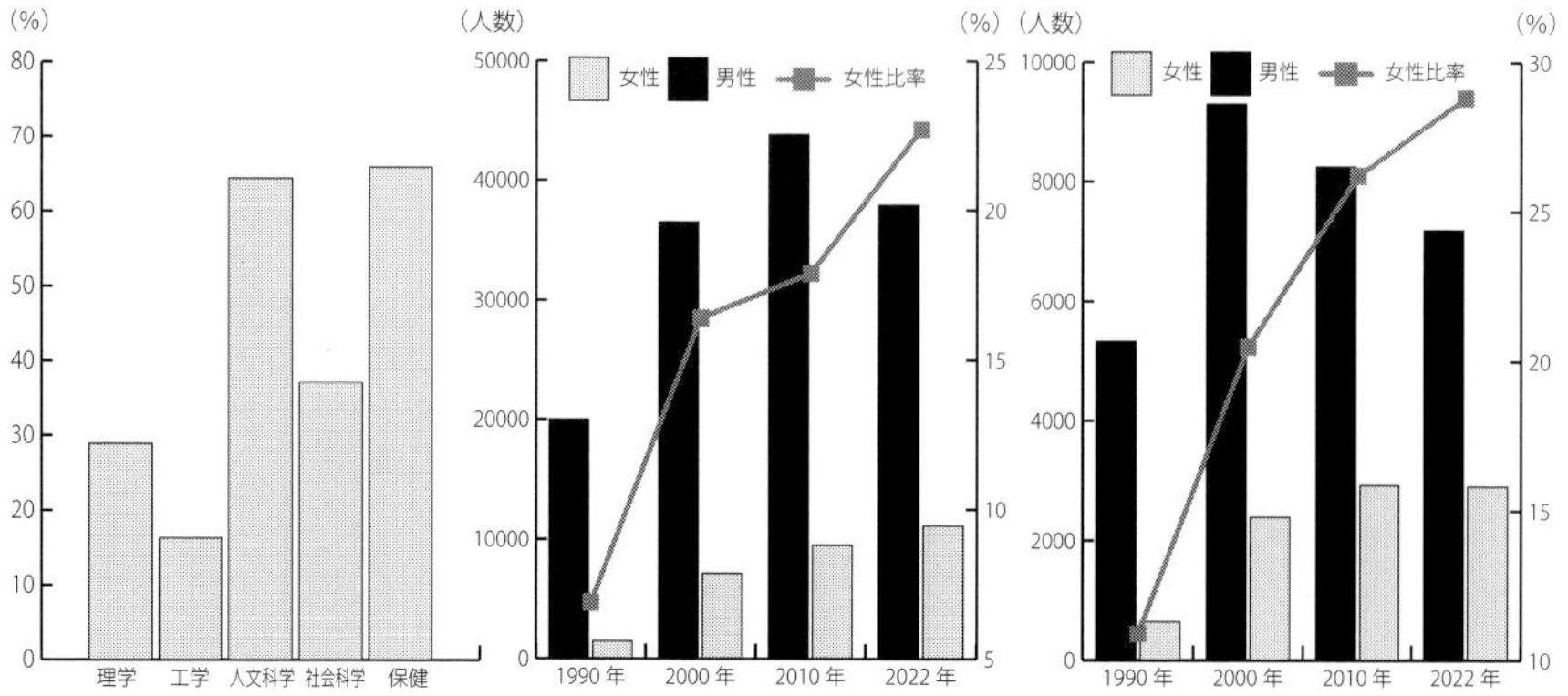

図4　2022 年の大学学部の入学者の女性比率（左図）、自然科学系の修士課程の男女別入学者数と女性比率（中図）、自然科学系の博士課程の男女別入学者数と女性比率（右図）（出典：文部科学省 科学技術・学術政策研究所「科学技術指標 2023」を基に筆者が加工・作成）

大学院では、自然科学系の二〇二二年の入学者の女性比率は次のとおりである。修士課程が二二・七%、博士課程が二八・七%で、極端に少なくはない。しかも、博士課程に入学する男性が約一〇年毎に約九〇〇〇人、約八〇〇〇人、約七〇〇〇人と減り続けているが、女性は微増している（図4）。博士課程大学院生の減少は、博士号取得後に研究職に就けず、企業に就職できても専門が活かせないなどの問題があることの反映であろう。そこで、博士課程学生への奨学金の充実、就職サポートなどが国や大学で拡充されつつある。経済的支援の存在は、女性の進学の後押しにもなっている。さらに、大学独自の女子学生のための奨学金制度や育児・介護支援を設ける大学も増えている。

大学のジェンダー平等の取組み

二〇〇三年に商船大学と統合した神戸大学、および東京海洋大学での女子学生の割合は一割以上となっている。女性が学ぶ環境整備も進み、船員養成を含めて海洋分野の人材育成が期待できる。

神戸大学では、二〇二二年度の女性比率が、海事科学部一四・三％、海洋政策科学部一六・三％、工学部一四・九％、理学部二二・八％であり、大学院の海事科学研究科が九・七％である。二〇二一年度の女性教員在籍比率は、海事科学域で八・九％だが、女性教授はゼロである。しかし、工学域でもゼロ、理学域でも一人だけであり、全学の女性教員在籍率は一八・五％ほどなので、海洋関係の学部が特別なわけではない。

東京海洋大学は、二〇二二年度の全学部の学生の女性比率が三一・二％である。女性教授は全教授の一二％で、助教以上の全教員では一五・一％とはいえ、微増が続いている。また、教員の新規採用では二〇二一年に二一・四％と今後の女性教員増への布石となりそうである。

私学の東海大学は静岡市清水に海洋学部がある。二〇二二年の大学改組改変により学科が、海洋学、水産学、海事科学と海技士関連に再編された。学生数の統計表に男女別の記載はないが、教員の女性比率は、教授が一人で、全教員の女性比率は一六・三％である。徐々に増えて欲しいものである。

神戸大学には、ジェンダー平等推進部門がある。研修、育児・介護支援、女性研究者への研究支援など多くの業務を担っている。東京海洋大学には男女共同参画室「海なみｎｅｔ」があり、女性研究者の研究サポート制度、乳児用休憩室のペンギンルームなどでの育児支援を行っている。東海大学もダイバーシティ推進宣言のもとで支援策を実施している。ここに挙げた大学はいずれも男女共同参画推進室などの専門組織を設け、女子学生、女性研究者、育児中の男性研究者を支援している。

第五次男女共同参画基本計画

二〇二〇年一二月二五日に閣議決定された第五次男女共同参画基本計画は、研究職、技術職に占める女性の割合が・六・六％と低値であることを取上げている。その中で、科学技術分野、学術分野の成果目標を二〇二五年末までに独立行政法人等の管理職（常勤の部長相当職及び課長相当職以上）では女性比率を一八％、役員に占める女性比率を二〇％としている。海洋の研究機関としては国立研究開発法人海洋研究開発機構（ＪＡＭＳＴＥＣ）がある。その女性活躍推進法に基づく女性の活躍支援等の活動には、子育て支援、労務環境の制度の整備、女性管理職等の数値目標設定など、具体的に研究者と職員の働き易い職場作りを目指している。女性比率は大学同様に低く、情報公開では、二〇二三年三月の管理職に占める女性労働者の割合は五・六％、二〇二一年四月一日時点の研究職員の女性比率は一二・三％と苦戦している。ＪＡＭＳＴＥＣの苦戦は海洋分野の現状の一端を示し、その打開は今後に望むしかない。

二〇二一年三月に閣議決定された第六期科学技術・イノベーション基本計画での女性研究者の活躍促進に関する取組みも、第五次男女共同参画基本計画と同様に、女性研究者の新規採用割合を二〇二五年度までに理学系二〇％、工学系一五％にするなどとしている。また、教授等に占める女性割合を早期に二〇％、二〇二五年度までに二三％にすると数値目標を掲げている。

女性比率の数値目標は、二〇一一年以降、盛んに掲げられた。しかし、自然科学系の女性研究者の新規採用の目標値三〇％は達成できず、努力目標になっていたが、第六期科学技術・イノベーション基本計画で再び三〇％を目指すことは大きな進展である。日本のジェンダー平等が国際水準まで上がる必要を社会が受容できるようになってきた。大学の教員公募に女性限定公募が増えたのもこの頃である。

ジェンダー平等を分析する基礎データの不足

日本海洋学会が作成した海洋学関連分野を学べる主な大学、大学院および附置研究所等のリストに四三大学と四大学校がある。学部は、理学部、工学部、理工学部、水産学部、海洋生命科学部などさまざまである。最近は環境共生学部、環境情報学府、海洋資源環境学部など環境が付くものもある。そもそも機関等が公表している統計に男女比がない場合は少なくない。分野別の学生数の統計はさらに少ない。基礎データが揃っていなければ、偏った分析にならざるを得ない。国内だけでなく、海外との比較も不完全になる。二〇二二年三月に男女共同参画局が、ジェンダー統計ニーズ調査をＷｅｂアンケートで実施した。今後は、基礎データ収集をさらに進める必要がある。

学会会員の女性比率から考える人材育成

（一社）男女共同参画学協会連絡会が加盟学協会の女性比率を隔年で公表している。二〇一九年のデータでは、女性会員比率は、一般会員、学生会員の順に、日本海洋学会は、一〇%と二九%、日本水産学会は、一一%と三二%である。比較のために生物系学会である日本動物学会は、一七%と三二%、会員総数約九〇〇〇人の日本分子生物学会は、二〇%と三八%である。海洋分野における学会の一般会員は生命科学分野の約半分であるが、分野によらず学生会員の女性比率は一般会員より大きい（図5）。男女ともに、学会発表のために学生会員になった場合、卒業または大学院修了で退会する学生会員が多いためで、一般会員の女性比率は小さくなる。

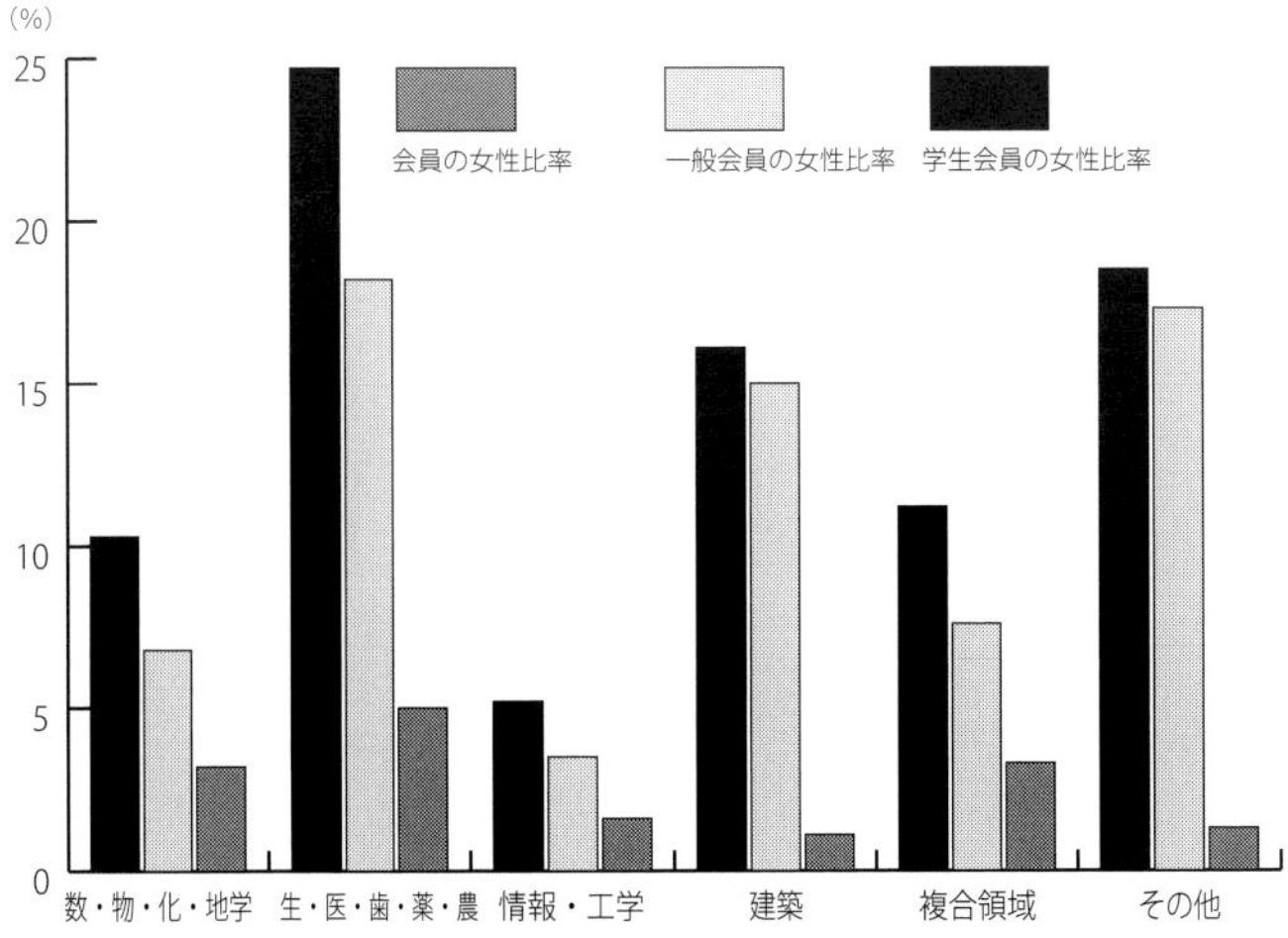

図5　理系、工学系学会の会員の女性比率

（出典：「連絡会加盟学協会における女性比率に関する調査」（2021年男女共同参画学協会連絡会）」のデータを使用してグラフ作成）

　女性が専門分野の進学やキャリア形成に進まない理由のひとつは、出産・育児・介護が研究生活の中に組込まれる可能性である。最近は男性の育児休暇取得が話題になっているが、まずは女性のワーク・ライフ・バランスを壊さない職場環境と社会環境を維持することが必要である。男性の育児休暇は、一時的なものである。育児に関して必要なのは育児の常時協働であり、男女ともに仕事と生活の両立である。

　学会大会で保育室の提供または一時預かり保育所を紹介することは当たり前になっている。しかし、約二〇年前にはなかった。筆者の経験だが、指導学生の大学院入試にあたり、妊娠中のため別室受験を希望したが、該当しないと断られた。翌年、学会発表が子ども連れとなり、大会本部に授乳室の提供をお願いした。日本の学会ではおそらく初めて、子育て中の会員のための特別室が準備され、他の参加者にも好評であった。以降は、一時預かり保育園の紹介または保育室の提供となり、他学会からの問合せが続出した。かつては、当事者が自分の問題をひとつずつ解決していくしかない穏やかな男女共同参画の歩みだったが、今日では、目標設定を明確にしたジェンダー平等の実現に向かっている。

理系のジェンダー平等に関する論文

ジェンダー平等に関する研究論文をいくつか紹介したい。二〇一四年に、国際海洋学会（Oceanography）の学会誌の特集号「海洋学の女性：一〇年後」（Women in Oceanography: A Decade Later）が発行された。一〇〇人の女性海洋学者が仕事と生活を自己紹介し、各国の海洋学のジェンダー平等の進捗を分析した論文などが掲載された。日本からも数名が寄稿した。海洋研究者の女性比率の世界平均は三八％しかなく、半数に満たず、リーダーシップをとる立場の女性も少ないことが問題とされた。米国の海洋学関係の六研究所の女性研究者は約五〇〇名で、そのうち教授は二〇％であること、全米で海洋を含む地球科学の学部をもつ一〇六大学では、教授の女性比率が平均一三・四％であることから、さらなるジェンダー平等を目指しての奮起を誓っている。それから一〇年後は二〇二四年になるが、すでに世界の海洋分野ではジェンダー平等の進展がみられている。

二〇二〇年に、IOC-UNESCO（ユネスコ政府間海洋学委員会）が発行した「Global Ocean Science Report 2020」の特集テーマのひとつが海洋科学の人材におけるジェンダー分析であった。その結論は、海洋科学における女性の割合が、特に高度な技術分野で依然として不十分だとした。衝撃は、日本の女性海洋科学者の女性比率が約一二％で四五ヵ国中最下位となったことである。四五ヵ国は、二〇一〇年から二〇一八年の間に出版された海洋科学の出版物の八二％を占める主要国である。日本語版もあるので参照いただきたい（IOC-UNESCO他 二〇二〇）。

欧米中心だが、論文を介して理系のジェンダー平等が議論されている。この議論に日本の海洋分野が加わることが、まず重要であろう。以下、さらに五報の論文を紹介する。

①一六〇万人以上の生徒の学業成績が分析され、STEM分野に進み、キャリアを積もうとする女性が男性より少ない理由が考察されている。STEM分野には男性のステレオタイプが形成されており、女性がステレオタイプと同じ行動を取ったとしても否定的に判断されると論じている（O'Dea *et al.* 2018）。

②育児等の男女不平等は教育・研究に大きな損失を与える。たとえば男女で論文作成の速さに違いが出る（Morgan *et al.* 2021）。

③二〇〇八年から二〇一六年の間に国際誌に掲載された科学論文約二九万本の著者の性差が分析された。海洋を含む地球・環境分野の論文は約七万本であった。どの分野も女性の筆頭著者が増え続けたが、地球・環境分野は、他の分野より多かった。しかし、男女のキャリアの差は開いたままであった（Bendels *et al.* 2018）。

④二〇二一年に国際内分泌学会が、基礎研究および臨床研究において、性差を考慮することを科学的に説明している。医学、薬学、生命科学で性差への考慮が広がっている（Bhargava *et al.* 2021）。

⑤二〇二三年夏の「海洋科学年報（Annual Review of Marine Science）」に「海洋学のジェンダー平等」と題する論文が発表された。米国の海洋学博士の女性比率は五〇％前後で、二〇〇七年から変わらない。中国では、二〇一九年から二〇二一年の博士課程の女性比率が四〇〜六〇％である。しかし、大学教員は、職階の上昇とともに女性比率が小さくなる。ただし、海洋生物学は海洋物理学より女性が多い。

　そこで海洋物理学に着目し、米国の博士号取得者が任期雇用から専任へのキャリアを提供するテニュアトラックの職に就いた割合を調べると、一九九六年から二〇〇九年で、男性は約二五％、女性は八％であった。二〇一〇年から二〇一九年では、男女ともに約三〇％である。女性の大躍進であった。研究航海での航海首席や共同主任科学者の女性の割合も増加し、二五％以上になっている。

　一方で、国際深海科学掘削計画（IODP）の二〇〇四年から二〇一三年の航海は、共同主任研究者の女性比率が一二％と低値だった。これは資金供出国である日本からの女性ゼロが影響していた。また、二〇一五年から二〇一八年に開催された海洋学の国際会議では、女性が参加者の約三〇～約五〇％であった。講演者も女性が増加している。しかし、その国際学会のデータに日本は当てはまらなかった。その他にも、さまざまに分析し、今後の課題と提言を挙げているが、総じて女性の進出が海洋学でも進んでいることを女性比率で証明している（Legg *et al.* 2023）。

ジェンダー平等に関する研究の増加は著しい。それは、実現への道の険しさをも象徴している。そして男性のキャリア形成が細る可能性の議論もしなければならない。ことさら海洋分野は「海は男の世界」からの脱却という大変革なのである。

海洋の職業

海に関わる職と言えば、水産業、海事産業、海洋研究、海上保安庁、海上自衛隊、マリンレジャー産業などである。どれからも女性活躍が聞こえてくる。水産業の中でも、漁業での女性の仕事は、魚介類の仕分けなどの水揚げ後の陸上作業が主で、漁業就業者の約三六％になる。水産加工業では約六〇％が女性である。漁業協同組合は二〇二二年三月末時点で八七三組合あるが、女性組合長が五人であった。しかも、漁協の女性正会員は約五％で、女性役員は〇・五％と少なく、漁業経営や議論の場での女性の参加はまだ少ない。一方、漁協女性部には、約二万人の部員がいて、商品開発など活躍が増している。水産会社も女性役員の参画を進め、上場企業の女性役員比率の業種別ランキングでは、水産・農林業一二社のうち二位と三位が水産会社である。海運業一一社も、一位は二五％、二位が一六・七％と低くない女性比率である。また、海事産業全般が女性役員を積極的に登用したり、女性船員のワーク・ライフ・バランスを支援したり、制度と環境整備を進めている。

海上保安庁は、女性職員活躍・ワーク・ライフ・バランス推進本部を二〇一四年に開設し、女性職員が働き易い職場を目指している。二〇二二年には女性比率が七・四％（二〇六六人）となった。巡視艇の女性船長は四人、二〇二三年には大型巡視船の女性船長が誕生した。筆者が二〇一三年に編著した『海のプロフェッショナル二巻』に初の巡視艇の女性船長が執筆してから、わずか一〇年での変化である。『海のプロフェッショナル一巻』で二一人、二巻で二五人のさまざまな海の職業に就く女性たちの仕事と生活を紹介した。彼女たちの経歴を見ると、海に関わる仕事に就くまでに紆余曲折がある。大袈裟にではなく、海が好き、海の仕事が好き、を貫いて門戸を開く努力があったのである。一方、喜ばしいことに、今では、この本の続編が不要になるほど女性進出が普通になっている。

無意識のバイアスに気付く

一人でそこに居た最初の女性の勇気と、勇気をもって無意識のバイアスを克服しようとする行動がジェンダー平等の実現につながることを考察しておきたい。

一八世紀に世界一周の航海に出た勇気ある女性はフランス人ジャンヌ・バレ（Jeanne Baret）である（Shiebinger *et al.* 2003）。博物学者フィリベール・コマソン（Philibert Commerson）に同行する助手として、男装して一七六八年に乗船した。当時の海洋科学調査では海軍の船が使われ、女性は乗船できなかった。

時代は変わっても、勇気をもってジェンダー平等の実現を目指すことに変わりはない。しかし、たった一人のバレの時代と今は違う。二〇一八年五月に発足した任意団体、海の女性ネットワークは、海に関わる女性たちの集まりである（図6）。二〇二三年で約一〇〇人が参加している。仕事、子育て、介護にただでさえ時間が不足する女性達である。二〇一八年の発足からオンライン定例会を毎月一時間だけ開催している。活動は、会員がやってみたいこと、知りたいことなどを提案し、賛同されれば皆で協力して実現することである。海洋関連の女性の国際ネットワークは海外に複数ある。いずれも多様な背景の女性達が参加し、ジェンダー平等の実現を柱に活動を続けている。

ここまで書いてきたように、ジェンダー・ギャップ指数、キャリア形成の女性比率など、数値のわずかな増減でジェンダー平等の進捗が判断されている。これは、一歩ずつ進んでは後ろを振り返り、前進を確認しているように思える。社会全体が目指すジェンダー平等のゴールがどのようなものか、理解し想像できるだろうか。筆者は理解したいと考えるが、何かがその想像を妨げている。それは無意識のバイアスである。

自分自身が自分で知らない間に偏った結果を招いている。人種差別は顕著な無意識のバイアスである。現在、無意識

図６　海の女性ネットワークのトップページのバナー。海の日記念企画の紹介

のバイアスの研究は数多く、判定法の開発も進んでいる。ジェンダー平等を妨げる原因のひとつが、男女ともに現れる無意識のバイアスならば、腑に落ちる事象は多々ある。多様性の尊重は、かくも困難なのである。一九九〇年代から始まった米国の女性研究者支援事業ＡＤＶＡＮＣＥでは、女性限定の支援よりもコラボレーションを支援し、ジェンダー平等という公平性を重視している。日本では、今は女性限定を必要とするが、無意識のバイアスの解消に軸足を移す時、ジェンダー平等に真剣に向き合うことができるのではないか。

二〇二三年のノーベル経済学賞はクラウディア・ゴールディン（Claudia Goldin）教授が受賞されたとの報が、本書作成中に飛び込んできた。その業績は、数世紀にわたる女性の収入と労働市場への参加を分析し、男女格差は何が原因であるかを明らかにした。そのひとつは、第一子を持つ女性の生涯賃金が男性より低いことである。ゴールディン教授の研究は、ジェンダー平等の実現を加速させた。海洋分野にとってもジェンダー平等の実現への追い風である。

ジェンダーバランス

ジェンダー平等のひとつの見方にジェンダーバランスがある。ジェンダー平等は人間としての平等であり、性の多様性を尊重する平等であり、その実現が不可欠なことは論をまたないが、ジェンダーとは何かを理解しなければ、真の平等には至らない。そこで、女性の割合という数値が説得力をもつ。比率の増加が女性活躍の増進となるように数合わせではない実質でありたい。そう願うのは、日本のジェンダーバランスは危機的に悪いためである。危機的と言えるのは、ジェンダーのアンバランスが続く限り、日本社会の政治・経済の発展が遅滞し、人材育成を歪め、学問・

研究の進歩を妨げると思えるからである。

ジェンダーバランスに関する数字は、たとえば、二〇二二年の女性就業者は四五％で、その内訳は非正規雇用が多数を占めること、管理的職業従事者は日本一二・九％だが、諸外国三〇％以上であることなどわかり易い。また、政治、経済、教育、研究における女性の割合は押しなべて低く一〇％から三〇％であり、役職者は数％、ゼロもある。一方、ジェンダーバランスが取れている組織も、努力している組織もあり、女性の就労支援や男女の育児休暇取得などの施策が実施され、その拡充も機敏に行われている。ジェンダーバランスの数値で一喜一憂せず、真の適材適所を性によらず配するという意識改革に向けた行動が必要である。

無意識のバイアスも原因のひとつとなり、多様な人間がいることで到達できる最適解を逃している可能性がある。変革は、危機意識が大きいほど実り易いと言われる。海洋分野は男の世界が長かったゆえに、ジェンダー平等の実現も期待できるのではないか。

参考文献

Bendels, M.H. *et al.*, 2018, "Gender disparities in high-quality research revealed by Nature Index journals", *PLOS one* 13(1):e0189136.
https://doi.org/10.1371/jounal.pone.0189136

Bhargava A. *et al.* 2021, "Considering Sex as a Biological Variable in Basic and Clinical Studies: An Endocrine Society Scientific Statement", *Endocrine Reviews*, 42(3):219-258
DOI: 10.1210/endrev/bnaa034

Legg, S. *et al.* 2023, "Gender Equity in Oceanography", *Annual Review of Marine Science*, 15:1, 15-39
http://doi.org/10.5281/zenodo.6564700.

Morgan, A.C. *et al.* 2021, "The Unequal impact of parenthood in academia", *Science Advances*, 7:eabd 1996.
https://doi.org/10.1126/siadv.abd1996

O'Dea, R.E. *et al.* 2018, "Gender differences in individual variation in academic grades fail to fit expected patterns for STEM", *Nature Communications* 9:3777
https://doi.org/10.1038/s41467-018-06292-0

Shiebinger, L. *et al.* 2003, "Jeanne Baret: the first woman to circumnavigate the globe", *Endeavour*, 27(1):22-25
https://doi.org/10.1016/S0160-9327(03)00018-8

コラム◉水産経済学と女性のキャリア

徳永佳奈恵

はじめに

私は日本の高校を卒業後渡米し、アメリカの大学へ進学し、大学院で経済学のPh.D.を取得。その後、日本へ帰国し研究者として三〜五年働いたのち、再び渡米。現在は米国ニューイングランドにある研究所に勤務している。専門は水産資源経済学分野。

さて、これを読んだあなたは、今筆者についてどのような印象を持っただろうか？

私は（島根県の東にある）鳥取県に生まれ、いわゆるブルーカラーの仕事をしている両親、祖父母、そして妹に囲まれて育った。子供の頃から魚介類を食べるのが好き（特に好きなのは鉄火巻きと親がに＝ズワイガニのメス）で、その食欲が水産に関する興味、特に水産資源の管理、管理政策に対する興味と繋がり、水産経済学の分野に進んだ。また、中学生頃から洋画、アメリカのテレビドラマ、洋楽などに興味を持つようになり、アメリカに住んでみたいとの思いで高校卒業後はアメリカに留学、その後ハワイにハマり、ハワイ大学の大学院経済学部へ進学し、水産資源経済学を専門とする研究者となった。

Ph.D.取得後は一八〇以上の仕事に応募した中で、ようやく内定をもらった東京大学の海洋アライアンスで研究員を三年ほど勤めた。その後は無職、非正規雇用、産休の期間を一年ほど過ごしたのち、夫の出身地であるワバナキ連合のアベナキ族の地（現在米国ニューイングランド地方のメーン州と呼ばれている地）での職を経て水産資源経済学分野の研究をしている。

上記のいずれにも偽りはない。しかし、初めの自己紹介文だけが掲載されていたならば、読者は無意識のバイアスにより、私のことを都会のアカデミックな家庭で育った順風満帆のキャリアを持った優秀な研究者だと思ったであろう。もちろん、実際の私、私のキャリアはそうではない。

水産経済学とは？

私の専門は、水産「資源」経済学だ。

海洋生物学や金融政策などを専門とするマクロ経済学などと比べると、一般的に馴染みのない分野ではないだろうか。経済学は研究の対象が幅広く、その中には労働経済学、教育経済学、環境・資源・生態系経済学などといったように分野が分かれている。

自然を研究対象にしているのが、環境・資源・生態系経済学であり、その中でも資源経済学は自然生態系の中でも人間が「資源」として経済活動、人間生活に利用しているものを扱う分野である。持続可能な資源の利用、そしてそれを担保する管理の方法などについて考えるのが資源経済学である。森林資源、エネルギー資源（化石燃料、再生可能エネルギー）など様々な資源の中でも、私は沿岸・海洋域の資源、特に水産（漁業、養殖業）資源を専門に研究している。

女性研究者は少数派？

私が仕事をしている米国では、海洋分野（海洋学、海洋生態学など）で活躍する女性は少なくない。現在、海洋学分野でのPh.D.を取得した人の半数が女性とされている（Legg *et al.* 2022）。一方で、経済学分野でPh.D.を取得した人のうち、女性は約三五％（Chari 2022）である。

海洋学、経済学ともにキャリアが進むにつれて女性の比率は下がっており、Associate Professor（准教授）レベルでは約二五％、Full Professor（教授）レベルでは二〇％以下である（Chari 2022）。私が学生だった時も、圧倒的多数が男性教員であった。

しかし、少数派ではあるものの、女性の教員は学部長などのリーダーシップを発揮できるポジションにあったり、研究の成果を上げていたり、人数的には少なくても個々が光っていた印象を持っている。

私自身、大学院時代に、ジェンダー問題について問題意識を持った記憶は実はない。これは、ジェンダー問題がなかったからではなく、学生の立場で、また、子供もいなかったので、ジェンダー問題についてまだ気がつかなかったのだと考える。

大学院卒業後の二〇一五年に日本に帰国し、大学に就職した時にも特にジェンダー問題については気にしていなかった。しかし、あるシンポジウムに出席した時に、ハッと気がついたのである。女性が少ない。極端に少ない。会場には一〇〇人近くいるのに、女性の数は両手で数えられる程しかいない。休憩時間、男性用トイレには列ができているのに、女性用トイレは待たずに使える。これは衝撃的だった。このような状況はことのきに限ったものではなく、特に海関係、経済学関係のシンポジウムはいつもこのような状況だった。

よく考えれば、職場でも研究職についている職員・教員はほぼ男性。ただ、この環境にも慣れるもので、しばらく経つと、女性が少ないのは当たり前。ぼんやりと過ごしていると、それが当然のことで、この現象が意味している課題に目を向け、考えることを忘れてしまうのである。このような状況を生み出してしまう、システムとしての問題点、ジェンダー平等・公平性が成り立たないことによる損失に目を向けないと、社会全体が脆弱になってしまう。

GMRIで活躍する女性研究者たち

産休を経て戻ってきた米国。現在勤務しているメーン湾研究所（GMRI：Gulf of Maine Research Institute）は非常に小規模で、職員全体で一〇〇名弱、研究職についているのはその四分の一ほど（PI：Principal Investigator＝研究主宰者が六名、それぞれのPIに数名のポスドク研究者、研究スタッフが数名）である。PIのうち、私も含めて女性は四名。研究職トップの上司も女性。女性の方が多数派である。共同研究している外部研究機関（連邦政府機関、大学）をみても、実際の数はわからないが女性が少数派という印象は受けない。

実際に仕事をする中で、「女性」研究者であることを意識させられることはない。子供の送り迎えや家事などに関しても、ほとんどの家庭で平等に役割分担しているようである。女性研究者のパートナーが、子供の送り迎え、世話、家事などの五〇％以上分担している場合もある。男性にだって、子育てや介護に積極的に関わる権利がある。義務ではない。権利なのだという考え方だ。

このような恵まれた環境、ジェンダー問題が全くなく、議題にものぼらないのではないかとお思いになるかもしれないが、その逆である。ジェンダー問題、性の多様性、人種の多様性、脳の多様性（ニューロダイバーシティ）、認知的多様性など、多様性についての問題提起、議論が通常業務の中で日常的に行われる。

二〇二三年、当研究所の若手研究スタッフであるカーリー・ロバスがまとめ役となり、SDGs会議ベルゲンのバーチャルイベントとして、「Women in Climate and Fisheries」というタイトルで海洋・気候変動および漁業の分野で活躍する女性を招いてワークショップを開催した。海洋科学と気候科学の実践においてのジェンダー不平等、女性が漁業と海洋科学において気候変動への適応力の向上や海洋の持続可能性にどのように貢献しているか等についての議論が行われた（Lovas 2023）。

ワークショップでは、米国のスクリプス海洋研究所による所内の研究スペースに関するレポート（Arsons *et al.* 2023）で指摘された、女性の研究者に与えられたスペース割り当ての不均衡に関する問題提起をもとに、研究インフラがそもそも男性向けに設計されていることとの弊害が指摘された。例えば、海で調査するための防水ジャケットやパンツ、安全器具のサイズが女性の体型に合わないことなどから、女性の研究者の研究効率が損なわれていることが指摘された。

また、日本同様に多くの国において女性が、フルタイムの家事労働者であり、それに加えて、働く女性は職場でも同じ地位の男性の同僚と同じくらいの努力を強いられるという、二四時間「フルタイムの人間」であることを期待される辛さが共有された。また、水産業に従事する女性について、水産コミュニティー・業界での認識のされ方に文化的な違いがあること、そして、女性に対する漁業への参入障壁があること自体が、社会的な非柔軟性や、新しいこと（イノベーションなど）に対する適応能力のなさを示しているのではないかといった議論が行われた。女性がイノベーションの資産と見なされるような文化的な規範の改革が必要であると指摘された。

このようなジェンダーに関するワークショップを主催することができる根底にあるのも、ジェンダーを含めた多様性に対する問題意識と日頃からの議論の積み重ねがあるからだ。そもそも、若手スタッフが手を挙げてリーダーシップを発揮し、周りの研究者を巻き込んでイベントを開催できること。積極的な姿勢を評価するという規範が成り立っていなければ叶わない。女性でも、若手でも、組織のパワーダイナミクスの中で弱い立場にある人の意見やイニシアチブが尊重される環境こそが、ジェンダー平等を築く基礎となる。

漁師の呼び方と代名詞の多様性

世界的にジェンダー平等の規範が一般的になる中で、漁業者を意味する英語もFishermanからFisherへの変更が推奨されている。しかし、私が暮らすニューイングランド地方の漁業者は、男性女性を問わずFishermanと呼ばれることを好む。これは、この地域の人々が昔からFishermanに対してリスペクトを持っていること、女性であってもFishermanと呼ばれることに威厳を感じる人が多いことの表れであるからだそうだ。ジェンダー・フリーの世の中だから、Fisherと呼ばれるべきであると一概に押し付けるのではなく、それぞれが「どう呼ばれたいのか」を尊重できる世の中であって良いと思う。

　また、英語では性別によって第三人称（彼、彼女など）が異なるが、これについてもどう呼ばれたいのかを尊重する世の中になってきた。特に、数年前から自分の名前の後に（they/them she/her he/him）といった代名詞が記されるようになった。自己紹介でも、大学生くらいの年代は必ずと言って良いほど、自分の名前を述べた後に、どの代名詞で呼ばれたいのかを教えてくれるようになってきた。（これより上の年代は、この良い手本を見習おうと思いながらも、ついうっかりいつもの自己紹介をしてしまい、代名詞を言いそびれることがよくある）。自分の名前の後に代名詞をつけるという本当にちょっとしたことなのだが、これまでは誰も気にも留めなかったことである。多様なヒトの生き方を当たり前とする世の中を実現する上で重要な第一歩ではないだろうか。

多様性を育む社会的規範

　日本で仕事をしている時、日本水産学会の大会期間中に開催されたジェンダーに関する昼食会に参加した。この時の出来事として覚えていることは二つ。家事、子育て、介護などはどうしていますか？という問いに対して年配の男性参加者から「妻が行っている」という発言があり、羨ましいと思ったこと。そして、過半数の男性学会員が既婚であるのに対して、女性会員の半数以上が未婚であるという統計結果。誰もが、ジェンダー問題に気付かされる場面だ。女性でも男性でも。

　でも、この事実に強く揺すぶられるのは、これから研究者になろうとしている女子学生ではないだろうか。この事実によって、やっぱり研究者にはなりたくないと思った女子学生がいるとしたら、学術界だけではなく社会全体に対する大きな損失だ。このようなネガティブな情報を目にした上で研究者としてのキャリアを目指した女子学生は、その時点で男子学生以上の覚悟を持った上で研究者の道に進んだと言えるだろう。

　また、ノーベル賞など、大きな賞の

受賞者がそのパートナーの献身について感謝するのを見聞きした若手研究者からの「昔の研究者は（男性女性に限らず）研究に割ける時間が多いから。現代の研究者はもっと大変だよ」という感想。これは、男女関係なく勤務中の研究以外の庶務、家に帰ってからの役割の両方に追われている若手の実情を表している。しかし、研究のみについて起きている時間中考え、それだけを行ったところで、社会に貢献する良い研究ができるだろうか。

家事や子育ては女性が担うもの、男性は外で働いて稼がなければならない、自分より学歴のある女性と付き合うのはちょっと、高学歴で高給の男性が良い。このような世の中の見方では、男性でも女性でも辛い思いをする人がたくさん出てきてしまう。パートナーなしでもパートナー有りでも、自由に社会での役割を選び、どのような役割でも尊重されることこそが理想だろう。でもやはり、多くの人々が既存のジェンダー規範から成り立つバイアスを持って生活をしている中で、規範を外れた選択、行動をすることは難しい。また、それによって周りとのコンフリクトが生じてしまうことがある。それと同時に、規範は変わっていくものであるという見方、ある意味規範は変わるという意思やおおらかさを持って、時には規範に外れたチョイスをしていくことも大事だろう。

研究職こそフレキシブルな仕事環境

私は研究の仕事をしているからこそ、フレキシブルな働き方ができると考えている。大学で授業を受け持っていたとしても、そう感じるだろう。確かに、ミーティングへ参加、学生対応など、完全なる自由があるわけではない。水産経済学ではあまりないが、現地調査などへ出かける必要があれば、海洋調査ほどではないが長期出張も必要となる。しかし、基本的には自分で研究の内容や手法を決めることができ、その時の家庭の状況によって仕事内容も調整することができる。自分で決められることの範囲が広い職種であると考えている。水産経済学であれば、既存のデータを使い、パソコンさえあればどこでもいつでも仕事ができる。パンデミック中は日中に子供の相手をし、夜に仕事をすることも多くあった。効率は多少下がるが、それでもフルタイム勤務は続けられた。もちろんこれには私のパートナーの協力がある。それでも、できる限りの重要な仕事は子供が保育園に行っている間に集中して行い、簡単なメール返信などの事務作業は家事の途中などの隙間時間に行うなど、フレキシブルに家事と仕事とを往復できるのも研究職の良いところだと思う。

これを読んで、米国は相当に良い環境だと思われるかもしれない。しかしこれは、アメリカは有給の産休期間が二ヶ月ほどしかないのにも起因していると考えられる。日本とアメリカのどちらが良いとは一概に言えないだろう。ただ、恵まれていると感じるのは、研究者以外でも、私の職場にはたくさんの良いロールモデルがいることだ。また、周りにも子育て中の女性研究者、職員がいるので、情報共有ができる。周りの人たちの理解がなければ、フレキシブルな働き方はできない。特に、上司がフレキシブルな働き方を推奨してくれなければ、途中でキャリアを一時停止しなくてはいけない人たちがたくさん出てきてしまうであろう。

周りの人たちを変えるのは難しいが、自分が上の立場に立った時、もしくは読者がある程度キャリアを持っている場合には、女性のみならず誰もがフレキシブルにそれぞれの興味を探求し実力を発揮できるような環境を整えて欲しい。また、時間的なフレキシブルさだけではなく、インフラについても、多様性を考慮した環境を提供することが当たり前となって欲しい。静かな環境でこそ集中できる人もいれば、静かすぎる場所では集中できない人もいるであろう。コロナ後の今こそが、多様な働き方に投資する良いタイミングではないだろうか。

私自身もいつまでも若手研究者として振る舞っている場合ではなく、周りにいるより若手の女性研究者、研究スタッフ、そして研究を目指す女子学生が、研究職のキャリアをより魅力的に感じられるような働き方をしなくてはと思う。それは、働きすぎないこと、楽しそうに仕事をすることであると考えている。まだまだ水産資源経済学の女性研究者は少ない。まだ将来のキャリアを迷っている人は、ぜひ水産資源経済学もその選択肢の中に入れて欲しい。そして、水産資源経済学のジェンダー平等や多様性を広げる仲間となって欲しい。

参考文献

Aarons, Sarah *et al.* 2023, *Ad Hoc Task Force on Space Allocation: Final report.* Scripps Institution of Oceanography.

Chari, Anusha 2022, *The 2022 Report of the Committee on the Status of Women in the Economics Profession. American Economic* Association Committee on

the Status of Women in th Economics Profession.
Legg, Sonya 2023, "Gender Equity in Oceanography". *Annual Review of Marine Science*, 15(1), 15–39.
Lovas, Carly 2023, *Women in Climate and Fisheries: A Just Transition to a Sustainable Future*. Gulf of Maine Research Institute. (https://gmri.org/stories/women-in-climate-and-fisheries-a-just-transition-to-a-sustainable-future/)

13 流れを変える――海のジェンダー平等へ

北田桃子

ビジネス・アズ・ユージュアルからの脱出

海事産業における職業には様々な分野が含まれるが、主だった職業は技術職で、航海士・機関士を含む船員、船舶技師、船舶検査官、造船設計士、港湾のクレーンオペレータなど、長らく男性中心の職業として知られてきた。過去には男性しか採用しなかった職業でも、ジェンダー平等の高まりを受けて、女性の採用も少しずつ増えてきている。とは言え、その数は劇的な増加ではない。航海士や機関士など運航に関わる船員に関して言えば、世界的に過去三〇年間で一％未満から一・二八％に達した程度だ。海事産業に女性が増えない原因は、技術職に導く科学・技術・工学・数学（ＳＴＥＭ）分野の教育で女性を取り込めていないことや、セクハラ等職場環境の問題、各種分野でのロールモデルとなる女性が少ないことなどが挙げられるが、共通して問題視されているのは海事産業における男性中心の文化である。具体的には、海事産業の技術職は女性に不向きという固定観念や、女性は結婚子育てするという文化的価値観などがある。こうした固定観念や文化的価値観を打ち破るには、リーダーシップや政策を活用する必要があるが、実際に決定するとなるとコンセンサスが必要など実行は容易ではない。それでは何か方法はあるのだろうか。日々の業務でジェンダー平等を推進する努力を続ける一方で、常識を覆すような転換期を利用することが望ましい。なぜなら、ビジネス・アズ・ユージュアル（ＢＡＵ）で変化を期待しない日常業務では、急に女性を増やすなど変化を起こすことは非常に難しいからである。転換期と言えば、二〇二〇―二〇二二年にかけて全世界が経験したコロナウイルスによるＣＯＶＩＤ-19パンデミックは、好む好まないに関わらず全人類が生命の危機にさらされながら生活や仕事のスタイルを変えざるを得ない状況に追い込まれた特例として記憶に新しい。COVID-19パンデミックは家事や子育ての多くを担う女性の苦労を浮き彫りにしたり、特に開発途上国の女性に一層の不平等をもたらしたという報告があるが、一方で男女共にリモートワークやテレワークという新しい働き方を可能にした面もある。COVID-19パンデミックは突然やってきたため、計画的にジェンダー平等を推し進めることは難しかったが、少なくとも転換期を経験した人類は、計画的に設計できる他の転換期があるならば、その転換期をもっとうまく利用してより良い社会を設計できるのではないか。

公正な移行（ジャスト・トランジション）

ここで良い知らせとして、海事産業は今大きな転換期を迎えている。それも一つではなく、少なくとも二つである。具体的には、デジタリゼーション（デジタル化）とディカーボナイゼーション（脱炭素化）である。この二つの転換期をうまく利用すれば、今まで効果が出なかったジェンダー平等も戦略的に組み込むことができるかもしれない。その概念の一つが、「公正な移行（ジャスト・トランジション）」である。公正な移行は様々な産業分野で用いられており、同様の動きが海事産業でも発展している。グラスゴーで開催された国連気候変動枠組条約（UNFCCC）の第二六回締約国会議（COP26、二〇二一年開催）では、国際海運会議所（ICS）、国際運輸労連（ITF）、国連グローバル・コンパクト（UNGC）、国際労働機関（ILO）、国際海事機関（IMO）によって「マリタイム・ジャスト・トランジション・タスクフォース」が設立された。これは気候変動という非常事態に対して海事産業が実施する対応に関し、船員と地域社会が解決策の中核であるべきと主張するイニシアティブであり、同時にジェンダー平等を含めた公正な産業を目指すものである。なぜ、海事産業の転換期にジェンダー平等が重要なのかと言うと、人類が今まで経験したことのない難問にぶつかる現代において、今までやってきたことを繰り返すべきでないことは言うまでもなく、今までやってきたことを決めてきた人々（主に男性）とは違う人々（女性など）から新しいアイデアを取り入れる必要があるからだ。ビジネス・アズ・ユージュアルから脱皮し、難問を解決に導き、

図1　国際海事機関（IMO）の船員像

新しい魅力ある海事社会を作るためには、今までにはなかった意見や価値を取り入れる必要がある。だから、ジェンダー平等は重要なのだ。未来は人が創る、だからこそ全ての人が参加することに意味がある。

　また、ジェンダー平等と一口に言っても、ジェンダーは単に男と女だけで概念づけられるものではない。海の世界においては、男性中心主義が歴史的・文化的に確立されてきたため、船や海は男のロマンというセンチメントに代表されるように、男を象徴する産業テリトリーを形成している。男性中心の海事産業にも少しずつ女性が参加する例が出てきて、大多数を男性が占める職場で、少数の女性が活躍しているという状況が長く続いてきた。少数の女性がいい意味でも悪い意味でも目立つ中、大多数の男性の個々のジェンダーは平常業務（ビジネス・アズ・ユージュアル）として、その意味すら問われることがなかった。しかし近年、社会におけるジェンダーへの理解が少しずつ進み、日本も国際社会からジャンダー平等の遅れを指摘されながら、男と女という括りを超えたジェンダーの認識と理解が始まったばかりだ。

　船舶運行の安全、保安、そして海洋保全に関して国際的な枠組みづくりを司っている国連機関、国際海事機関（IMO）は一七五の加盟国と三つの連携メンバーに加え、オブザーバー資格を持つ組織から構成されており、本部はロンドンにある。IMO本部の玄関には海事産業を支える船員が船首に立つ銅像が立っており、その姿から海上における過酷な労働環境が想像できる（図1）。

　IMOにおいて、ジェンダーに関する議論は、技術協力委員会（TC）で「キャパシティ・ビルディング：海事分野における女性の影響力の強化」という議題で年に一度取り上げられる。IMOが推進する海事女性の支援には、海事専門知識を身につけるトレーニングの助成や、世界八地域に存在する海事女性ネットワーク（図2）を通じた支援があり、技術協力委員会で年間活動報告がなされる。同時に、技術協力委員会はＩＭＯ加盟国が海事女性支援に関する公式報告を行う場でもある。ＩＭＯにおけるジェンダー平等は、男性中心の海事産業に参加する女性支援の実施が最優先課題に位置づけられている。

そうした「ジェンダー平等＝女性支援」という固定化されたジェンダー平等政策の中、二〇二三年の第七三回技術協力委員会で、多様性（ダイバーシティ）と包摂性（インクルーシビティ）を訴えたドキュメント（TC 73/INF.15）がベルギーを中心としたＩＭＯ加盟国から提出された。このドキュメントの背景には、二〇二三年五月にパナマで歴史初となる海事産業におけるＬＧＢＴＩＱ＋コミュニティの国際会議が開催されたことにある（図３）。海事産業は、ジェンダー平等に関し保守的な傾向があり、海事女性支援こそ近年ようやく広まってきたものの、特にエンジニアや造船、港湾の技術職や、管理職において女性はまだ少ない。一方で、生物学的な男女の区分とは異なる多様なジェンダーであるＬＧＢＴＩＱ＋となると、男性中心の海事産業ではその存在すら認識されてこなかった上に、根強い差別のためＬＧＢＴＩＱ＋であることを隠しながら仕事を続ける人が多い。パナマで開催された海事産業におけるＬＧＢＴＩＱ＋の国際会議のスローガンは、「私も存在する（I Exist Too）」という強いメッセージがこめられた。第七三回技術協力委

図２　パシフィック海事女性連合（PacWIMA）、2023 年 2–3月にオーストラリアで会議開催、筆者後列左から７番目

図３　「私も存在する（I Exist Too）」海事産業初の LGBTIQ+ 国際会議（パナマ、2023 年 5 月、筆者前列右から６番目）

員会に提出されたドキュメントには、その国際会議で採択された声明文が付属しており、今後ＩＭＯを中心としたジェンダー議論において頻繁に参照されるだろう。

証拠に基づく政策立案

ＩＭＯが一九八三年に設立し、創立四〇年を迎えた世界海事大学で一三年近く働いてきて、証拠に基づく政策立案の重要性を感じている。私が初めてＩＭＯの委員会に出席したのは二〇〇三年、当時まだ神戸商船大学と呼ばれていた頃の神戸大学に在学中、教授のつてを頼り、春休みを利用して自費でロンドンの日本船主協会でインターンをした。三つのＩＭＯの委員会・小委員会に出席させてもらったが、その頃は右も左もわからず、とにかくＩＭＯ加盟国が提出した膨大なドキュメントと議論に一生懸命ついていこうとするのが精一杯だった。それから一二年後、世界海事大学で五年目を迎える頃、インフォメーションペーパーと呼ばれる議題には上らないが、議論を支える情報共有を目的としたＩＭＯドキュメントを初めて作成した。その後、毎年ジェンダー平等や脱炭素化に関するものなど色々なインフォメーションペーパーを作成し、フォーマットや言葉の使い方にも慣れた。

この過程で学んだことは、インフォメーションペーパーという形で、ジェンダー平等に関する取り組みが細々と続いていることを、記録し報告することはとても大切だ。なぜなら海の安全・保安・環境保全など優先議題が多く存在する中で、ジェンダー平等のような議題は忘れられがちだからだ。毎年提出するインフォメーションペーパーには、ドキュメント番号が振られ、政策提言の際に参照することができる。もし記録・報告しないでドキュメントとして存在しなければ、当然のことながらその情報は存在せず歴史に残らない。

同じことがデータについてもいえる。サイエンスの世界において、ベースラインとなる男女別データを収集することの重要性は世界的に認識されている。しかし、細分化された男女別データの収集は、組織において必ずしも実行されたり、優先されている訳ではない。ここで男女別データと記しているのは、時に男女以外のジェンダーについてデータを収集することが倫理上困難な場合があることを示唆している。研究等でデータ収集する際に、男女以外の項目を設けることは常識になりつつある。一方で研究に参加する人たちを保護する観点からソーシャル・マイノリティと言われる人たちを対象とする場合に厳しい倫理規定と承認を国レベルで義務付けることもあれば、文化的観点から男女以外の区分は違法となる国もある。そうした異なる価値観に配慮しつつ、ベースラインとなる男女別データは政策立案になくてはならないものである。

海洋科学分野において、ユネスコ政府間海洋学委員会による『地球規模世界海洋科学報告書二〇二〇（ＧＯＳＲ）』の数値が、ジェンダー平等の指標として権威があるものとして最も引用されている。報告書によれば、海洋科学における女性研究者の世界シェアは、自然科学全体のそれと比較して一〇％高いという。しかし報告書で使用された数値は、回答数が限定的かつ算出方法に疑問が残ることから、実際の正確な女性研究者の状況を反映していない可能性がある。

ユネスコ政府間海洋学委員会は、加盟国からジェンダーを含む様々なデータを得るためにアンケートを実施したが、回答したのは加盟国全体の三〇％にあたる四五カ国であった。さらに、アンケートのパートＤ（国の研究能力とインフラ）で男女比を尋ねたところ、全回答の約八五％と回答率はさらに低くなった。この事実は、国レベルで男女別データを収集し、国際レベルで海洋科学における男女比の信頼できる有効な数値を導き出すことがいかに難しいかを示唆している。

『地球規模世界海洋科学報告書二〇二〇』における男女別データを作成するもう一つの方法は、海洋関連会議に参加した女性海洋科学者の数を数えることであった。女性の参加者数を単純にカウントするこの方法は、女性がどのような役割や責任を担って海洋科学に貢献しているかを理解する上で限界がある。また、参加者の男女別データを推定するために、どの海洋学会を選択し、どのような方法で参加者の性別を推定したのかが不明確であり、統計の信頼性に疑問が残る。

男女別データの収集はなぜ容易ではないのだろうか。世界海事大学で実施している「持続可能な開発のための国連海洋科学の一〇年における女性のエンパワメント」というプログラムに付随する三つの研究プロジェクトを通じて、ジェンダー関連データ収集における障壁について分析を行った。分析はフィールドノートや研究日誌に記録された研究者の観察と考察に基づいており、二次データ（既存のデータ）と一次データ（研究者が新規で収集するデータ）に分けて調査した。

まず、二次データはハードコピーあるいはソフトコピーとして文書やデータベース等の形式で保管されている。ケニアで海洋科学を学べる大学や研究機関を調査した研究員によると、ジェンダー関連の二次データについては、関連するウェブサイトからアクセスできるものもあったが、多くの場合、組織内部の利用目的で所有する文書やデータベースへのアクセスは許可やアクセスパスワードが必要なため困難だったり、時には存在しないこともあった。また、政策文書がハードコピーで戸棚にしまわれて眠っている場合もあった。海洋科学を推進する国際組織においても、男女共同参画政策に関する一般的な情報は入手できたが、政策の実施状況や、モニタリング、目標や指標の達成（または未達成）に関する実践的な情報を見つけるのは容易でなかった。

データ管理の担当者は、必ずしも共有に積極的ではなく、たとえ共有してもらえてもデータや情報が古かったり、手作業で整理されているなど、データの有用活用は困難であった。海洋科学会議における男女別データについては、入手不可能なことも多かった。会議における女性海洋研究者の役割や貢献について具体的な情報、例えば役員会や委員会でのリーダーシップ、基調講演、モデレータやパネリスト、受賞者の男女比のバランスを追跡することで、ベースラインデータを作成し証拠に基づく政策立案が可能になるだろう。

一方、研究者自らが新規で収集する一次データは、海洋科学における現在のジェンダー関連情報の大きな情報源である。しかし、COVID-19パンデミックの最中には、隔離された参加者へのインタビュー日程の調整やアンケートの配布が非常に困難となった。ケニアにおける調査では、パンデミック下では自宅学習で大学キャンパスにいない学生も多く、回答率を上げるためにオンライン調査と紙ベースの調査の両方が用いられた。大学職員や研究者の女性参加者はワークライフバランスの問題から、インタビューの予定を直前になってスケジュールを変更せざるを得なかったり、対面インタビューからオンラインインタビューに変更するなど臨機応変な対応を迫られた。中には職を失うなどキャリアへの影響を恐れてインタビューに消極的な女性もいた。

このようにジェンダー関連の一次データは異なるレベルの挑戦があるが、既存のデータが存在しない状況下で研究を通じて信頼できる新規データを取得し、政策立案に活かしていく努力を怠ってはいけない。

また、組織レベルで男女別データの収集を実施するにあたり、組織のリーダーシップの重要性も明らかになった。海洋科学に関わる七つの政府間組織（IGO）と非政府組織（NGO）の代表にインタビューを実施してわかったことは、海洋科学における男女別データの重要性は共通して認識されている一方で、男女別データを実際に収集している組織があれば、全く収集していない組織もあり、二極化していた。男女別データを収集している組織では必要以上のデータを収集してしまった結果、自分たちでは処理しきれずにコンサルタントを雇って管理しているという組織もあった。データ不足とは対照的に、データ管理の問題も浮き彫りになった。組織として収集した男女別データをどのように活用して政策に反映していくのかなどリーダーシップの課題に突き当たる。

男女別データの収集に関し、個人（研究者）レベルと組織レベルで議論してきたが、国家レベルや地域レベルでも努力可能であることに言及したい。ある非政府組織は毎年開催される海洋科学の国際会議において、フランスが開催国だった年に、開催国であるフランスの労働法とそれに伴う基準に従う必要があったという。その結果、国際会議を取り仕切る（フランスに本部がない）非政府組織がフランスによってジェンダー平等に関する独立した監査を受けることになった。特定の管轄区域が国内法を通じて、その領域における海洋科学関連活動の実施（この場合は国際会議の開催）にジェンダー要件を課すという拘束力及び監視力を行使するという事例は、たとえ組織に男女別データを収集する意思がなくとも、データを収集し提出せざるを得ない環境を作り出した。似たような事例として、欧州連合（EU）の研究プロジェクト要件があり、二〇二一年以降ジェンダー・アクション・プランを持たない大学や研究機関は、研究資金を取得することができない場合がある。研究プロジェクト計画においても、ジェンダー平等を組み込まないと応募しても採用されない。

このような国家レベルや地域レベルでジェンダー平等を必要事項として強制する動きは今後も増えていくだろう。

すなわち組織のリーダーシップをはじめ、国内法やEU法を含むトップダウン・アプローチが、海洋科学における男女別データ収集を促進できると実証している。もう一つの見方としてはジェンダー平等を推進するために、それぞれのステークホルダーにできる特有の役割があるとも言える。自らの役割の範疇で実行可能なアクションに信念を持って取り組めば、変化をもたらすのにそんなに長い時間はかからないのかもしれない。

SDGsのローカリゼーション

ジェンダー平等に個人レベル・組織レベル・国家レベル・地域レベルで取り組むことが可能だということについて、データ収集の観点から議論したが、こうした様々なレベルで共通の目的を達成しようというアプローチを「マルチレベル・ガバナンス」と呼ぶ。二〇三〇年に向けた国連の持続可能な開発目標（SDGs）においてマルチレベル・ガバナンスとは、政府主導のプロセスではなく、異なる関心や行動、資源、力を持つ公的、私的、社会的アクターが共同で取り組むプロセスだと強調している。すなわちマルチレベルな複数のステークホルダーが実行できるメカニズムを構築し、それを利用して政策を形づくり、必要な資源を工夫して分配し有効活用することを指している。今やグローバルなSDGsの六五％は、ローカルとの連携協力なくして達成不可能だと認識されている。SDGsに掲げられたグローバルな目標を、地元レベルで具体的に実行するプロセスのことを、SDGsのローカリゼーションという。そのプロセスは国家の枠組みと一致しつつ、地元の優先課題に沿ったものでなければならない。

「マルチレベル・ガバナンス」も「SDGsのローカリゼーション」も結局のところ考え方は同じで、皆が参加し役割を担うということに尽きる。このとき「皆」が誰を指すのか、多様性（ダイバーシティ）と包摂性（インクルーシビティ）に十分に配慮しているかを意識しながら政策をデザインしなければ、女性が全くいない委員会や、NGOが欠けているアクション・プランなど歪みのある政策になりかねない。冒頭で議論した「公正な移行」にもつながり、平等というSDGsに欠かせない必要条件を満たすことこそ、ポジティブな変化を生む原動力になる。言い換えれば、ボトムアップのアプローチである。トップダウンの政策も非常に有益ながら、ボトムアップで地元や地域を巻き込むことこそ成功の鍵である。政治家も市民も一緒になって、ジェンダー平等に配慮した公正な移行を実施するという点において、ジェンダー平等が民主主義とどう関係するのか考えてみたい。

民主主義とジェンダー平等

海事産業はビッグ・ビジネスである。重工業である造船業に始まり、港湾業や物流業が成り立つインフラ整備の上に、貨物を海上輸送するための船舶を所有する船主や、乗組員の管理会社が存在し、海上保険やブローカーが様々な海事ビジネスの要素を担っている。海事ビジネスは資本集約的かつ利益重視である。資本と利益が関心事となるビジネスの世界に共通した傾向であるが、海事産業におけるジェンダー格差の程度は、政府機関などの公的組織よりも企業などの民間組織で悪化が目立つ。海事産業で就業する女性は概して少なく（水平的ジェンダー分離）、管理職の女性は少ない（垂直的ジェンダー分離）傾向が明確である。

利益が最優先の海事ビジネスを顕著に表した例は、便宜置籍船の慣行である。便宜置籍船は船主の間で一般的な慣行で、船舶を自国よりも低い税金や環境・安全規制の遵守を課す旗国（パナマやバハマ等）に登録し、ビジネスに有利な条件を得る方法である。便宜置籍船のもとでは、自国の乗組員よりも経済的に「安価な」外国人労働者の採用を含め、運航コスト削減という利益を船主は享受することができる。このような海事ビジネスの特徴は、ポスト植民地主義の概念を反映したものであり、比較的力の弱い人々の集団が別の力の強い集団に支配され搾取されるという歴史的パターンに大きく依存している。

富裕層による貧困層の搾取は、マルクス主義の理論では資本の成長として説明されてきた。さらにフェミニスト理論の観点から見れば、資本主義における便宜置籍船というシステムは、最も経済的にビジネスをコントロールする力を行使する船主の利益を満たしながら、社会的弱者からの搾取を前提としたジェンダー化された海運制度を支えている。ジェンダー化された海運制度においては経済的側面が重視されるため、労働者の人権や、国際労働機関（ＩＬＯ）が規定するディーセント・ワークの条件、ジェンダー平等などの社会的側面は、他の利益志向の優先事項より軽視される傾向にある。

一方、公的機関では、一般的にジェンダー平等の状況は少しだけ明るい傾向がある。民間企業とは異なり、政府機関は利益のために存在するのではなく、他の社会政治的な理由のために存在し、国民と国家の利益を確保している。よって、何でも利益が最優先という民間企業の性質とは異なり、人権やディーセント・ワーク、ジェンダー平等を確保するスペースが本質的にある。国際法に準拠した国内法によって、国家レベルで男女の雇用機会均等を推進するジェンダー平等政策があるため、政府機関などの公的機関では女性の数は向上している。

しかしながら、海事行政、港湾局、海軍、沿岸警備隊などの政府機関でも、女性は海事産業で働くにあたり、技術的な能力において適さないと考える文化的影響は存在する。このような文化では、女性が意思決定に参加する機会が限定され、女性の能力を最大限に引き出すことができない。この社会に蔓延するジェンダー不平等の文化は、行き着くところ、民主主義の問題ではないかと筆者は考えている。

なぜ海事産業に民主化が必要か？

私が子どもの頃を思い返すと、例えば小学校で民主主義の価値について考える授業はなかったように思う。選挙の頃になると色々な政党が街頭演説などで主張を始めたが、子どもの私の意見などは重要ではなかったし、聞かれることもなかった。正直なところ民主主義の意味や価値など考えることもなく、当時の米ソ冷戦の対立から、単純にアメリカ合衆国は民主主義で、ソビエト連邦は社会主義であり、アメリカ合衆国は自由で豊かな国で、ソビエト連邦は自由が制限されて貧しい国と理解していた。他にも共産主義という説明もあったり、語句を覚えることで学校の試験はパスできた。ジェンダー平等についても、ジェンダーという言葉は存在しなかったし、男女平等という言葉すら学校で聞いたこともなかった。道徳の時間には部落差別の話しかなく、まるで平等は日本社会のデフォルトであるかのような扱いだった。ただ、心のどこかで女性であることのハンディはかなり早くから気づいていたし、それをどのように表現していいのか言葉を持たなかった。

大人になっても民主主義については混乱したままだった

が、息子がスウェーデンの学校で持ち帰った社会科の教科書を見て大変驚いた。小学校五年生のスウェーデンの社会科の教科書には、民主主義と独裁主義の比較が丁寧に解説されていた。そこには社会主義も共産主義もなく、シンプルに民主主義と独裁主義だけ理解すれば良いことになっていた。教科書（図4）によると、

> 民主主義とは、みんなで決めること、仲良くすることを意味する。多くの人々が異なる意見を持っている民主主義において、仲良くすることは必ずしも容易ではない。しかし、皆が納得できる解決策を一緒に見つける努力をしなければならない。民主主義が機能するためには、他人の意見に耳を傾け、相手を理解しようとすることを学ばなければならない。

Vad betyder demokrati?
Demokrati betyder att bestämma tillsammans och att komma överens. Det är inte alltid lätt att komma överens i en demokrati när många tycker olika. Men då får man anstränga sig för att tillsammans hitta en lösning som alla kan vara nöjda med. För att demokrati ska fungera måste man lära sig att lyssna på andra och försöka förstå dem.
SKA VI GÅ PÅ BIO?
Jag vill se en film med djur.
Vampyrer och spöken!
Nej, alver och magi.
Rymd och aliens!

図４　「民主主義とは何か？」（スウェーデンで使用されている小学校５年生用社会科教科書の一部を筆者撮影）

　何とわかりやすい説明で、実に的確だと感じた。民主主義というのは、多様性やジェンダー平等な社会に必要な価値観なのだということに四〇代後半になって初めて気づいた。スウェーデンの教科書にはさらにわかりやすい例として、子どもたちがどんな映画を観たいか、自分の意見を言い合い、コンセンサスを得ようという場面が掲載されている。一人が「動物が出てくる映画が観たい」と言うと、隣の子どもが「吸血鬼とか幽霊がいい！」と言い、他の子どもが「いや、妖精と魔法の話がいいよ」と提案し、最後の子どもは「宇宙とエイリアンにしようよ！」と言う。こうやって子どもでも自分の意見を主張できるのは良いことで、そこから議論をしてみんなが納得する解決策を模索することが大切だと教えている。

　さらにスウェーデンの教科書では、民主主義と独裁主義の比較が丁寧に解説されている（表1）。これによると民主

表1 「民主主義と独裁主義の違い」（スウェーデンで使用されている小学校5年生用社会科教科書を日本語に翻訳）

民主主義とは	独裁主義とは
●すべての人が意思決定プロセスにおいて発言権を持つ。 ●すべての人の価値は平等である。 ●いかなる人も差別されるべきではない。 ●肌の色、言語、宗教、男か女か、その他の理由で差別されることはない。 ●誰もが同じ権利、例えば学校に行く権利を持っている。 ●納税などの義務も平等である。 ●誰もが自分の望むことを考えることができる。 ●誰もが好きなことを本や新聞に書き、好きな音楽を演奏し、好きな絵を描き、好きなことを映画や演劇にすることができる。	●一人または少数の人々が支配することである。 ●好きなことを言ったり考えたりできない。 ●指導者が人々に聞かせたくないことが書かれているから、本、映画、歌は禁止されることもある。 ●指導者やリーダーに従わない者は罰せられることもある。 ●権力者は選挙を利用して従わせることができる。 ●指導者たちは、ある人々が他の人々より価値があると考える。 ●すべての人に同じ権利と義務があるわけではない。 ●決定する者は他人の意見を聞こうとしない。 ●他人の意見に耳を傾けない。

主義は人々を平等に扱い、みんなが意見を言い、意思決定に参加することができるが、独裁主義では限られた人（々）が他を支配し、自分たち以外の価値を低く考えている。これをジェンダー平等に当てはめると、驚くほど真実であることに気づく。女性やマイノリティが平等の権利を与えられ、意見が意思決定に反映されることが民主主義なら、男性や一部の特権階級の人々が女性等の意見は価値が低いと考え、全部自分たちで決めてしまう社会は独裁主義となる。これはもはやどこか特定の国の話ではなく、全世界に共通する不平等に対し、民主主義という価値観を持って政治的に社会をあるべき方向に持っていこうという考え方なのだ。そして民主主義は、子どもたちがどの映画を観たいかという場面においても適用可能な価値観で、子ども時代から学ぶべき考え方であると教科書は諭している。日本では他人に敬意を示すことは教えられるが、このとき自分の意見を言うことは必ずしもよしとはされない。しかし、国際的に活躍する未来の若者には、他人に敬意を示しつつも自分の意見をしっかり主張し、相手の話に耳を傾け、議論の上で同意に持ち込むスキルが必要だろう。

最後に

海をとりまく国際問題、国内問題は数知れない。海は人類共有の財産として、様々な関係者の意見を聞きながら持続可能な解決方法を模索し決定を行うために、意思決定のプロセスでジェンダー平等を取り入れることは重要だと述べた。大きな転換期を迎えている海事産業において「公正な移行」を意識的に実行するチャンスであり、証拠に基づいた政策立案が鍵となる。

ジェンダー平等（目標五）を含めたＳＤＧｓは二〇三〇年までに世界が取り組むべき一七の目標だが、政治家も市民も皆が一緒に目標実現のプロセスに参加し、ジェンダー平等に配慮した公正な移行を実施する必要がある。最後に、ジェンダー平等な社会とは民主主義を反映した社会であり、不平等な社会は独裁的だと考えることができると述べた。結論として、ジェンダー平等な社会では、女性やマイノリティの権利だけが拡大する訳でなく、市民全員が尊重され利益を享受できる世の中である。平等は法に書かれているだけでは不十分で、実行されなければならない。子どもから大人まで日々の生活の中で平等を実行できる機会はたくさんあるはずだ。その小さな意識や気づきこそが平等な社会、持続可能な海の利用などにつながっていく。

ジェンダー平等を推進する第一歩として、女性の数を増やしジェンダーバランスを強化する政策は世界各国で用いられているが、この点において日本は後進国であり、産業構造のあらゆるレベルにおいて女性の数を増やすことが大切だ。海事産業においても女性の管理職を増やすことを最優先課題とし、意思決定に多様な意見を取り入れることで「公正な移行」を進めたい。

おわりに

母が遺した言葉

阪口秀

私の母は昭和初期福島の会津若松で生まれ、関東の女学校で学んだ後、感染症の研究機関に技官として勤務、そこで父と出会って結婚し、私自身も含めて五人の子供を育ててくれた。母が私を産んでくれたのは昭和三七年の夏で、そのときに既に姉、兄、姉がいて、私は四人目の子供であった。母は四人の子供の育児をしながら、決して仕事を辞めることなく、父と二人三脚で研究の仕事を続けていた。

私は二歳頃、都内某所の保育園に通っていて、毎朝、母親が私を送り、夕方は祖母か上の姉が迎えに来てくれた。後に祖母から聞いた話だが、私が生まれた頃は、その月齢の乳幼児を預けられる保育園は存在せず、姉や兄は、幼稚園に入るまで祖母が面倒を見たそうだ。しかし、祖母が高齢となり、三人の子供に加えて乳飲み子の私の面倒を見ることが難しくなり、母は困り果てたらしい。当時は高度成長時代であったがまだ働く女性も少なく、さらに出産・育児をしながら働き続けることは世間から理解が得られず、何かと困難に直面したそうである。そんな状況の中で、母は孤軍奮闘して役所に保育園設立を働きかけたものの、男性社会の時代に相手にされるわけもなくただ突き放されるだけ、同じような境遇の女性の賛同を集めようと休日に署名活動をすると、街の人から冷たい目で見られたこともあったらしい。保育園の待機児童ゼロを目指す昨今では考えられない話であるが、昭和三〇年代当時は母にとって、いや、全ての女性にとって、世の中全てが男性中心であったが故に、女性が何かのリーダーシップをとって変革を起こすことがどれだけ大変だったか、当時生まれたばかりだった私には理解が及ばない。

しかし、母の強い思いは、保育園さえあれば私を預けて働き続けることができるという単に自分の生活環境改善だけが目的ではなく、女性が子供を産んで育てながらでも働ける社会の実現を目指していたそうである。それが多くの方の理解につながり母の懸命な努力が実を結び、遂に昭和三八年、住んでいた地域に初めて保育園が設立された。そして、一歳になったばかりの私は入園第一号の園児となったらしい。そんな母の並々ならぬ努力と苦労はつゆ知らず、一歳から毎日通っていたにもかかわらず、物心ついてからの私は、保育園に行くのがとにかく嫌で、毎朝、泣きわめき散らして母を困らせた。こっそり家の近所を走り回って顔を赤くして母の前で「熱があるかもしれない」と体温計を脇に挟んでみたりした記憶もある。

そんな気丈な母も、故郷の福島県が津波と原発事故で未曾有の大災害に見舞われた二〇一一年の暮れに父が亡くなった直後のお正月、後を追うように亡くなった。母は、私が大学に合格して下宿を始めるために引っ越す日に、真新しい洗面道具をプレゼントしてくれた。そのときの母の言葉は、頑張って勉強しろとか、健康な生活をしろとか、そういう類いのものではなく、「貴方は男なのだから女の人に優しくしてね」という言葉だった。あまりにも唐突で、一八歳の私には深い意味が良く分からなかったが、昨日のことのように鮮明に覚えている。

結婚するときも、相手を大事にしろとか、仲良くしろという言葉ではなく、「女性の立場を良く理解して助け合ってね」と私にとってはむしろ不思議に感じることを告げた。私としては、自分がこれから生活を共にしようとする伴侶のことを何か言って欲しかったのだが、母のこの一般論的な響きの言葉に些かの反発を覚えたので良く記憶している。そして亡くなる直前、まだ意識もしっかりしていたとき、入院している母を見舞った際に枕元で私にかけた最期の言葉も、「女の人を大切にしてね」だった。

二ヶ月ほどの間に相次いで両親が亡くなり、父の部屋を整理しながら、ぼんやりとGoogleで父と母のことを調べてみると、父と母の共著論文が沢山あることを知った。父は細菌学の研究者で母は実験技官だった。だから、父と母の共著論文があることは不思議ではない。父は、「ママは細菌の培養技術は世界一だった。ママがいなかったら、研究は何も進まなかった」と口にしていた。祖母は父と母のことを「あの二人は松葉の夫婦だ」と呼んでいた。だから、母が私に遺した言葉は、決して、父から虐待を受けたとか、父への不平不満から出たものではないことは分かっていた。また、母が普段の家庭生活や外の社会で自己主張をする場面を見た記憶が私には全くない。いつも物静かで冷静であった。保育園設立運動をしたことなど、祖母から聞くまで想像さえつかなかった。それだけに母が私に遺した言葉は鮮烈で、何か意味深いメッセージが秘められているとしか思えないが、真意を聞く前に亡くなってしまったので、今となっては何も分からない。

いずれにしても、母の言葉は私にとって大切な遺言であり母の思い出そのものでもある。だから、その後の自分の人生において、手探りで母の言葉の真意を思いあぐねながら、遺言を実行しようともがいてきた。以前、とある職場で、女性の雇用を全体の五〇％にする目標を立て着実に優秀な女性の雇用を増やした。しかし、外部の方から「〇〇大学でも実現できていない目標を立てるのはおかしい」と強い反対を受け、私が退職すると知らぬ間にその目標は下方修正されていた。また、着任直後に妊娠・出産をして休暇をとった部下が、「最初から働く気がなかったのだろ。けしからん」と差別的な扱いを受けて育児給付金の受給手続きをしてもらえず困っていたときは、本人に代わって戦って同額を取り返したりもした。また、結局何の賛同も得られずに話は立ち消えになってしまったが託児所を作ることも提案した。これら私の活動は、母が保育園の設立を実現させたことと比較すれば微々たることで、天国の母に報告できるレベルでは全くない。

そんな忸怩たる思いで悶々としていた頃に、本書の著者で共同編者の窪川かおる先生から、笹川平和財団海洋政策研究所からシリーズものとして出版してきた『海とヒトの関係学』の第六弾として、海洋におけるジェンダー問題についてまとめたいというご提案を受けたときに、何とも言えない運命的な導きを感じた。と言うのも、私は、母が他界してから約一〇年後である二〇一一年に縁あって現職に就かせて頂いたが、前職で海洋の科学に少しばかり携わっていたものの海洋の政策については素人同然であった。海洋政策研究所の多くの仲間に支えてもらいながら手探りで職務をスタートし、翌二〇一二年六月、ポルトガル・リスボンで開催された国連海洋会議に参加、国連海事機関の下にある世界海事大学が主催したサイドイベント「海洋における女性のエンパワーメント」のパネリストとしてご招待頂いた。これは、日本財団と笹川平和財団が世界海事大学を支援している関係で呼ばれたまでであり、その専門家でも何でもない私は、何も事情が分からぬままパネリストの椅子に座りただただ緊張した。壇上とフロアを見渡すと、参加者は、主催者である世界海事大学 Sasakawa Global Ocean Institute 所長の Ronan Long 教授と私自身以外の全員が女性だった。そのときふと、その昔、男だけの社会の中で孤軍奮闘していた母のことが頭の中を駆け巡った。そして、パネルからのショートスピーチで自分の順番が回ってきたときには、用意していたありきたりの挨拶文の紙を握り潰した。そして、アドリブで、母が保育園の設立に奔走したエピソードを紹介し、過去の自分の経験をもとに、勢いで、日本の海や船の世界が未だに男中心のままであり、是非、これを改善すべきと訴えた。

本書で北田桃子先生も述べられているように、世界海事大学の研究成果では、科学的な調査とデータ分析の結果、ジェンダー平等性が学術や社会においてより早くより多くの成果に結びついていることが既に明らかにされている。本書の著者陣が述べられているように、ジェンダー平等は、もはや感情論でもウーマンリブ運動の延長線上にあるものでもなく、我々日本人、いや人類が成長するために必然なのである。つまり、目指すべき方向性は定まっている。にもかかわらず、本書が出版される二〇二四年現在、色々な場面でジェンダー平等とは決して言えない状況が未だに蔓延っている。国を治めるためという名目で、男は刀を懐に差し戦に明け暮れ女は家を守るという時代や、母が私を育てた時代を経て我々は少しずつ成長している。しかし、本書が示すように、海の世界ではまだ、ジェンダー平等とは程遠い状況なのである。

平等といっても、勿論、男性には男性の役割があり、女性には女性の役割があり、何もかも同じには決してならない。母の遺言は、これを忘れるなという意味だったのかもしれない。そして男と女は、お互いに尊重して助け合って生きなさいという暗示だったような気がする。全く当たり前のことだが、当たり前のことができていないことに気付きもしないのが世の常である。この当たり前のことが通じなかった時代に私を産んだ母の遺言は、ジェンダー平等を当たり前のことにして、ジェンダー平等という単語が無くなってしまうぐらい当たり前として欲しいというメッセージだったようにも思える。

用語集（秋道智彌）

AAT (Aqua Ape Theory)

霊長類の進化の過程で、水辺ないし海辺で進化が起こったとするアクア説で、E・モーガンの『女の由来』（一九七二、二見書房）として広く紹介された。とりわけ、水辺で霊長類のメス（female）が重要な適応を果たしたとして、女性の諸特徴を例証する議論が提示された。たとえば、女性に特徴的な形質として、皮下脂肪の厚さ、長い毛髪、背中に残された毛髪の流線形パタン、処女膜の存在（類人猿になく、クジラ・アザラシなどには存在）、水中出産が可能なこと、新生児が水中遊泳できることなどが証拠として指摘されている。男女ともにもつ形態学的特徴として、直立二足歩行が水域で空気呼吸するのに適していること、鼻孔が下を向いており、水が入りにくいこと、水中で呼吸を止めることが可能であり、言語発生の原初となったこと、発涙は海生哺乳類と鳥類にのみにあり、塩分の放出でなく感情の高揚と関係することなどが証拠とされている。また、動物の進化で、陸域のものが水域に適応した例として、クジラ目（ウシ・ブタとおなじクジラ偶蹄目）、アシカ（イヌ・ネコとおなじ食肉目）、ジュゴン目（ゾウと近縁）などの例がある。

こうした議論への反論も多いうえ、化石骨から実証できる事例はない。海への進出が数万年前の後期洪積世以降に起こったとする考古学的な主張にたいして、それをはるかにさかのぼるホモ・サピエンス以前の進化段階でメス（女性）が大きな役割を果たしたとする仮説は今後ともに検証すべき課題である。

Had Chao Mai National Park

タイのアンダマン海中部沿岸域に面するトラン県に、ハド・チャオ・マイ国立公園が一九八一年に登録された。ここでは、国立公園内のジュゴン禁漁（猟）、隣接するパンガー県・クラビ県にある河川河口域とトラン県沖合にあるタリボン島が一九九八年、ラムサール条約登録に可決されている。

二〇〇四年におけるハド・チャオ・マイ国立公園周辺の漁村調査によると、ヤドフォン（*Yadofon*）と呼ばれる非政府組織がジュゴン保護のため、漁民の説得活動とジュゴン保護キャンペーンをおこなっていた。ヤドフォンの代表者は女性であり、藻場の保全はジュゴンの餌場を保証するだけでなく、そこで育まれる仔稚魚やエビ・カニの成育場となり、将来的に魚や甲殻類の漁獲増進につながると主張した。藻場保全による人間とジュゴンの共生論を漁民に訴えてきた甲斐があり、一〇〇名もの漁民が賛同してくれる変化が起こった。ジュゴン保護を、ジュゴンのためだけでなく地域漁民の生活を取り込んで考える発想が背景としてある。その活動の中心に女性が関与している点は注目すべきであろう。（阿部朱音を参照）

ICC（International Coastal Cleanup）

国際海岸クリーンアップ。もともとは、米国のＮＧＯ団体である「オーシャン・コンサーバンシー」（Ocena Conservacy）の主宰で一九八六年から開始された国際レベルでの海岸部におけるごみ集めの環境美化活動。特徴は、世界中で同時期に、回収された海岸ごみに関するデータを共通の方法で収集・分析を実施している点で、規模も大きい。

現在、日本では一般社団法人ＪＥＡＮ（Japan Environmental Action Network）が統括している。ただし、琉球列島では、ＮＰＯ法人沖縄Ｏ.Ｃ.Ｅ.Ａ.Ｎ.が主宰している。年に春と秋に二回作業を実施し、九～一一月に、全国一六ケ所でごみ回収が都道府県別の地域で予定されており、海岸部だけでなく河川流域・湖岸（琵琶湖）も対象地域となっている。

二〇〇九年七月、議員立法による「美しく豊かな自然を保護するための海岸における良好な景観及び環境の保全に係る海岸漂着物等の処理等の推進に関する法律（略称：海岸漂着物処理推進法）」が制定されている。これまでのデータ解析では、タバコの空箱やフィルターが世界全体で二割ともっとも多いこと、米国では毎年約五パーセントの割合で海岸ごみが増加しており、地球全体でのごみ問題解決のため、ごみを捨てない・ごみを作らないことが標榜されている。

Just Transition（公正な移行）

日本政府が掲げる「二〇五〇年カーボンニュートラル実現」を踏まえ、三菱重工グループは一〇年前倒しした「ミッションネットゼロ」（Misson Net Zero）プロジェクトを立ち上げた。その具体策の中核に、「Just Transition（公正な移行）」を中心的なコンセプトとして標榜した。この概念は二〇一五年一二月一二日、パリで採択されたパリ協定（第二一回気候変動枠組条約締約国会議：ＣＯＰ２１）や、国連による責任ある投資原則（ＰＲＩ：Principles of Responsible Investment）でも明記されている。ＣＯＰ２１が開催されたフランスのパリにおいて二〇一五年一二月一二日に採択された、気候変動抑制に関する多国間の国際的な協定（合意）にはさまざまなリスクが想定されている。たとえば、脱炭素化のために企業が被る財務上の負債、化石燃料産業と関連産業に従事する労働者の雇用喪失、再生可能エネルギー産業の展開で発生する人権侵害などのリスクが想定されている。こうしたリスクを廃止して「公正な移行」を具現化するために、あらゆるステークホルダーの協調連携は、「民主主義」の思想につながる公平性、協働性を踏まえた思想と行動プランとして注目される。

LGBT（Lesbian, Gay, Bisexual, Transgender）

現代ジェンダー論の基本的な対象の包括概念で、レズビアン（女性間の同性愛者）、ゲイ（男性間の同性愛者）、バイセクシャル（両性で性愛が可能な個人）、トランスジェンダー（性別を越えた性意識・性行動をもつ個人）を含む。さらに、ＬＧＢＴに入りきらない場合として、ＬＧＢＴＱ（Ｑは Queer または Questioning）、ＬＧＢＴＱＩ（Ｉは、インターセックス）、ＬＧＢＴＱＡ（Ａはアセクシャル）、ＬＧＢＴＱＩＡ＋（＋はそれら以外の例を示す）などの用法がある。ジェンダーの領域を精緻に差異化する定義づけも肝要だが、むしろ多様な性のあり方について理解を深めることが重要であろう。

　世界中におけるＬＧＢＴに関する国別の報告が、関連する法律上の位置づけとその年代についてである。項目としては、国別に「同性間における性交渉の是非」「同性者間の組織の容認の有無」「同性二者の認定の有無」「ＬＧＢＴの人々の軍役就業の是非」「性癖に関する非差別法令の有無」「ジェンダーと性自認に関する法令の有無」が取り上げられている。つまり、ＬＧＢＴとジェンダーに関する法制度の多様な事例を網羅したもので、いかに多様な法制度が各国にあるかがわかる。

LGBT in Oceania

島嶼世界のオセアニアには、ＬＧＢＴを巡る多様な法的措置や文化的な伝統が存在する。ＬＧＢＴの集団を公認するニュージーランド、オーストラリア、グアム、ハワイ諸島、ラパヌイ（イースター島）、北マリアナ連邦、ウォリス・フトゥナ、ニューカレドニア、仏領ポリネシア、ピトケイン諸島などがある。一方、同性間での性交渉は認めるが、同性間の結婚（same sex marriage）を認めない社会に、インドネシア（イリアンジャヤ）、パラオ諸島、ミクロネシア（カロリン諸島）、マーシャル諸島、ナウル、ヴァヌアツ、クック諸島、トケラウ諸島などがある。男性の同性愛行為を禁止するが、女性の同性愛行為は合法化されている国には、パプアニューギニア、キリバス、ツバル、サモア、トンガ、ニウエがある。

　これにたいして、同性愛者を処罰するパプアニューギニアやソロモン諸島の例があり、ＨＩＶ（エイズ）感染症への治療の医療体制と関連する。ニュージーランド・オーストラリアを除き、元宗主国の英国がＬＧＢＴに非寛容なことも関連し、反ＬＧＢＴの国内法を施行する国が多い。そうした国ぐにでは、同性愛者を西洋の悪弊と位置づける議論がある。

　植民地以前の時代にさかのぼるＬＧＢＴの例としては、サモアのファ・アファフィネ（fa' afafine）、トンガのファカレイティ（fakaleiti）、仏領ポリネシア（タヒチ・ボラボラ）諸島のマフ（mahu）とラエラエ（raerae）、ハワイ諸島のマーフー（māhū）などでは、生物学的な男性が女性としてのジェンダーをもつ場合を多く含む。なお、トンガのファカレイティは、ファカ（〜のような）とレイティ（英語のレディ）による。さらに、ニュージーランド先住民のマオリ社会におけるタカタープイ（takatāpui）には、タカタープイ・カハルア（takatāpui kaharua：両性志向）、タカタープイ・ワヒネ(takatāpui wahine：レズビアン)、タカタープイ・ワヒネ・キ・ターネ(takatāpui wahine ki tāne: trans men)、タカタープイ・キ・ターネ・ワヒネ(takatāpui tāne ki wahine: trans women) があり、タカタープイ(takatāpui)は包括概念である。タヒチとボラボラにおけるように、伝統的なLGBTの位置づけは近接する島じまのあいだでも多様である。(桑原牧子、Trans men、Trans women を参照)

MPAs (Marine Protected Areas)

海洋保護区のことで、世界にはさまざまな形態と規模のものがある。通常、国を単位として、国内に設けられた海洋保護区であっても、管理主体や運用面で状況は一元的でなく多様である。しかも、国が管理する場合から、地域の共同体や日本の漁業協同組合などが管理と運用規則を定める場合までガバナンスには階層性がある。世界遺産や「人間と生物圏計画」(MAB：Man and Biosphere) の場合、だれも入れない核心地域、学術研究やエコツーリズムなどの限定的な利用のみが許される緩衝地域、地域住民による生業目的などの地域振興に資する移行地域に層序化されることがある。海洋保護区では、生物群集や海洋生態系の保護・保全、絶滅危惧種のためのサンクチュアリなどを目的として掲げることがあり、IUCNやWWFなどの国際的な機関による基準や法令とも密接なかかわりがある。

　地域住民と海洋保護区とは利害関係が相反することが多く、IUU漁業として罰則の対象となる場合もある。日本の漁業協同組合やインドネシア東部のサシ(sasi)におけるように、地域主体の海洋保護区が設定され、禁止漁具、禁漁期などが決められている場合がある。南太平洋のフィジーでは、二〇〇六年八月一〇日、国有地が民間に移譲されるゴリゴリ法案(Qoliqoli Bill)が通過し、沿岸域の管理が地域に転換され、さまざまな紛争が起こっている。タイではマングローブや沿岸域の生物保護を目指す王室森林局と、沿岸漁業の発展と地域振興をもくろむ水産局との対立のように、国レベルでの海洋保護区の去就は動的であり、歴史的な経緯と地域住民の多様な対応に目を向ける必要がある。(清野聡子、阿部朱音を参照)

NOAA (National Oceanic and Atmospheric Administration)

アメリカ海洋大気庁。一九七〇年、ニクソン政権下に成立し、商務省の管轄する組織。アメリカ国立気象局、アメリカ国立海洋局、アメリカ海洋漁業局、アメリカ環境衛星データ情報局、海洋大気研究所、計画立案・統合部から構成される。地球温暖化の進む現在、アメリカのNOAAの情報はきわめて重要であり、とりわけ大気と海洋の相互作用を踏まえた地球の診断に関する情報の提供と共有は大きなミッションである。日本では、気象庁、環境省、農林水産省など、部局ごとに情報の収集・分析がおこなわれているが、統合的な組織ではなく、アメリカにくらべて半世紀も遅れており、海に囲まれた島嶼国である日本の政策上、台風や異常気象などだけに特化せず、地球環境政策の一環としてその立ち遅れを改善すべきであろう。

Non-binary（ノン・バイナリー）

男女二元論（binary）に拮抗・対立する概念で、生物学的な雌雄・男女論にたいして、多様なジェンダーのあり方を指す。歴史的にみても、古代文明の神話にあるように、両性具有者や「第三の性」の存在が知られている。民族誌的な事例としては、オセアニア・サモア諸島のファアファフィネ（*fa'afafine*）、タヒチのマフ（*mahu*）とラエラエ（*raerae*）、インドネシア・ブギスのチャラバイ（*calabai*）、チャラライ（*calalai*）、ビッス（*bissu*）、メキシコ・オアハカ州のムシェ（*muxe*）、北米の先住民に広くみられ、一九九〇年代英語にまとめられたトゥースピリット（Two Spirit）などが代表例である。最後の例では、五〇〇以上もの先住民ごとに第三のジェンダーを示す概念がそれぞれあり、アリュート、ブラックフート、クリー、クロウ、オジブエ、ラコタ、ナヴァホ、ズーニーなど多様な民族固有の名称と文化的な位置づけがなされている。（明星つきこ、桑原牧子を参照）

SDGs (Sustainable Development Goals)

SDGsは「持続可能な開発目標」の略称で、二〇一五年九月の国連サミットで採択された。これには国連加盟の一九三ケ国が二〇一六年から二〇三〇年の一五年間で達成するために掲げた国際目標で、一七のゴール（目標）と内訳で一六九のターゲット（達成目標）から構成されている。発展途上国のみならず先進国をも包括的に統合して、地球上の「誰一人取り残さない（leave no one behind）」ことを提唱している。海洋関係では、一四番目のゴールとして「海の豊かさを守ろう」（Life below Water）のなかでは、海洋汚染の防止・削減、海洋・沿岸生態系の回復、海洋酸性化の縮小、水産資源の最大持続生産量レベルまでの回復、沿岸域一〇％の保全、IUU漁業の消滅、途上国の経済便益の拡大を七つの達成目標とし、途上国への科学技術移転、小規模零細漁業者の海洋資源と市場へのアクセス権、海洋法に準拠した海洋資源保全と持続的利用の三つの方法として掲げている。ジェンダー関係では、五番目のゴールとして「ジェンダー平等を実現しよう」（Gender Equality）が提案されている。このなかには、女性・女子への差別撤廃、売買・暴力の全廃、早婚や強制婚、女性器の割礼の禁止、育児・家庭内労働の社会的保障、政治・経済・社会面で女性の地位の向上と容認、出産・育児の社会的容認と健康の保障の六達成目標に向け、女性の財産権、インターネット技術の活用、女性の地位に関する法的枠組みの設定など三つの方法として提示している。

ＳＤＧｓの一四目標はそれぞれ独自の内容をもっているが、まったく独立したものと考えるのは現実的ではなく、相互に関連するものがあることを踏まえておくことが肝要である。また、特定の目標を実現するための実効的な計画を策定し、実現可能性を事前に検証し、それがどのような影響を及ぼすかについての影響評価などが重要となる。国レベルで政策として立案しても、細部の設定は困難を伴う。そこで、地域ごとに内在する課題や条件を加味して目標を達成することが優先されるべきだろう。いわゆるローカライゼーション（localization）を基盤とした取り組みがなされるべきで、それを異なった地域間で比較検証する方法が有効となる。サテライトとなる地域を設定して、相互にネットワークを通じた情報交換や比較検証を同時多発的におこなう手法が、分野にもよるが有効と思われる。（北田桃子を参照）

TEK (Traditional Ecological Knowledge)

伝統的生態学的知識。世界各地には、自然環境やそこに生息する生物に関してそれぞれの地域で独自の知識が育まれてきた。地域住民がその知識を共有して、生存のために活用してきた点で適応的な意義をもつ。知識の中味は、自然現象の解釈、分類、人間生活上、有用性・有害性・何らの意義をもたないものに関する価値観など、多岐にわたる。その体系を明らかにする研究の中核がエスノサイエンスであり、民俗分類、知識の記述分析をおこなう。類似の用語にＩＬＥＫ（Indigenous Local Ecological Knowledge）がある。ＴＥＫに対して、自然科学を中心としたいわゆる西洋科学に依拠した、自然環境や生物に関する知識体系をＳＥＫ（Scientific Ecological Knowledge）と称する。一般論でいえば、ＴＥＫとＳＥＫはその一部が共通する側面を含んでいる。さらに、ＴＥＫがＳＥＫに、ＳＥＫがＴＥＫに影響を与えることがある。また、ＳＥＫが普遍的でＴＥＫが個別的であるとする意見があるが、前者が後者より優位であるとはかぎらない。海洋では、民族（俗）魚類学、海洋民族学の分野がある。

Trans men

トランス男性は出生時に女性であるが、男性としての性同一性をもつ。身体的に男性となるため、ホルモン補充療法や性転換手術を受けることがある。尿の排泄時に陰茎に似た装置を装着することもある。性指向については一元的に決まるわけではなく、両性への性的な志向をもつ場合、男性への性志向を持つ場合、女性を性指向とする場合、性に無関心の無性愛など、多様な性指向が認められる。（Trans women を参照）

Trans women

トランス女性は出生時に男性であるが、女性としての性同一性をもつ。身体的にも女性となるため、ホルモン補充療法や性転換手術を受けることがある。ただし、性指向については一元的に決まるわけではなく、両性への性的な志向をもつ場合、女性への性志向を持つ場合、男性を性指向とする場合、性に無関心の無性愛、クィア（「奇妙な」の意味）と一般に称されるカテゴリーの性指向者など、多様な形態がある。（Trans men を参照）

UNDOS（The United Nations Decade of Ocean Science for Sustainable Development 2021-2030）

国連により、二〇二一～二〇三〇年の一〇年間に持続可能な海洋科学を推進する具体的な施策「国連海洋科学の一〇年」が公表された。これには、「きれいな海」、「健全で回復力のある海」、「生産的な海」、「予測できる海」、「万人に開かれた海」、「夢のある魅力的な海」、の六テーマを掲げられている。日本ではそれぞれのテーマに沿った独自の事例研究を、五～九の課題について進めることが提起されている。海洋科学諸分野を網羅したもので国連による上からの提案であり、自然科学中心のものである。ただし、海洋教育以外、人文社会科学分野に関する研究や地域社会の振興などに関する研究がほとんどない。女性の参画などへの研究も配慮されていない。（ＳＤＧｓ、北田桃子を参照）

赤不浄・白不浄・黒不浄（red/white/black impurity）

不浄の観念を本書に即していえば、女性の月経と出産はあらゆる社会で共通する事柄であるが、その位置づけは社会により同質ではない。そのことを通常とは異なることとみなす社会は広く存在する。いずれも性と繁殖に関わる現象で、しかも出産は生命の誕生に関わるので「忌み嫌う」意味は単純に解釈できない。

日本の場合「赤不浄」は女性の月経期間や「白不浄」は出産のさいの「血の忌み」を指すことが民俗事例として報告されている。また、死者を出した家では、五〇日間、神棚の扉を閉め、白い紙を貼って隠し、お供え・拝礼もしてはならない「黒不浄」の慣行がよく知られている。ただし、赤不浄に類する禁忌の慣行は広くみられ、海に関連した事例として、オセアニアでは海に関連した漁撈や航海に、血の不浄がマイナスの意味をもつとして忌避される（宮澤京子、明星つきこを参照）。一方、海洋世界では、女性を航海や漁撈の保護神とする信仰が沖縄や東南アジア各地にあり、女性を血の不浄論でのみ捉える視点はむしろ男性中心主義の発想として相対化すべきである。（オナリ神、船霊信仰、媽祖信仰を参照）

海士・海女（Ama）

男性の素潜り漁民を海士、女性の素潜り漁民を海女と呼ぶ。朝鮮半島から日本列島には、古くから素潜りによる漁撈がおこなわれてきた。たとえば、『魏志倭人伝』には、倭の水人は「好く沈没し魚蛤を捕え、文身し亦以大魚・水禽を厭う」とある。古代の『延喜式』の「巻第二六　主税寮上」に、「凡志摩国供御贄潜女卅人（御厨廿人、中宮十人）歩人一人、仕丁八人、其粮料、穀四百八十旭（中略）並以伊勢国正税充之」とあり、潜女が古代の潜水漁業者として御贄となるアワビを貢納するため、その食料、雑用費、衣服などの経費を伊勢国の税金から支給されていた。全国には伊勢、房総、対馬、壱岐などに海女が分布するが、古代以来、九州の鐘崎（福岡県宗像市）の海女は著名で、貝原益軒は、宝永六（一七〇九）年刊の『筑前國続風土記』で潜女による潜水漁業が志賀島、大島、波津《はづ》、鐘崎で行われることを記載している。鐘崎の海女は、北九州だけでなく、日本海沿岸各地に移住し、能登半島沖の舳倉島に至っている。

海士は房総のほか、壱岐・小値賀・宇久などや琉球列島におおく分布し、とくに沖縄の糸満、宮古諸島の伊良部島、先島諸島の石垣では糸満系の漁民がよく知られ、戦前から東南アジア、ミクロネシアへと遠征をおこなった。

海女小屋（Ama Hut）

三重県鳥羽・志摩で活動する海女は全国的にみて数も多く、歴史も古い。海女がアワビ・サザエ、海藻類などを採取して販売後、磯辺にある海女小屋で薪木を燃やして暖を取り、仲間内で団らんするならわしがある。海女小屋は「火場《ひば》」あるいは「小屋」と称される。火場では、磯漁の経験を話し合い、情報交換するとともに海女漁の技術伝承が行なわれる重要な場である。海女小屋は海女数の減少などから現在、使われていない場所も多く、調査・整備がのぞまれる。平成二九年三月三日に「鳥羽・志摩の海女漁の技術」が国の重要無形民俗文化財として指定されており、同年、秋の一〇月二七―二八日、「海女サミット2017 in 鳥羽」（主催：海女振興協議会）が開催された。

磯焼け（rocky-shore denudation）

沿岸域の海藻藻場が喪失する現象を指す。これには、植食性魚類（アイゴ・イスズミ・イサキ・メジナ）やウニによる海藻の食害、温暖化による沿岸環境の劣化、人為的な沿岸域の改変（埋め立て・漁港や遊漁船用港湾施設・防波（潮）堤建設による水質悪化）など、複合的な要因が関与する。生物による食害についての水産庁による全国都道府県別アンケート調査（二〇一三年報告書）でも、主要因となる生物は、1．ウニ、2．植食性魚類、3．ウニと植食性魚類の三類型に分かれる。北海道・日本海側・銚子以北の太平洋岸では1．のウニが、銚子以南の太平洋岸では2．ないし3．の要因が指摘されている。藻場の海藻（ワカメ・テングサ・ヒジキ・アラメ・カジメ・アカモク）や貝類（アワビ・サザエ）の採集は主に女性の活動が特徴であり、彼女らの生業の場が喪失した。顕著な例では、沿岸域埋め立てによる藻場の消失で藻場に産卵するハタハタの激変が秋田県男鹿で報告されている。また、アマモ・ウミヒルモなどの熱帯・亜熱帯藻類の生育する東南アジアの藻場（seagrass beds）では、ジュゴンの索餌場の消失が危惧されている。日本では、藻場を食害するウニを陸上で蓄養する試みも注目されている。（阿部朱音・清野聡子を参照）

海業《うみぎょう》

水産業の中核となる漁村と漁港における、海を基盤とする新たな産業基盤の創出を図るための海業が、提起されている。漁港や魚市場は、生産の場である海と消費の場をつなぐ接点にあり、古来より「にぎわい」や交流が顕著な場であった。漁業者の減少や高齢化により漁港や漁村の活性化が喪失しつつあり、浜辺の新たなシースケープの創出、観光客の増加、地場産業の開発など、海業は地域に根差した新たな地域振興策の要とされている。水産庁も令和四年三月に閣議決定された水産基本計画及び漁港漁場整備長期計画において、「海業の振興」を位置付け、漁港を海業に利活用するための仕組みを検討していくことを明記し、地域の理解と協力の下、水産物の消費増進や交流促進など、地域の水産業を活性化する海業の取り組みを促進している。タレントを使ったＴＶのグルメ番組で漁港での食を紹介する例は多いが、地域社会やその振興に焦点を当てたものはきわめて少なく、商業主義的な取り上げも地元からの批判が多い。なお、北海道積丹半島の事例をもとに、ボトムアップからの取り組みへの期待が寄せられている。（岩井宏文　二〇二三「民間事業者視点からの海業への期待」『Ocean Newsletter』五五四：六—七）

おなり神

おなり神（をなり神）は、妹が兄を霊的に守護するとの考え、姉妹の霊力を信仰する沖縄地方の信仰である。本来、兄から見た妹が「をなり（おなり）」、妹から見た兄は「えけり」と称された。女性の霊的優位性が特徴であり、かつて琉球列島に広く存在した。民俗学者の柳田国男により注目され、沖縄の民俗学者である伊波普猷は柳田の考えを発展させ、おなり神信仰が姉妹と兄弟の親族関係だけでなく、琉球国の王とその姉妹である聞得大君《きこえのおおきみ》による支配構造により支えられたと指摘している。つまり、兄＝男が世界を支配し、妹＝女は男を守護し、神に仕える神女と位置づけられるとした。おなり神は女神であり、巫女としての役割をもつ。男性の航海における災禍を救う霊力をもつとされ、姉妹の使う手ぬぐい、芭蕉布、髪の毛をお守りとして男性の兄弟に与えて護符とした。この点で本土の船霊信仰と通底する側面があり、女性優位の航海・漁撈の神として広くみられた古代祭祀の一環と考えられている。琉球列島では、祭祀において神につかえるノロやシャーマンであるユタは女性であり、祭祀における女性の優位性は顕著な特徴である。とりわけ、兄妹の間におけるつながりは、夫婦間よりも強固であると考えられた。

海洋プラスチックごみ　(Ocean plastic garbage)

陸地起源ないし海洋で船舶から投棄・廃棄された「ごみ」は世界中に拡散している。海洋ごみは浮遊して海流に乗って移動する場合、海底に沈む場合、海岸に漂着する場合がある。津波や台風により、一時的にせよ大量のごみが海に運ばれることもある。

海洋ごみの中でやっかいなものがペットボトル、発泡スチロール、ナイロン袋などの石油を原料に合成された重合体を指し、ポリエチレン、ポリエステル、ポリスチレンを含む総称がプラスチックである。プラスチックは海岸部に漂着し、海岸の砂との摩擦、波、紫外線などの作用で粉砕され劣化して微小な粒に変化する。サイズが五ミリメートル以下のものはとくに「マイクロプラスチック」と呼ばれる。マイクロプラスチックは波と海流で外洋に輸送され、地球上の海流循環を通じて世界中に拡散し、北極海や南極海に到達している。しかも、マイクロプラスチックは動物プランクトンや小魚により誤食され、さらに食物連鎖を通じて中型・大型魚に捕食されて蓄積される。この過程でマイクロプラスチックは生物体内で分解されるのではなく、そのまま地球全体の物質循環系に組み込まれることになる。きわめて問題となるのは、マイクロプラスチック自体は無害であるが、プラスチック生成過程で多種類の添加物が加えられている点である。そのなかに内分泌かく乱物質、難分解性有機汚染物質、PCB（ポリ塩化ビフェニル）などが、海洋のみならず魚介類を食べる人間に汚染物質として取り込まれることである。マイクロプラスチックごみは深海底にも達し、いまは地球の海を広域にわたって汚染を拡大・誘発すること、海洋生態系における生物多様性の劣化、人体への有害性につながることが警鐘されている。（蒲生俊敬　二〇一九「深刻化する深海のプラスチック汚染」秋道智彌・角南篤編『海の

生物多様性を守るために』西日本出版社：六六―八〇）

国際婦人デー（International Women's Day）

資本主義下で、女性労働者の地位向上を改善する提訴が国際女性デーの前身であり、二〇世紀初頭の一九〇八年、アメリカで開催された「全米女性の日」が嚆矢となった。歴史的には第二次大戦中、ロシア帝国の首都ペテルブルグで起こった女性労働者デモが発端となり、二月革命に至った。戦後、国連は一九七五年に、三月八日を「国際女性デー」に定め、一九七七年決議。さらに、二〇一〇年七月二日の国連総会で従来の女性関連組織を統合してＵＮ Ｗｏｍｅｎを設立した。日本では唯一の国連ウィメン日本協会が活発に活動を展開している。

漁村女性ネットワーク

日本の漁村では、漁業協同組合（以下、漁協）が水産業で重要な機能を担ってきた。ただし、漁協にはさまざまな事業があり、多様化している。たとえば、操業指導、漁民の生産物の販売、漁民が操業に必要な燃料や漁具・養殖えさなどの供給に関する購買、資金決済を含む信用業務、保険業など多様である。こうしたなかで、漁協の女性部を発展させ、ＪＦ全国女性連は各県との連携をふまえ、若手の漁村女性のネットワークとして「フレッシュミズ」と銘打ち、研修や懇談会を実施している。この組織は、各都道府県漁協女性連（部）相互の連携を強め、漁村女性の地位向上と自立した組織づくり、女性参画の機会づくりなどを実践している。豊かで明るい地域社会を築くことを目的に、浜の環境保全や魚食普及や安全操業の推進、被災地支援など多方面にわたり意欲的に活動している。

企画や活動に取り組み、広く他団体と交流を持つとともに、浜の声、生活者の意見を漁業、漁村の中に活かすために積極的な活動を続けている。おもに水産加工品の製造販売に力を入れた「渚女子」プロジェクトが愛媛県で取り組まれている。静岡県でも、「うみ・ひと・くらしネットワーク」を立ち上げ、農山漁村の小規模な加工品づくりや海業活動の実践者と消費サイドの人びとをつなぐネットワークづくりが形成されている。（関いずみを参照）

山峡ダム

一九九三年着工し、二〇〇九年に完成した。世界最大の水力発電所であり、中国の国家プロジェクトとして電力供給、長江の洪水抑制と水運の改善を目的とした。こうした治水・利水の経済効果の反面、ダムにより分断された河川生態系は、甚大な損失を被った。土砂とともに運搬されるケイ酸塩の東シナ海への供給の激減、河川回遊魚や水生哺乳類の回遊路分断など、人間生活の利便性とは別に大きな環境の劣化をもたらした。しかも、ダム建設により、いわゆる「環境難民」が移住を余儀なくされている。国家的な思想統一の半面、生物・人民を含む環境影響変化に国際的な観点から注視しすべき課題が山積しており、山峡ダムが長江下流域の住民や水生哺乳類、さらに東シナ海から東アジア海域にもたらす広域的な環境への負の影響評価は世界的な課題である。

ジェンダー・ギャップ指数（ＧＧＩ：Gender Gap Index）

世界の国別に、政治・経済・教育など多様な分野における男女間の不均衡（ジェンダー・ギャップ）を数値化した指標（ＧＧＩ）で、非営利団体である世界経済フォーラム（ＷＥＦ：World Economic Forum、一九七一年設立で本部はスイス・コロニー）の公表する報告書に依拠している。ＧＧＩは、政治・経済・教育・保健の四分野で、一四変数から評価するもので、四分野ごとの評価数値は最大が一・〇（男女平等）、最低がゼロ（差別ないし不平等）として四分野の評価点（〇～一・〇）を結んだ矩形の形態で評価が可視化される。評価基準となる数値は、国際労働機関（ＩＬＯ）、国連開発計画（ＵＮＥＰ）、世界保健機関（ＷＨＯ）などが一四変数の内、一三変数のほとんどを提供している。二〇二二年のＧＧＩにおける日本の総合順位は、一四六ケ国中一一六位である。四分野ごとにみると、日本における「教育」の順位は一四六ケ国中一位、「健康」の順位は一四六ケ国中六三位であるものの、「経済」の順位は一四六ケ国中一二一位、「政治」の順位は一四六ケ国中一三九位である。なお、以上の国際評価に含まれていない国や地域の事例も数多く存在する。（宮澤京子を参照）

島産み神話と女性

海洋との関連でポリネシアの島産み神話の例を挙げる。ハワイでは男神のワーケア（*Wakea*）と女神パパハーナウモク（*Papahānaumoku*）が結婚してマウイ、ハワイ、カホオラウェの島じまを産む。パパハーナウモクがタヒチに戻る間、ワーケアは別の女神ヒナと浮気をしてヒナにはモロカイ島を、もう一人の女神カラワヒネとの間にラナイ島を産ませる。のち、タヒチからパパハーナウモクがハワイに戻り、夫の浮気に逆鱗し、別の男神ルアと浮気をしてオアフ島を産む。その後、ワーケアとパパハーナウモクは仲直りをして生まれたのがカウアイ島とニイハウ島であった。さらに、二人の間に生まれたホ・オホクカラニ（*Hoʻohokukalani*）という娘に父親のワーケアが手を出して妊娠させるが、生まれた男の子ハーロア（*Hāroa*）は死産であった。母親のホ・オホクカラニが遺体を埋葬したところ、そこから芽が出て最初のタロイモとなった。その後、ワーケアとホ・オホクカラニは新たに授かった子どもにハーロアと名付け、この子が最初のハワイ人となった。

奔放な神がみの性生活が語られているなかで「国産み神話」が位置づけられていること、死体からタロイモができた、いわゆる死体化生《けしょう》神話のくだりと、人類創生が語られている。なお、男神のワーケアと女神のパパハーナウモクは、それぞれ男性性(masculinity)と女性性(feminity)を象徴する神がみとされている。（秋道智彌「はじめに」の図2参照）

雌雄同体（株）（monoeciousm）・雌雄異体（株）(dioeciousm)

生物体において、生殖腺の配偶子接合により新しい個体が作られるさい、大きい生殖腺をもつ個体が雌性、小さい生殖腺をもつのが雄性である。動物の場合、雌性配偶子は卵巣で、雄性配偶子は精巣で、それぞれ卵と精子が作られる。雌性配偶体、雄性配偶体をもつ個体が別々の場合は雌雄異体、同一個体に雌性・雄性の配偶体をもつのが雌雄同体である。植物の場合は、それぞれ雌雄異株、雌雄同株と称する。動物の場合、ほとんどは雌雄異体であるが、雌雄同体の具体例として海ではアメフラシやウミウシが、陸域ではミミズやカタツムリがある。植物ではシダ植物や「おしべ」と「めしべ」をもつ被子植物は雌雄同株であるが、ソテツ、イチョウ、ヤナギなどは雌雄異株である。

女性活躍推進法・女性の職業生活における活躍の推進に関する法律(Act on the Promotion of Women's Active Engagement in Professional Life)

女性の職業生活における活躍を推進するための「女性活躍推進法」が平成二七（二〇一五）年八月二八日に国会で成立した。この法案では、女性が働く現場で十分に能力を発揮できるような措置を、国・地方公共団体・民間企業などに義務付けるもので、改めて女性活躍の場を法的に保障する案となった。ただし、具体的な措置や法令、マニュアル、評価の数値目標などを多岐にわたって検証し、女性の地位向上の実態や職場でのハラスメントの有無などにも配慮した行動プランを義務付けて監視する体制が望まれる。採用時における人事的な点でも、女性活躍を阻害するさまざまな忖度や給与面、職種における差別などがまったくないとはいえず、女性のオピニオンにたいする受け皿となる情報の集約機能も整備すべきであろう。

スナメリ(Finless porpoise)

中国の長江に生息するイルカの仲間であるスナメリは、淡水域に生息する亜種(*Neophocaena phocaenoides ssp.asiaeorientalis*)である。河川域の工業化による環境変化や漁網による混獲などの影響で個体数が激減しており、中国政府は二〇二一年、スナメリをパンダやトキと並ぶ国家一級の保護動物に指定した。中国の淡水域生息哺乳類では、ヨウスコウカワイルカがいたが、二〇〇〇年代に絶滅したとされている。香港の水上生活者のあいだで、スナメリ（江豚）は「聖魚（聖なる魚）」とされている。長江では一九九〇年代初頭までの調査では推定約二七〇〇頭が生息するとされていたが、二〇一七年には一〇〇〇頭あまりに激減している。中国の経済発展途上における魚の乱獲や、山峡ダムの建設による環境の大規模な変化の影響がある。二〇二一年の生物多様性条約の締約国会議（COP15）を経て、中国政府による長江流域での野生魚類の全面禁漁の効果が注目されているが、この政策により一〇万隻以上の船が操業停止となり、失業した漁民の職業転換など社会問題が大きく浮上している。

　スナメリは日本の沿岸海域でみられるが、きれいな海でしか確認されていない。関西空港周辺に二〇頭以上の群れや子連れのスナメリが生息することが二〇一五年に確認されている。戦前の一九三〇年、広島県竹原市高崎町阿波島周辺の「スナメリクジラ回遊海面」が天然記念物に指定された。スナメリが索餌するスズキなどを釣る伝統漁法がおこなわれていた。おなじ広島県の呉市豊浜町斎島《いつきしま》周辺の瀬戸内海に飛来するアビ類（シロエリオオハム、オオハム）の群れが好物のイカナゴを索餌すると、イカナゴの群れは海中にもぐる。海底のタイやスズキがそのイカナゴをねらって水面に移動する。そこでタイ・スズキを釣るのがアビ漁である。なお、韓国ではスナメリを食用とすることが知られている。（木村里子を参照）

性決定　(sex determination)

同一個体で、オス（雄性）とメス（雌性）の生殖器官をもつ生物を雌雄同体（monoecious）、オスとメスが別個体であり、雄性と雌性の異なった生殖器官をもつ場合を雌雄異体（dioecious）と称する。いずれの場合であっても、個体の性別が決まる機構を性決定と称する。この決定論は、大きく遺伝要因と環境要因に分けて考えるのがふつうである。（岩田恵理を参照）

性自認・性同一性　(gender identity)

生物学的な性別ではなく、男であっても女性と自ら認める場合、女性であっても自らを男性と認める場合、性自認はそれぞれ女性、男性となる。性自認は、人間特有の認知による文化の所産である。しかし、性認知は文化だけで決まるわけでなく、歴史と変容を踏まえた新しい切り口が必要だろう。個人が選択する性自認は、地球上すべておなじではないからだ。

性転換 (sex change)

サンゴ礁に生息する魚類に多く、雌として成熟して繁殖に参加し、のち雄に性転換して繁殖に参加する雌性先熟《しせいせんじゅく》（Protogynous）と、ぎゃくに雄として成熟して繁殖に参加後、雌に性転換して繁殖に参加する雄性先熟《ゆうせいせんじゅく》(Protandrous) する場合に区別される。前者には、ブダイ、ベラ、ハタ、モンガラカワハギ、ハゼの仲間が、後者ではクマノミがよく知られている。

前者では、一夫多妻のなわばり内で優位な雄がおおくの雌と繁殖をおこなう。未成熟な個体は繁殖機会が少なく雌として成熟し、なわばりをもてるほどに成熟すると雄に性転換する。沖縄では春先の産卵期に雄と雌がサンゴ礁の深みで産卵群遊(spawning aggregation) することが知られている。

後者の例では、一夫一婦のクマノミはイソギンチャクと共生しており、ふつうひとつのイソギンチャク内で最大の大きさをもつ一位の個体が雌、二位の個体が雄、三位以下は未成熟で、雌がいなくなると、二位の雄個体が雌に性転換し、三位の個体が雄として成熟する機構が知られている。(岩田惠理を参照)

性分化 (sex differentiation/ sex development)

生物学的な性(男女・雌雄)は、性染色体、生殖腺、内分泌腺などのはたらきで先天的に分化し、出生時に決まっている(第一次性徴)。性差が不明瞭な半陰陽の例がある。成長後、生殖能力や生殖器の外部形態が性により顕著な第二次性徴として発現する。染色体、生殖腺などの異常、欠損などによる一連の疾患・症候群は性分化疾患(DSD)と称される。出生後の生物学的性分化とは別に、性同一性(ジェンダー・アイデンティティ)など、文化的な概念とは異なる。また、生物学的に両性をもつ存在を両性具有(アンドロギュヌス)と称し、性分化の疾患であるとともに、神話的な世界では男女の両性をもつ存在として古代から注目されてきた。なお、魚類ではウナギやナイル・ティラピア、チョウザメなどは性分化のメカニズムが注目される種である。(岩田惠理を参照)

世界海事大学(WMU:World Maritime University)

国連の国際海事機関(IMO:International Maritime Organization, 本部はロンドン)により一九八三年にその附属機関として設立された教育機関で、本部はスウェーデン南西部の港湾都市マルメにある。マルメは、エーレスンド橋と海底トンネルで対岸のデンマーク・コペンハーゲンとつながっている。マルメの世界海事大学は発展途上国への海洋分野での教育援助を多面的に展開し、一七〇ケ国からの五八〇〇人あまりの卒業生が、各国や国際機関で海事関係の要職や指導者として活躍している。本書で執筆の北田桃子さんは世界海事大学に奉職している。

船上生活者(Boat-dwelling people, sea nomads)

かつて船で一生を送る生活を送った集団で、東南アジアではフィリピン南部のサマ、インドネシア東部のバジャウ（バジョ）、マレーシアのオラン・ラウト（海の人）、タイのアンダマン海沿岸部のウラク・ラウォイ、ミャンマーのメルグイ諸島におけるモーケンが、日本では瀬戸内海・九州北部で家船《えぶね》生活者が知られている。家族が船上で生活し、海域を転々として漁撈・採集をおこなった。海産物は自給用食料とするとともに、沿岸部の停泊地で海産物を、コメ・イモなどの食料や日用品、雑貨、燃料などと交換ないし購入した。陸地の停泊地では、薪木や水などを入手し、海の荒れる季節は好天を待った。出産も船上でおこなわれ、バジャウの例では、生まれた子を抱いた夫が船の一端から潜って他端に浮上するまでの間に新生児が死ぬようなことがあると、妻は陸上の男性と密通したとされた。船上生活者の子どもは生まれつき、海で潜っても死ぬことはないと考えられていた。植民地行政下で、住所不定が許されずに強制的に海岸部に定住化政策がとられたが、現在でも海域を移動する生活はなくなったわけではない。海上生活者への差別や、とくに女性への蔑視は陸地優先の発想で海のジェンダー論の根幹にかかわる悪しき例である。

男神・女神　(Male god, female goddess)

神がみの男女二元性は古代神話で顕著にみられる。古代ギリシャのオリュンポス一二神には、男女六神ずつがいる。最高神ゼウス、女神の最高神ヘラ、海・地震の男神ポセイドーンはもともと兄妹関係にあり、ゼウスはヘラと結婚する。ポセイドーンは海の女神アムピトリーテと結婚し、トリトーン、ロデ、ペンテシキューメなどをもうける。それとともに、愛人の女神メドゥーサとも関係をもった。このことで、メドゥーサは罰せられて怪物に変身させられる。近親婚や密会をめぐる愛憎劇は、現代の性生活を考える重要なヒントになる。

トトカカブネ (toto-kaka-bune)

海女の活動に関する用語で、三重県志摩地方では、夫婦がそろって舟で漁場に行き、妻が潜水し、夫が舟を操る。夫をトマへ（艫居）と称する。妻はホンアマ、その熟練者をオオイソドと称する。イソドないしイリド（入人）は潜水者の総称である。とくに志摩の和具では、ホンアマをトトカカブネ、熟練者をフナド（フネド）と呼ぶ。これにたいして、船に乗らず単独で泳いでいき、漁をおこなう海女をカチドと称する。御座《ござ》や和具では船に大勢の海女が相乗りして漁場に行くこともあり、この場合、オケアマと称する。カチドやオケアマは、単身者や夫が漁業に従事しない場合が多い。また、カチドの活動は沿岸の浅瀬でおこなわれる傾向がある。（参考に柳田国男・倉田一郎　一九七五『分類漁村語彙』国書刊行会）

トランスジェンダー（Transgender）

ジェンダーは、生物学的な生まれつきの性別（sex）でなく、性への性癖や志向など社会的・文化的な特徴を表す概念で、I・イリイチにより提唱された。

　トランスジェンダーは、出生時点の身体の観察の結果、医師により割り当てられ、出生証明書や出生届に記入された性別、あるいは続柄が、自身の性同一性（性自認：ジェンダー・アイデンティティ）またはジェンダー表現と異なる人びとを示す総称である。トランスジェンダーは「トランス（trans）」と短縮して表現されることがある。性的少数者のひとつとして挙げられる。Xジェンダーを含めた多くのトランスジェンダーが自分の身体が自身の性同一性と一致しないことに苦痛を感じ、ジェンダー・トランジションを試みることがあるが、外科的処置を受けるかどうかは個人によって異なる。異性装（男装や女装）をする人はトランスジェンダーに含まれないものの、出生時に割り当てられた性別と性同一性の性別が異なる場合、性同一性障害の診断にまつわる性ホルモン治療などから性別適合手術を受け戸籍変更に至る過程を受けていない人もトランスジェンダーの範疇に入る。トランスジェンダーの人がどれくらい存在するのかを把握するのは困難だが、二〇二〇年のアメリカの調査によれば成人人口のうち約一・九%がトランスジェンダーであるとされている。

トランスフォビア（transphobia）

トランスフォビア は、トランスジェンダー（transgender）の人びとに対する差別や嫌悪、否定的な態度や言動を意味する。フォビアは、「恐怖」や「嫌悪」を表す。（ホモフォビア、バイフォビアを参照）

ドリーム・タイム（Dream time）

オーストラリアの先住民であるアボリジニ社会の神話的世界における天地創造の時代を指す。宇宙開闢《かいびゃく》から天地が創造され、あらゆる生き物が出現する時代は、「夢の時代」と称される。夢見（ドリーミング：dreaming）は、事物や現象が時空を超えて存在することを指し、過去・現在・未来の時間軸は存在しない。夢見の世界では、昼と夜は同時に存在する。たとえば、夢見の世界からたまたま現実世界に昼が形あるものとして現れるにすぎないと見なされている。知覚できる存在は意識下にあるが、目には見えない存在は無意識のものとしてふつう両者を区別するが、アボリジニの世界観ではおなじものとされている。知覚可能な世界はユティと称される。ユティの世界からドリーム・タイムに移行することが可能であり、睡眠をはじめさまざまな儀礼、音楽（ユーカリ製のディジュリドゥと呼ばれる金管楽器などによる）、美術、うなり板（ブ

ルローラー)、神話などが用いられる。(窪田幸子を参照)

内閣府男女共同参画局(Gender Equality Bureau Cabinet Office)

この部局は内閣府に平成一三(二〇〇一)年一月六日に設置された。その基盤となる「男女共同参画社会基本法」は、平成一一(一九九九)年六月二三日に施行された。この法律により、男女が各分野へ参画し、均等に政治的、経済的、社会的、文化的な利益と責任を共同でになうべきことを規定したもので、根底ではジェンダー平等を提起したものであり、二一世紀当初の法となった。人権尊重、政策の立案・策定への共同参画、家庭生活と外部社会での活動の両立、国際協調を提唱している。

二項対立　(binary opposition, dichotomy)

二つの概念が対立すると見なす場合のことを一般に指す。たとえば、雌雄や男女の区別や対立と、両者が繁殖を通じて統合されるとの認識は普遍的な性格をもつ。二項対立の現象は人類学者C・レヴィ＝ストロースやR・ニーダムの象徴的二元論にある通り、男女の性差に加えて、右と左、吉と不吉、清浄と不浄、白と黒(ないし赤)などの対立項を統合した例が世界で数多く報告されている。ただし、象徴的二元論が儀礼などで顕在化する場合と、隠れた(covert)ないし欠落した(absent)場合があるうえ、社会の成員が等しく対立項を認識しているわけでもない。言語化されない行動規範や衣服・道具などの形象物に埋め込まれた例や、二項対立になじまない例もあるので注意を要する。

　また、男と女や左と右の二項が対立するとして、一方が他方に優越ないし劣るとする価値の非対称性も議論すべきである。つまり、水平的に男女の対立を捉えるだけでなく、男性ないし女性優位の社会規範や文化的優劣(優先)の価値観を垂直的(上下での優劣)に捉える視点は重要である。

　この点で、本書で扱う男女同権論とともに、性的二元論を超えて性転換、「第三の性」の事例を加えた三項モデル(tripolar model)が本源的に有意義であるとおもわれる。(秋道智彌を参照)

虹蛇(rainbow serpent)

虹蛇は、オーストラリア先住民であるアボリジニの社会で伝承される神話的な存在である。アボリジニの神話世界はふつうドリーミングと称される。そのなかで、虹蛇は人びとのくらしともかかわっている。とりわけ、虹蛇は水とのかかわりが大きい。虹蛇が地上を這いまわったあとが、川や水路とみなされる。雨季に雨のあと天界に出現する虹は虹蛇そのものを表すと考えられている。虹蛇は乾季に泥のなかで眠っており、その眠りを邪魔されるようなことがあると、虹蛇は仕返しに洪水を起こし、人びとや村を飲み込んでしまう恐ろしい存在である。オーストラリア大陸の北部から南部に至るまで虹蛇が知られているが、それにまつわる神話は多様である。ノーザンテリトリーのアーネムランド北部にあるカカドゥ国立公園（複合世界遺産）の洞窟には三〇〇〇もの壁画がみつかっている。ウビア周回ルート上に虹蛇の壁画がある（レインボウ・サーペント・ギャラリー）。（ドリーム・タイム、窪田幸子を参照）

バイフォビア(biphobia)

バイフォビアは、両性愛者（バイセクシュアル）に対する嫌悪感・拒絶・偏見などを指す。セクシャルマイノリティにたいする偏見と嫌悪感として広義で使われることの多いホモフォビアにくらべて、バイフォビアは両性愛者にたいしてのみ使われる。（ホモフォビア、トランスフォビアを参照）

販女 (Hisagime)

日本各地の漁村で、夫や兄弟の捕獲した漁獲物を地域内で販売する女性を指す。民俗学者の瀬川清子による詳細な分析があり（瀬川清子　一九五〇『販女』ジープ社）、漁獲物を頭上運搬により販売する習俗が顕著な特徴である。瀬戸内海沿岸・日本海西部一帯では、シガ、カベリ、イタダキサンなどと呼ばれる。沖縄の糸満では、夫の漁獲した魚介類を妻が買い取り、自ら販売する。儲けの元金分を夫に支払うワタクサーの慣行がある。一般の魚市場では、アンマーと呼ばれる女性の小規模な仲買人が多数を占め、地域経済における重要な役割をになう。東南アジアの沿岸部でも、小規模な女性仲買人が漁獲物の流通に大きな役割をもっており、女性による魚介類の取り扱いの象徴性、薄利多売による重層的な販売戦略など、海域世界における魚介類の経済・流通・文化に果たす女性の意義が注目される。

船霊 (Sea Spirit)

船霊とは、漁撈や航海に従事する人びとが航海安全を祈願するために祈りの対象とする女性の神。地域により、船魂、船玉、フナダマサンなど多様な呼称がある。船に御神体を祀る典型例が瀬戸内海各地にある。江戸期の帆走船である高瀬船では、帆柱の下部の筒《つつ》に、銅銭、米、人形、姉妹の毛髪、サイコロなどを入れて安置するか、将棋の駒型をした大型の木製容器に四角い孔をあけてなかに御神体を入れた。現代、ＦＲＰのプレジャー・ボートでも操舵室に船霊を祀る慣行が持続的におこなわれている。朝鮮通漁に従事した最後の木船であるバッシャ船（長崎県国東半島多比良）には、機関部に姉妹の毛髪が使われていた。なお船霊を祀るためには一連の準備をおこなうのは船を建造した船大工であり、船の安全に対して深い思い入れをもっている船霊信仰の伝承者である。

古くは、『続日本紀《しょくにほんぎ》』巻二四、天平宝字《てんぴょうほうじ》七年八月壬午（一二日）の条に、遣渤海史船が前年の天平宝字六（七六二）年、嵐に遭遇し、無事の帰国を船霊に祈願したとする記載がある。航海安全を祈る宗像三女神信仰との関連が指摘されている。海や船にかかわる金毘羅明神や住吉神、綿津見神《わたつみのかみ》を祀る慣行も広くみられるが、海の女神に対する船霊信仰はその基盤となる民間信仰である。呪物に姉妹の毛髪を用いる点で琉球列島のオナリ神とも通底し、南中国・台湾でさかんな媽祖信仰とも関連する海の祭神として重要な位置を占めている。

へそ（臍）　**(navel; hilum; umbilicus)**

胎児が母体の胎盤から酸素や栄養分を受け取り、老廃物を母体側に渡すさいの管が臍帯《さいたい》（へその尾）である。臍帯の痕跡は体の中央部に残るくぼみ（ないしふくらみ）、つまりへそ（臍）であり、男女ともに認められる。ただし、両性ともに母親から生まれた痕跡でもあり、「母性の優位性」を示すものといえる。世界には、「へそ」を中心とする思想や考え方がある。たとえば、オーストラリア大陸中央部にあるウルル（巨大な一枚岩でエアーズロック）や南太平洋のラパヌイ（イースター島）に球体のヘソ石（テピトオテヘヌア）がある。インドネシア・ブギス社会では、船の中央部をポシ（*posi*：へそ）と称する。ブギス社会では、船や家屋に人体と同じ「へそ」があり、世界の中心であるとともに、男性と女性による再生の象徴とみなされている。（明星つきこを参照）

ブギスのジェンダー　**(Gender in the Bugis Society)**

インドネシアのスラウェシ島南部に居住するブギスのあいだでは、男性、女性以外に異なったジェンダーが知られている。チャラバイ（*calabai*）は、生物学的に男性であるが、女装をしたり、しぐさや言葉遣いが女性的な人びとを指す。ブギス社会で盛大におこなわれる結婚式で、チャラバイは結婚式での料理の準備や給仕、披露宴を盛り上げる歌謡ショーに関わる。チャラバイは性自認は女性で、ジェンダーは女性、性指向は男性である。日常的に女性親族と共住するか、単独で生活する。ぎゃくに、生物学的に女性でありながら、性自認は男性、ジェンダー的にも男性となり、性指向は女性の人びとがおり「チャラライ」（*calalai*）とよばれる。チャラライも男性親族とともに住むか、チャラライ同士で住む。チャラバイは、「偽の女性」、「身体は男、心は女」、チャラライは「偽の男性」、「体は女、心は男」とそれぞれ自称し、周囲もそのように呼ぶ。しかも、チャラバイとチャラライは固定的ではなく、チャラバイが女性と結婚して家族を作るようになると、ジェンダーとしても男性に戻ることになる。さらに、ビッス（*bissu*）と呼ばれる祭祀者が知られている。性的には確認されたわけではないが両性具有者とされており、神聖な儀式をおこなう聖職者として活動し、ジェンダーとしては五番目のカテゴリーに入る。（明星つきこを参照）

ベルダシュ（berdache）

北米の先住民社会における「第三の性」の範疇を意味するフランス語で、一九世紀末以降、人類学的な現地調査により、一一三もの部族社会で多様なベルダシュの実態が明らかにされてきた。ベルダシュは、生物学的に男性でありながら、成長過程で女装、身振り、仕事などで女性としてふるまい、社会から女性として扱われる例を指す。ある社会では、両性具有者として完全性と霊的な力をもつ存在としても畏敬され、儀礼で重要な役割をもつ例が報告されている。ズニ社会にあるように、社会の中心部からはむしろ外縁部に位置づけられながら、外部社会との接点にある重要な位置を与えられている例もある。男女二元原理が確立した先住民社会にあっても、ベルダシュの果たした役割は多様であり、西洋中心のジェンダー論とは異なった世界観のあったことに注目すべきであろう。ただし、キリスト教や西洋文明の思想が北米大陸を席巻するなかで、従来からあったベルダシュの思想がほぼ消滅しつつある。地域の歴史と文化に根差したジェンダー平等論の意味を今後ともに学ぶべきことが肝要であろう。（桑原牧子を参照）

ホモフォビア（homophobia）

ホモフォビアは、同性愛、または同性愛者にたいする差別・偏見・拒絶・恐怖感・嫌悪感などを表す差別用語。フォビアは、「恐怖」、「嫌悪」を示す。（バイフォビア、トランスフォビアを参照）

マーシュ、ヘレン・デニス（Marsh, Helene Denise）

オーストラリアのジェームズ・クック大学に所属する海洋生物学者で、とくにジュゴンや大型海生動物（メガファウナ）の保全生態学を専門とする。専門分野は、沿岸域の海洋保全生物学、天然資源管理、伝統的な海洋資源管理、海生動物の個体群生態学など多岐にわたる。一九九四年以降、熱帯環境・地理学部長、二〇一二―一四年、海洋哺乳類学会長を歴任。二〇〇一年来日し、沖縄の基地建設がジュゴン保全に悪影響を及ぼす懸念について指摘した。（ヘレン・マーシュ、T・J・オッシー、J・E・レイノルズ二〇一一（粕谷俊雄訳）『ジュゴンとマナティ―海牛類の生態と保全』東京大学出版会）

媽祖信仰

媽祖《まそ》は、航海や漁業を守護する女神であり、中国の浙江省（舟山列島）、福建省（泉州・福州）、広東省（潮州・汕頭《スワトウ》）、台湾などで信仰を集めている。媽祖は媽祖廟に祀られ、多くの信者が集う。天后《てんこう》の尊称を与えられた高貴な女神。媽祖の始祖は宋代に実在した女性、黙娘《もうにゃん》が神になったとする説がある。父を探して海で遭難し、福建省の福州沖にある島に漂着死し、その島を馬祖《マーツ》島とした由来もある。舟山列島の普陀山は補陀落渡海の島であり、媽祖信仰が観音菩薩信仰と習合し、廟に祀られている。さらに、中国南部の香港や澳門《マカオ》でも媽祖信仰はさかんで、香港の赤柱《せきちゅう》（広東語でチェクチュウ、英語でスタンレー）にある天后廟やマカオの媽閣廟《まかくびょう》（広東語でマーコッミウ）などが著名である。明代、鄭和の南海遠征のさい、インドネシアに伝来した媽祖信仰は広くニャレ・キドゥルと呼ばれる女神信仰とも結びついた。南海の海底にする女神がパロロ（*Palola viridis*）とよばれる環形動物に姿を変えて、一年の特定時期、海岸部に大量に遊泳する。ニャレはパロロを指し、この女神はパロロとおなじ緑色をした形象で表される。なお、日本での媽祖信仰の広がりは船霊信仰の関連もあり、海の女神信仰との関連でも注目される。（船霊信仰参照）

マフとラエラエ (mahu and raerae)

仏領ポリネシアのタヒチ社会では、ヨーロッパとの接触以前から現在に至るまで、マフ（*mahu*）と称される人びとの存在が知られている。マフは、生まれつき男性であるが、家事や子育てなどの女性としての役割を担っている人びとを指す。さらに近年、マフに加えて、女装や化粧をする人びとにたいしてラエラエ（*raerae*）という呼称が使われるようになった。ただし、ラエラエには差別的意味合いがあり、ラエラエではなく *l'effeminé*（女っぽい）を好んで使う人がいる。しかし、タヒチ島に近いボラボラ島ではマフとラエラエの区別は顕在的ではない。しかも、ラエラエに侮蔑の意味がこめられていない。（桑原牧子を参照）

ヨウスコウカワイルカ (Yangtze river dolphin)

クジラ目のなかで、長江（揚子江）流域に生息する淡水イルカ（揚子江河鯆、*Lipotes vexillifer*）。世界では、アマゾン川（アマゾンカワイルカ）、ラプラタ川（ラプラタカワイルカ）、インド亜大陸のガンジス川・インダス川（インドカワイルカ）が生息するのみである。残念ながら、ヨウスコウカワイルカは二〇〇〇年代の調査で確認されず、絶滅したとされている。その要因として、長江における水上交通の発達、水質汚染、河川漁業による魚の乱獲や混獲（とくに網漁）、山峡ダム建設による長江環境の激変があげられている（山峡ダム参照）。ヨウスコウカワイルカは、愛していない男性との結婚を拒否したことで、両親により溺死させられた女性の生まれ変わりとされ、「長江女神」ともされている。なお、ヨウスコウカワイルカは別名、バイジー（*Baiji*）と呼ばれる。

両性愛 (bisexuality)

男女ともに、同性とともに異性にたいする魅力感と恋愛感情を抱き、性的・肉体的な欲望をもつ性的志向を指す。英語のバイセクシャリティのバイ(bi-)は、「両方の」を意味する接頭辞である。両性愛は、男性の場合、同性愛と異性愛をもつ性的志向を指す。とりわけ、思春期の美貌な少年への愛が特徴である。女性の場合、同性愛と異性愛をもつ志向は明確にされていない。これは女性が社会のなかで弱者であり、とりわけ同性愛を含む両性愛が隠ぺいされた可能性も指摘されている。両性愛は、古代ギリシャやアラブ社会、中国で広く知られ、古代ギリシャでは男性の少年愛は、神と交信する契機ともされており、否定的な考えが主流だったとはいえない。異性愛、とりわけ支配階層の男性が少年への愛をもつ例がよく知られている。日本では、古代以来、女人禁制の厳しい仏教界や公家社会に顕著に少年愛の慣行がみられた。ふつう若衆道《わかしゅどう》、ないし若道《にゃくどう》と称された。戦国時代にも、女人禁制の体制や戦場で武将による同性愛が横行した。権力側からの性行為の強要とともに、出世のために自らを男色の対象として相手の求めに応じた場合もあった。

男性による若くて美貌をもつ同性への少年愛は思春期を過ぎると、異性愛へと変わるとする考え方もあり、いわゆる両性愛と同性愛の境界性はあいまいである。

動物の場合、陸生哺乳類ではチンパンジーの仲間であるボノボ、キリン、ライオンが、海生哺乳類ではクジラ目のシャチ、バンドウイルカで報告がある。鳥類（フンボルトペンギン、フラミンゴ、ブラックスワン、カモメ）でも両性愛的な行動が広く認められている。興味あることに、雌雄の親によるより、二羽のオスにより育てられた子どもの鳥がよく成長する事例があり、ジェンダーの果たす役割とその意味にはまだ謎がある。

両性具有 (androgyny)

男性と女性の両方の性的特徴をもつ存在を両性具有と称する。接頭辞andro-は「男性」、接尾辞-gynyは「女性」を表す。ギリシャ・ローマ神話をはじめ、神話的世界の語りに登場する両性具有の神がみは、完全性・原初の統一性を象徴したもので、「完全なる人間」としての両性具有が表象とされているとエリアーデは論じている（エリアーデ、M　一九七三（宮沢昭訳）『悪魔と両性具有』せりか書房：一〇二–一六七）。

たとえば古代ギリシャ神話では、ゼウスが昼寝中にその精液が地面に落ち、両性具有のアグデゥスティスが生まれたが、神がみは両性具有の姿を恐れて男根を切り落とす。そこから生えたアーモンドの実を河の神サンガリオスの娘であるナナが懐に入れると懐妊し、男子のアッティスを産む。成長して美青年になったアッティスにアグディスティスが恋をしたが、アッティスはそれを逃れて別の王の娘と結婚しようとした。それを知ったアグディスティスの追求にたいして、アッティスは自らの男根を切り落として命を失う。

　古代ギリシャの創世神話に登場する神、パネース（*Phanê*）も両性具有である。始原の神が両性をもつ意義は、全一性・混沌を示す。古代エジプト神話においても、ウァジ・ウェルは豊饒の神、つまり「偉大なる緑」を意味する。ウァジ・ウェルはしばしば雌雄同体の姿として表現され、地中海、ないしはナイル川デルタの化身とされる。古代インドのヒンドゥー教の神であるアルダナーリーシュヴァラ（*Ardhanārīśvara*）は、男神のシヴァ（*Śiva*）とその妻である女神のパールヴァテ（*Pārvatī*）を合体したもので、彫像の胸部をみると右半分が男性、左半分が女性となっている。（窪田幸子を参照）

　現代においては、とくにユング心理学で着目され、男性、女性ともに無意識のなかで男性は「女性らしさ」の、女性は「男性らしさ」のイメージをもつと考えられている。ユングは男女ともに相対する異性への普遍的なイメージの元型をもつとし、男性がもつ女性のイメージの元型をアニマ、女性がもつ男性のイメージの元型をアニムスと呼んだ。両性具有者はアニマとアニムスを同時にもつ存在とされ、一九七〇年代におけるウーマンリヴ運動に影響をあたえた。

執筆者一覧（肩書は 2024 年 2 月現在）

第 1 章

長谷川真理子：独立行政法人日本芸術文化振興会理事長

岩田恵理：岡山理科大学獣医学部行動治療学講座教授

窪田幸子：芦屋大学学長、神戸大学名誉教授

明星つきこ：金沢大学人間社会研究域客員研究員

桑原牧子：金城学院大学文学部教授

第 2 章

阿部朱音：京都大学大学院情報学研究科社会情報学専攻生物圏情報学講座博士後期課程院生

木村里子：京都大学東南アジア地域研究研究所准教授

高橋そよ：琉球大学人文社会学部 琉球アジア文化学科准教授

小島あずさ：一般社団法人 JEAN

清野聡子：九州大学大学院工学研究院環境社会部門准教授

第 3 章

関いずみ：東海大学人文学部教授

原田順子：放送大学教養学部教授

古谷千佳子：海人写真家

宮澤京子：有限会社 海工房

徳永佳奈恵：メーン湾研究所研究員

北田桃子：世界海事大学教授

カバー・本扉　写真：古谷千佳子

秋道智彌

1946年生まれ。山梨県立富士山世界遺産センター所長。総合地球環境学研究所名誉教授、国立民族学博物館名誉教授。生態人類学。理学博士。京都大学理学部動物学科、東京大学大学院理学系研究科人類学博士課程単位修得。国立民族学博物館民族文化研究部長、総合地球環境学研究所研究部教授、同研究推進戦略センター長・副所長を経て現職。著書に『明治～昭和前期　漁業権の研究と資料』、『魚と人の文明論』、『サンゴ礁に生きる海人』『越境するコモンズ』『漁撈の民族誌』『海に生きる』『コモンズの地球史』『クジラは誰のものか』『クジラとヒトの民族誌』等多数。

窪川かおる

1955年生。帝京大学先端総合研究機構客員教授。海洋生物学者。理学博士。早稲田大学大学院理工学研究科後期課程修了。東京大学海洋研究所先端海洋システム研究センター教授、東京大学大学院理学系研究科附属臨海実験所特任教授、東京大学海洋アライアンス海洋教育促進研究センター特任教授を経て現職。著書に『海のプロフェッショナル―海洋学への招待状』『ナメクジウオ―頭索動物の生物学』『なぞとき深海1万メートル』等。

阪口 秀

1962年生。（公財）笹川平和財団海洋政策研究所長、常務理事。博士（農学）。京都大学農学部卒業、同大学院農学研究科修了。オーストラリア連邦科学技術研究機構主任研究員、海洋研究開発機構地球内部ダイナミクス領域固体地球動的過程研究プログラムディレクター、数理科学・先端技術研究分野長、理事補佐、海洋研究開発機構理事等を経て現職。著書に『階層構造の科学―宇宙・地球・生命をつなぐ新しい視点』等。

編集協力：公益財団法人笹川平和財団海洋政策研究所
（丸山直子・瀬戸内千代）

シリーズ 海とヒトの関係学⑥

海のジェンダー平等へ

2024年3月8日　初版第1刷発行

編著者　秋道智彌《あきみちともや》・窪川《くぼかわ》かおる・阪口《さかぐち》 秀《ひで》

発行者　内山正之

発行所　株式会社 西日本出版社
〒564-0044　大阪府吹田市南金田1－8－25－402
［営業・受注センター］
〒564-0044　大阪府吹田市南金田1－11－11－202
Tel 06－6338－3078　fax 06－6310－7057
郵便振替口座番号　00980－4－181121
http://www.jimotonohon.com/

編　集　岩永泰造

ブックデザイン　尾形忍（Sparrow Design）

印刷・製本　株式会社 光邦

Printed in Japan　ISBN 978-4-908443-48-0